分析化学实验

李莉　徐蕾　崔凤娟　编著

哈爾濱工業大學出版社

内 容 简 介

本书共11章，除对分析化学实验的基本知识、仪器及操作方法进行介绍外，还收入了36个基本实验，23个综合实验以及重在培养学生创新能力和综合技能的设计性实验项目10个。每一类实验都有选择余地，可根据教学学时数进行选择。

本书可作为综合性大学、师范、工、农、医等院校的有关专业的实验课教材，也可供从事化学检验等相关工作的科技人员学习和参考。

图书在版编目(CIP)数据

分析化学实验/李莉，徐蕾，崔凤娟编著. —哈尔滨：哈尔滨工业大学出版社，2016.4(2020.9重印)

ISBN 978－7－5603－5947－2

Ⅰ.①分…　Ⅱ.①李…②徐…③崔…　Ⅲ.①分析化学－化学实验－高等学校－教材　Ⅳ.①O652.1－33

中国版本图书馆CIP数据核字(2016)第078222号

责任编辑　杨秀华
封面设计　刘长友
出版发行　哈尔滨工业大学出版社
社　　址　哈尔滨市南岗区复华四道街10号　邮编150006
传　　真　0451－86414749
网　　址　http://hitpress.hit.edu.cn
印　　刷　哈尔滨市工大节能印刷厂
开　　本　787mm×1092mm　1/16　印张13.5　字数317千字
版　　次　2016年4月第1版　2020年9月第7次印刷
书　　号　ISBN 978－7－5603－5947－2
定　　价　33.00元

前　言

随着我国教育改革的不断深入，高校教育教学内容和课程体系的改革越来越引起人们的关注。为了适应当前教育改革的需要，在总结多年来教学实践的基础上，并吸收兄弟院校的教改经验，编写了本实验教材。

分析化学是理工科院校化工、应化、环境、生化、材料等相关专业开设的一门基础课，通过本课程的学习，使学生了解分析化学学科的基本理论，掌握对物质基本信息（组分、含量及结构等）进行研究的方法和技术。

分析化学实验则是分析化学课程的重要组成部分，不管其是否独立设课，课程的目的和任务都为：在分析化学基础理论的指导下，综合运用相关学科的知识，掌握分析化学各种方法的原理、测试方法、所采用仪器的工作原理和操作等。由于分析化学实验课程本身的特有性质，在培养学生严格、认真和实事求是的科学态度，提高学生观察、分析和判断问题的能力，掌握分析测试的基本技能和具有刻苦地进行科学研究的素质等方面具有重要作用。

全书共 11 章。第一～三章为分析化学实验的基础，要求学生了解和掌握。第四～九章为分析化学基础实验的具体项目和内容，其中有参考国家、各部和行业的标准，而更多的是经过长期的教学实践，确认在严格的基础训练和完成本课程培养目标方面有较好效果的实验内容。第十章为综合实验，目的是提高学生综合技能。第十一章为设计实验，实验项目重在培养学生创新能力，所编辑的实验项目可为学生相关学习提供支持。

本书在编写过程中着重注意了以下几个方面：

（1）结构严谨，系统性强。在编写过程中，认真总结归纳了分析化学实验中所用仪器的使用方法、规范化操作方法及实验室一般知识。在实验内容安排上有验证性实验、综合性实验和设计性实验。内容由浅入深，有利于学生的学习和掌握。

（2）本书适用于不同专业（包括应用化学、化学、高分子材料、化学工程、轻工纺织、生物工程、生物技术等）学生使用，因此在选题及实验内容安排上，具有涉及面广、适用性强等特点。

（3）综合性实验和设计性实验富于启发性和思维性，有利于培养学生的科学思考方法和获取综合知识的能力。

本书由齐齐哈尔大学材料科学与工程学院李莉（绪论、第一章、第四章、第七章、第八章、附录和参考文献），化学与化学工程学院徐蕾（第二章、第五章、第九章、第十一章），崔凤娟（第三章、第六章、第十章）共同编著。全书由李莉通读整理，在编写过程中还得到了齐齐哈尔大学化学与化学工程学院基础部分析化学教研室全体教师以及实验人员的支持和帮助，特此致谢。

另外，本书是在国家自然科学基金资助项目（21376126）、黑龙江省自然科学基金资助项目(B201106)、黑龙江省教育厅科学技术研究项目(12511592)、黑龙江省政府博士后资助经费(LBH－Z11108)、黑龙江省政府博士后科研启动经费(LBH－Q13172)、黑龙江省高等教育教学改革项目(No. JG2014011076)以及齐齐哈尔大学教育科学研究项目(No. 2015070)资助下出版。

由于时间仓促，水平有限，错误和缺点在所难免，敬请读者批评指正。

编　者

2016 年 3 月

目　　录

绪　论

一、学习分析化学实验的目的

分析化学实验是一门实践性基础课程，是化学及相关专业本科生的必修课，它是一门独立的课程，但又与分析化学理论课程有紧密的联系。分析化学实验的研究对象可概括为：以实验为手段来了解基础化学中的重要原理、无机化合物的制备、分离纯化及分析测定等。

学生经过分析实验的严格训练，能够规范地掌握实验的基本操作、基本技术和基本技能，学习并掌握分析化学的基本理论和基本知识。通过在二级学科层面上的多层次综合实验，学生可以直接观察到大量的化学现象，经过思维、归纳、总结，从感性认识上升到理性认识，学习分析化学实验的全过程，综合培养学生动手、观测、查阅、记忆、思维、想象及表达等全部智力因素，从而使学生具备分析问题、解决问题的独立工作能力。在设计实验中，学生由提出问题、查阅资料、设计方案、动手实验、观察现象、测定数据，到正确处理和概括实验结果，练习解决分析化学问题，以使学生初步具备从事科学研究的能力。

在培养智力因素的同时，分析化学实验又是对学生进行其他方面素质训练的理想课程，包括艰苦创业、勤奋不懈、谦虚好学、乐于协作、求实、求真、存疑等科学品德和科学精神的训练，这些都是每一个化学工作者获得成功所不可缺少的因素。

二、分析化学实验的学习方法

分析化学实验是在教师的正确引导下由学生独立完成的，因此实验效果与正确的学习态度和学习方法密切相关。对于分析化学实验的学习方法，应抓住以下三个重要环节。

1. 课前充分预习

实验前预习是必要的准备工作，是做好实验的前提。这个环节必须引起学生的足够重视，如果学生不预习，对实验的目的、要求和内容不清楚，是不允许进行实验的。为了确保实验质量，实验前任课教师要检查每个学生的预习情况。查看学生的预习笔记，对没有预习或预习不合格者，任课教师有权不让其参加本次实验。

实验预习一般应达到下列要求：

(1) 认真阅读实验教材及相关参考资料，达到明确实验目的、理解实验原理、熟悉实验内容、掌握实验方法、切记实验中有关的注意事项，在此基础上简明、扼要地写出预习笔记；

(2) 实验预习笔记是进行实验的首要环节，预习笔记应包括简要的实验步骤与操作、测量数据记录的表格、定量实验的计算公式等，而且要为记录实验现象和测量数据留有充足的位置；

(3) 为规范实验操作，必须认真复习分析化学实验基本操作内容；

(4) 按时到达实验室，专心听指导教师的讲解，迟到 15 min 以上者禁止进行此次实验。

2. 课堂规范操作

实验是培养学生独立工作和思维能力的重要环节，必须认真、独立地完成。

(1)在充分预习的基础上规范操作,认真仔细地观察实验中的现象,一丝不苟,及时如实地记录实验现象、实验数据,按要求处理好废液,对使用的公用仪器要求自觉管理好,并在相关记录本上登记,这是养成良好科学素养必需的训练。

(2)对于设计性实验,审题要确切,方案要合理,现象要清晰。在实验中发现设计方案存在问题时,应找出原因,及时修改方案,直至达到满意的结果。

(3)在实验中遇到疑难问题或者"反常现象",应认真分析操作过程,思考原因。为了正确说明问题,可在教师指导下重做或补充某些实验,以培养独立分析、解决问题的能力。

(4)实验中自觉养成良好的科学习惯,遵守实验工作规则。实验过程中应始终保持桌面布局合理、环境整洁。

(5)实验结束,所得的实验结果必须经教师认可并在原始记录本上签字后,才能离开实验室。

3. 课后如实书写实验报告

实验报告是对每次所做实验的概括和总结,必须严肃认真如实书写。

一份合格的报告应包括以下5部分内容:

(1)实验目的　简述实验目的(定量测定实验还应简介实验基本原理和主要反应方程式)。

(2)实验内容　实验内容是学生实际操作的简述,尽量用表格、框图、符号等形式,清晰、明了地表示实验内容,避免抄书本。

(3)实验现象和数据记录　实验现象要表达正确,数据记录要完整。绝对不允许主观臆造、抄袭他人的作业。若发现主观臆造或抄袭者严加惩处。

(4)解释、结论、数据计算或数据处理　对现象加以简明的解释,写出主要反应方程式,分标题小结或者最后得出结论。完成实验教材中规定的作业。

(5)问题讨论　针对实验中遇到的疑难问题提出自己的见解。定量实验应分析实验误差产生的原因。对实验方法、教学方法和实验内容等提出意见或建议。

每次实验报告应包括指导教师签过字的原始记录。

附:实验报告格式示例

制备实验类

氯化钠的提纯

一、目的要求

1. 掌握提纯 NaCl 的原理和方法。

2. 学习溶解、沉淀、常压过滤、减压过滤、蒸发浓缩、结晶和烘干等基本操作。

3. 了解 Ca^{2+},Mg^{2+},SO_4^{2-} 等离子的定性鉴定。

二、实验原理

粗食盐中含有 Ca^{2+},Mg^{2+},K^+ 和 SO_4^{2-} 等可溶性杂质和泥沙等不溶性杂质。选择适当的试剂可使 Ca^{2+},Mg^{2+},SO_4^{2-} 等离子生成难溶盐沉淀而除去。一般先在食盐溶液中加 $BaCl_2$ 溶液,除去 SO_4^{2-}。然后再在溶液中加入 Na_2CO_3 溶液,除去 Ca^{2+},Mg^{2+} 和过量的 Ba^{2+}。

过量的 Na_2CO_3 溶液用 HCl 中和。粗食盐中的 K^+ 仍留在溶液中。由于 KCl 溶解度比

NaCl 大,而且粗食盐中含量少,所以在蒸发和浓缩食盐溶液时,NaCl 先结晶出来,而 KCl 仍留在溶液中。

三、实验步骤

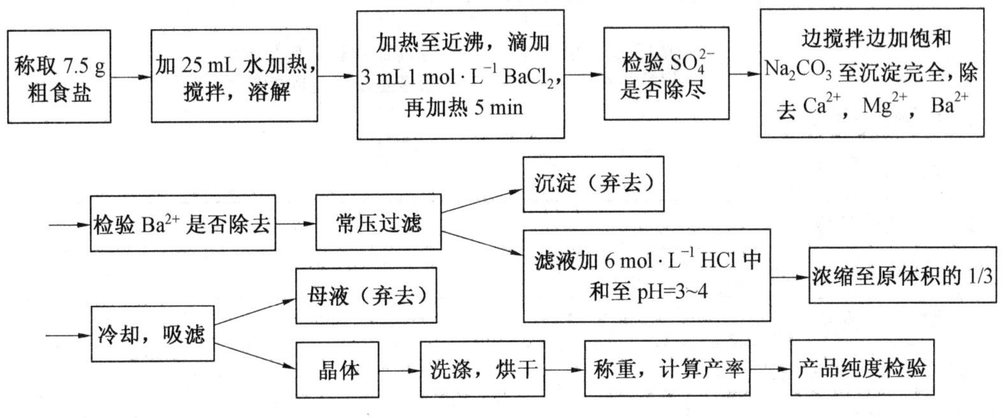

四、实验结果

1. 产品外观:①粗盐________;②精盐________。

2. 产率________。

3. 产品纯度检验(粗盐和精盐各称 0.5 g,分别溶于 5 mL 蒸馏水中,再用溶液进行检验)。

现象记录及结论

检验项目	检验方法	被检溶液	实验现象	结　论
SO_4^{2-}	加入 6 mol·L^{-1}HCl,0.2 mol·L^{-1}$BaCl_2$	1 mL 粗 NaCl 溶液		
		1 mL 纯 NaCl 溶液		
Ca^{2+}	饱和$(NH_4)_2C_2O_4$溶液	1 mL 粗 NaCl 溶液		
		1 mL 纯 NaCl 溶液		
Mg^{2+}	6 mol·L^{-1}NaOH、镁试剂溶液	1 mL 粗 NaCl 溶液		
		1 mL 纯 NaCl 溶液		

定量实验类

EDTA 溶液的标定

一、实验目的(略)

二、实验原理(略)

三、实验步骤

1. EDTA 溶液的配制

2. EDTA 溶液的标定

(1)锌标准溶液的配制;

(2)EDTA 的标定。

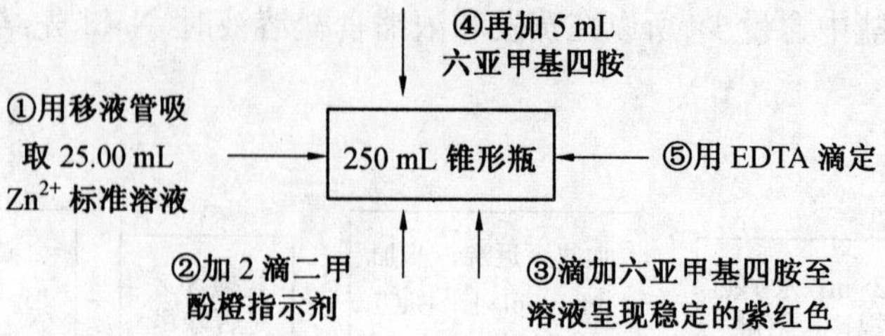

①用移液管吸取 25.00 mL Zn^{2+} 标准溶液 → 250 mL 锥形瓶

②加 2 滴二甲酚橙指示剂

③滴加六亚甲基四胺至溶液呈现稳定的紫红色

④再加 5 mL 六亚甲基四胺

⑤用 EDTA 滴定

终点颜色:紫红色→亮黄

四、实验记录和结果处理

称取纯锌的质量/g			
锌标准溶液的浓度/mol · L^{-1}			
平行移取锌标准溶液份数	Ⅰ	Ⅱ	Ⅲ
平行移取锌标准溶液的体积/mL			
EDTA:最初读数/mL			
最后读数/mL			
净用量/mL			
c_{EDTA}/mol · L^{-1}			
$\bar{c}_{EDTA}$/mol · L^{-1}			
相对偏差			
相对平均偏差			

五、思考题及讨论(略)

第一章　分析化学实验的基础知识

第一节　实验室安全知识

化学实验室是学习、研究化学的重要场所。在实验室中,经常接触到各种化学药品和各种仪器。实验室常常潜藏着诸如爆炸、着火、中毒、灼伤、割伤、触电等事故的危险性。因此,实验者必须特别重视实验安全。

1. 分析化学实验守则

(1)实验前认真预习,明确实验目的,了解实验原理,熟悉实验内容、方法和步骤。

(2)严格遵守实验室的规章制度,听从教师的指导。实验中要保持安静,有条不紊。保持实验室的整洁。

(3)实验中要规范操作,仔细观察,认真思考,如实记录。

(4)爱护仪器,节约水、电、煤气和试剂药品。精密仪器使用后要在登记本上记录使用情况,并经教师检查认可。

(5)凡涉及有毒气体的实验,都应在通风橱中进行。

(6)废纸、火柴梗、碎玻璃和各种废液倒入废物桶或其他规定的回收容器中。

(7)损坏仪器应填写仪器破损单,按规定进行赔偿。

(8)发生意外事故应保持镇静,立即报告教师,及时处理。

(9)实验完毕,整理好仪器、药品和台面,清扫实验室,关好水、电开关和门、窗。

(10)根据原始记录,独立完成实验报告。

2. 危险品的使用

(1)浓酸和浓碱具有强腐蚀性,不要把它们洒在皮肤或衣物上。废酸应倒入废液缸中,但不要再向里面倾倒碱液,以免酸碱中和产生大量的热而发生危险。

(2)强氧化剂(如高氯酸、氯酸钾等)及其混合物(氯酸钾与红磷、碳、硫等的混合物)不能研磨或撞击,否则易发生爆炸。

(3)银氨溶液放久后会变成氮化银而引起爆炸,因此用剩的银氨溶液应及时处理。

(4)活泼金属钾、钠等不要与水接触或暴露在空气中,应将它们保存在煤油中,用镊子取用。

(5)白磷有剧毒,并能灼伤皮肤,切勿与人体接触。白磷在空气中易自燃,应保存在水中。取用时,应在水下进行切割,用镊子夹取。

(6)氢气与空气的混合物遇火要发生爆炸,因此产生氢气的装置要远离明火。点燃氢气前,必须先检查氢气的纯度。进行产生大量氢气的实验时,应把废气通至室外,并注意室内的通风。

(7)有机溶剂(乙醇、乙醚、苯、丙酮等)易燃,使用时一定要远离明火。用后要把瓶塞塞严,放在阴凉的地方,最好放入沙桶内。

(8)进行能产生有毒气体(如氟化氢、硫化氢、氯气、一氧化碳、二氧化碳、二氧化氮、二氧化硫、溴等)的反应时,加热盐酸、硝酸和硫酸时,均应在通风橱中进行。

(9)汞易挥发,在人体内会积累起来,引起慢性中毒。可溶性汞盐、铬的化合物、氰化物、砷盐、锑盐、镉盐和钡盐都有毒,不得进入口内或接触伤口,其废液也不能倒入下水道,应统一回收处理。为了减少汞液面的蒸发,可在汞液面上覆盖化学液体:甘油的效果最好,5% $Na_2S \cdot 9H_2O$ 溶液次之,水的效果最差。对于溅落的汞应尽量用毛刷蘸水收集起来,直径大于1 mm的汞颗粒可用吸气球或真空泵抽吸的捡汞器捡起来。撒落过汞的地方可以撒上多硫化钙、硫黄粉或漂白粉,或喷洒药品使汞生成不挥发的难溶盐,并要扫除干净。

3. 化学中毒和化学灼伤事故的预防

(1)保护好眼睛。防止眼睛受刺激性气体的熏染,防止任何化学药品特别是强酸、强碱、玻璃屑等异物进入眼内。

(2)禁止用手直接取用任何化学药品。使用有毒药品时,除用药匙、量器外,必须戴橡皮手套,实验后马上清洗仪器用具,立即用肥皂洗手。

(3)尽量避免吸入任何药品和溶剂的蒸汽。处理具有刺激性、恶臭的和有毒的化学药品时,如 H_2S、NO_2、Cl_2、Br_2、CO、SO_2、HCl、HF、浓硝酸、发烟硫酸、浓盐酸、乙酰氯等,必须在通风橱中进行。通风橱开启后,不要把头伸入橱内,并保持实验室通风良好。

(4)严禁在酸性介质中使用氰化物。

(5)用移液管、吸量管移取浓酸、浓碱、有毒液体时,禁止用口吸取,应该用洗耳球吸取。严禁冒险品尝药品试剂,不得用鼻子直接嗅气体,而应该用手向鼻孔扇入少量气体。

(6)实验室内严禁饮食、吸烟,禁止穿拖鞋。

4. 一般伤害的救护

(1)割伤　可用消毒棉棒把伤口清理干净,若有玻璃碎片需小心挑出,然后涂以紫药水等抗菌药物消炎并包扎。

(2)烫伤　一旦被火焰、蒸汽、红热的玻璃或铁器等烫伤时,立即将伤口处用大量水冲洗,以迅速降温避免深度烧伤。若起水泡,不宜挑破,用纱布包扎后送医院治疗;对轻微烫伤,可用稀的高锰酸钾溶液洗伤口至皮肤变为棕色,然后涂上獾油或烫伤膏。

(3)受酸腐蚀　先用大量水冲洗,以免深度烧伤,再用饱和碳酸氢钠溶液或稀氨水冲洗,最后再用水冲洗。如果酸溅入眼内也用此法,只是碳酸氢钠溶液改用1%的浓度,禁用稀氨水。

(4)受碱腐蚀　先用大量水冲洗,再用醋酸($20\ g \cdot L^{-1}$)洗,最后用水冲洗。如果碱溅入眼内,可用硼酸溶液洗,再用水洗。

(5)受溴灼伤　被溴灼伤后的伤口一般不易愈合,必须严加防范。凡用溴时必须预先配制好适量的20%的 $Na_2S_2O_3$ 溶液备用。一旦有溴黏到皮肤上,立即用 $Na_2S_2O_3$ 溶液冲洗,再用大量的水冲洗干净,包上消毒纱布后就医。

(6)白磷灼伤　用1%的硝酸银溶液、1%的硫酸铜溶液或浓高锰酸钾溶液洗后进行包扎。

(7)吸入刺激性气体　可吸入少量酒精和乙醚的混合蒸汽,然后到室外呼吸新鲜空气。

(8)毒物进入口内　把5~10 mL的稀硫酸铜溶液加入一杯温水中,内服后用手伸入喉部,促使呕吐,吐出毒物,再送医院治疗。

5. 灭火常识

实验室内万一着火,要根据起火的原因和火场周围的情况,采取不同的扑灭方法。起

火后,不要慌张,一般应立即采取以下措施:

(1)防止火势扩展　停止加热,停止通风,关闭电闸,移走一切可燃物。

(2)扑灭火源　一般的小火可用湿布、石棉布或沙土覆盖在着火的物体上;衣物着火时,切不可慌张乱跑,应立即用湿布或石棉布压灭火焰,如燃烧面积较大,可躺在地上,就地打滚。能与水发生剧烈作用的化学药品(金属钠)或比水轻的有机溶剂着火,不能用水扑救,否则会引起更大的火灾。使用灭火器也要根据不同的情况选择不同的类型。现将常用灭火器及其适用范围列表如下(见表1.1)。

表1.1　常用灭火器及其适用范围

灭火器类型	药液成分	适用范围
酸碱灭火器	H_2SO_4和$NaHCO_3$	非油类和电器失火的一般初起火灾
泡沫灭火器	$Al_2(SO_4)_3$和$NaHCO_3$	适用于油类起火
二氧化碳灭火器	液态CO_2	适用于扑灭电器设备、小范围的油类及忌水的化学药品的失火
四氯化碳灭火器	液态CCl_4	适用于扑灭电器设备、小范围的汽油、丙酮等失火。不能用于扑灭活泼金属钾、钠的失火,因CCl_4会强烈分解,甚至爆炸;电石、CS_2的失火,也不能使用它,因为会产生光气一类的毒气
干粉灭火器	主要成分是碳酸氢钠等盐类物质与适量的润滑剂和防潮剂	扑救油类、可燃性气体、电器设备、精密仪器、图书文件等物品的初期火灾

第二节　实验室的三废处理

根据绿色化学的基本原则,化学实验室应尽可能选择对环境无毒害的实验项目。对无法避免的实验项目若排放出废气、废渣和废液(这些废弃物又称三废),应及时处理回收。如果对其不加处理任意排放,不仅污染空气、水源和环境,造成公害,而且三废中的有用或贵重成分未能回收,在经济上也是个损失。因此,化学实验室三废的处理必须给予足够的重视。

化学实验室的环境保护应该规范化、制度化,应对每次产生的废气、废渣和废液进行处理。教师和学生要按照国家要求的排放标准进行处理,把用过的酸类、碱类、盐类等各种废液、废渣,分别倒入各自的回收容器内,再根据各类废弃物的特性,采取中和、吸收、燃烧、回收循环利用等方法来进行处理。

1.实验室的废气

实验室中凡可能产生有害废气的操作都应在有通风装置的条件下进行,如加热酸、碱溶液及产生少量有毒气体的实验等应在通风橱中进行。实验室若排放毒性大且较多的气体,可参考工业上废气处理的办法,在排放废气之前,采用吸附、吸收、氧化、分解等方法进行预处理。

2.实验室的废渣

实验室产生的有害固体废渣虽然不多,但决不能将其与生活垃圾混倒。固体废弃物经回收、提取有用物质后,其残渣仍是多种污染物的存在状态,此时方可对它做最终的安全处理。

(1)化学稳定　对少量(如放射性废弃物等)高危险性物质,可将其通过物理或化学的方法进行固化,再进行深地填埋。

(2)土地填埋　这是许多国家作为固体废弃物最终处置的主要方法。要求被填埋的废弃物应是惰性物质或经微生物可分解成为无害物质的物质。填埋场地应远离水源,场地底土不透水、不能穿入地下水层。填埋场地可改建为公园或草地。因此,这是一项综合性的环保工程技术。

3. 实验室的废液

实验室产生的废溶液种类繁多,组成变化大,应根据溶液的性质分别处理。

(1)废酸液可先用耐酸塑料网纱或玻璃纤维过滤,滤液加碱中和,调 pH 至 6 ~ 8 后就可排出,少量滤渣可埋于地下。

(2)废洗液可用高锰酸钾氧化法使其再生后使用。少量的废洗液可加废碱液或石灰使其生成 $Cr(OH)_3$沉淀,将沉淀埋于地下即可。

(3)氰化物是剧毒物质,少量的含氰废液可先加 NaOH 调至 pH>10,再加入几克高锰酸钾使 CN^-氧化分解。大量的含氰废液可用碱性氯化法处理,即先用碱调至 pH>10,再加入次氯酸钠,使 CN^-氧化成氰酸盐,并进一步分解为 CO_2和 N_2。

(4)含汞盐的废液先调 pH 至 8 ~ 10,然后加入过量的 Na_2S,使其生成 HgS 沉淀,并加 $FeSO_4$与过量 S^{2-}生成 FeS 沉淀,从而吸附 HgS 沉淀下来。离心分离,清液含汞量降到 0.02 $mg \cdot L^{-1}$以下,可排放。少量残渣可埋于地下,大量残渣可用焙烧法回收汞,但注意一定要在通风橱中进行。

(5)含重金属离子的废物,最有效和最经济的方法是加碱或加 Na_2S 把重金属离子变成难溶性的氢氧化物或硫化物而沉积下来,过滤后,残渣可埋于地下。

第三节　分析用纯水

纯水是分析化学实验中最常用的纯净溶剂和洗涤用水,根据分析任务和要求的不同,对水的要求也不同。一般的实验可用蒸馏水或去离子水,粒子选择性电极法、配位滴定法和银量法用水的纯度要求较高。

纯水通常用以下几种方法制备得到:

(1)蒸馏法　蒸馏法能除去水中的非挥发性杂质,但不能除去易溶于水的气体,也会残留少量的 Na^+,SiO_3^{2-}等离子。该法制得水的纯度因所选蒸馏器的材质不同而不同。通常使用玻璃、铜和石英等材质制成的蒸馏器。

经一次蒸馏的蒸馏水往往不能满足一些特殊实验的较高要求,需要采用“重蒸水”。用专门的装置来制备重蒸水。

(2)离子交换法　这是应用离子交换树脂除去水中杂质离子的方法。用此法制得的水又称“去离子水”。此法的优点是容易以较低成本制得大量纯度高的水。其缺点是制备的水可能含有微生物和少量有机物,以及一些非离子型杂质。

(3)电渗析法　这是一种在外加电场的作用下,利用阴、阳离子交换膜对溶液中离子的选择性透过而使杂质离子从水中分离出来的方法。

另外,二级反渗透装置制备的纯水已经能满足大多数实验的要求。对一些特殊要求的实验,可在二级反渗透装置后再接一级离子交换装置。

对于所制备水的质量可通过检验确定。

(1)电阻率　25 ℃时电阻率为$(1.0\sim10)\times10^6\ \Omega\cdot cm$的水为纯水,大于$10\times10^6\ \Omega\cdot cm$的水为超纯水。

(2)酸碱度　要求pH为6~7。取2支试管,各加被检查的水10 mL,一管加甲基红指示剂2滴,不得显红色,另一管加0.1%溴麝香草酚蓝(溴百里酚蓝)指示剂5滴,不得显蓝色。

在空气中放置较久的纯水,因溶解有CO_2,pH可降至5.6左右。

(3)钙镁离子　取10 mL被检查的水,加氨水-氯化铵缓冲溶液调节溶液pH至10左右,加入铬黑T指示剂1滴,不得显红色。

(4)氯离子　取10 mL被检查的水,用HNO_3酸化,加1% $AgNO_3$溶液2滴,摇匀后不得有浑浊现象。

我国已颁布"分析实验室用水规格和试验方法"的国家标准[GB 6682—92],该标准参照采用了国际标准[ISO 3696—1987]。国家标准中规定了分析实验室用水的级别、技术指标、制备方法及检验方法。表1.2列出了相应级别水的技术指标,可满足通常的各种分析实验的要求。

表1.2中后4项指标的测试方法可直接参加该标准。

分析用的纯水必须严格保持纯净,防止污染,在储运过程中可选用聚乙烯容器。一级水一般应在使用时临时制取。

表1.2　分析实验室用水的级别和主要技术指标(采用GB 6682—92)

级别 指标名称	一级	二级	三级
pH范围(25 ℃)	—	—	5.0~7.5
电导率(25 ℃)/$mS\cdot m^{-1}$	≤0.01	≤0.01	≤0.05
电阻率/$m\Omega\cdot cm$	10	1	0.2
可氧化物质(以O计)/$mg\cdot L^{-1}$	—	<0.08	<0.4
蒸发残渣(105 ℃ ±2 ℃)/$mg\cdot L^{-1}$	—	≤0.01	≤0.02
吸光度(254 nm,1 cm光程)	≤0.001	≤0.01	—
可溶性硅(以SiO_2计)/$mg\cdot L^{-1}$	<0.01	<0.02	—

第四节　玻璃仪器的洗涤与干燥

一、玻璃仪器的洗涤

实验中所用玻璃仪器的洁净与否直接影响到实验的成败,因此有效的洗涤是至关重要的。仪器的一般洗涤程序是:

(1)用水刷洗,既可以洗去可溶性物质,又可使附着在仪器上的尘土等洗脱下来;

(2)用毛刷蘸少量合成洗涤粉或去污粉刷洗,除垢后用自来水冲洗;

(3)用少量纯水清洗 3 次。

用以上方法洗涤后的仪器,经自来水冲洗后,还残留有 Ca^{2+},Mg^{2+} 等离子,如需除掉这些离子,还应用去离子水洗 2 ~ 3 次,每次用水量一般为所洗涤仪器体积的 1/4 ~ 1/3。

操作方法:

(1)刷子的选择,大小合适,顶端毛完整;

(2)洗试管,底部用毛刷转动刷洗,管部可上下来回刷洗;

(3)洗烧杯,刷子紧贴杯壁转动刷洗。

除常规洗涤法外,尚有一些特殊的清洗方法:如超声波用于复杂仪器的洗涤;过热水蒸气用于器皿表面吸附气体分子的清除;高温灭菌或灼烧可除去器皿表面污染物等。

实验室常用化学洗涤液的配制与使用方法如下:

(1)铬酸洗液　强氧化性、强腐蚀性、有毒洗液。有效:暗红色;失效:绿色。配制时取 20 g 重铬酸钾研细,溶于 40 mL 水中,搅拌下缓慢加入 360 mL 浓硫酸即成。用于除油垢或还原性污物,小心地倒少量铬酸洗液于容器中,转动容器使整个器壁沾满洗液,放置数分钟后,将洗液倒回原瓶,再用自来水洗净。特殊情况可采用冷或热液浸泡(下述各洗液使用方法同此)。

(2)酸洗液　常用纯酸或混酸。如工业盐酸(浓盐酸和水各半)可除碱性物质及大多数无机物残污;硝酸(50%)可除器皿表面吸附重金属离子;也可采用混酸,如 1 : 1 或 1 : 2 的盐酸与硝酸混合酸,除去微量的离子。

(3)草酸洗液　取 8 g 草酸溶于 100 mL 水中,加少量浓盐酸配制。用于除二氧化锰、氧化铁残污。

(4)碱性高锰酸钾洗液　取 4 g 高锰酸钾溶于水中,加 10 g 氢氧化钠,水稀释至 100 mL 即可。主要用于清洗油污及其他有机物,浸泡后有二氧化锰析出,可用草酸洗液再洗。

(5)氢氧化钠(10%)洗液　用于煮沸除油污。

(6)氢氧化钠-乙醇洗液　取 120 g 烧碱溶于 150 mL 水中,加入 95% 乙醇至 1 L 即可。用于除油污和某些有机物,效果甚佳。

(7)有机溶剂　采用汽油、丙酮、乙醇、二甲苯、乙醚等有机溶剂溶解有机残污,达到清洗目的。

(8)乙醇-浓硝酸洗液　此法用于特难洗净的有机残污的清除。该洗液只能现配现用,且具危险性,一般在通风橱中进行。操作方法是取 2 mL 乙醇于污染器皿中,加入 4 mL 浓硝酸,静置片刻即剧烈反应,放出大量热且生成二氧化氮,反应终止后水洗器皿即可。

二、玻璃仪器洗净的标准

清洗洁净的玻璃仪器应能被水均匀润浸而无水流条纹或不挂水珠。

三、玻璃仪器的干燥

实验用玻璃仪器洗净后,是否需要干燥视实验要求而定。一般玻璃量器无须专门干燥,更不能加热干燥,用时仅需用同试液或同溶剂润洗 3 遍即可。但若实验要求在无水条件下进行,则所有玻璃仪器必须选用适当方法进行干燥。玻璃仪器干燥的方法有以下几种:

(1)晾干　把洗净的仪器在无尘处倒置沥去水分,自然风干。一般可置器皿于干燥台架上,在通风玻璃柜橱中进行干燥。

(2)烘干　把洗净沥去水分的仪器口朝上置于烘箱中,慢慢加热至105～120 ℃,烘半小时左右,待冷却后,小心取出使用。对一些小件玻璃仪器,可在红外灯干燥箱中烘干。

(3)吹干　对于急需干燥使用的仪器,清洗沥水后,加入少量与水相溶的乙醇、丙酮润洗除水,倾倒溶液后,再用电吹风,先冷风后热风吹至干燥为止,最后吹入冷风吹尽仪器内蒸汽并冷却仪器。

(4)有机溶剂法　先用少量丙酮或无水乙醇使内壁均匀润湿后倒出,再用乙醚使内壁均匀润湿后倒出,最后依次用电吹风的冷风和热风吹干,此种方法又称为快干法。

第五节　试剂的一般知识

一、常用试剂的规格

化学试剂的种类很多,世界各国对化学试剂的分类和分级的标准不尽一致,国际纯粹与应用化学联合会(IUPAC)将化学标准物质依次分为A～E的五级,其中,C级和D级为滴定分析标准试剂(含量分别为(100 ± 0.02)%和(100 ± 0.05)%),E级为一般试剂。我国的化学试剂一般可分为四个等级,其规格和适用范围见表1.3。

表1.3　试剂规格和适用范围

级别	中文名称	英文符号	适用范围	标签颜色
一级	优级纯	GR	精密分析实验	绿色
二级	分析纯	AR	一般分析实验	红色
三级	化学纯	CP	一般化学实验	蓝色
四级	实验试剂	LR	一般化学实验辅助试剂	棕色或其他颜色
生化试剂	生化试剂 生物染色剂	BR或CR	生物化学及医用 化学实验	黄色或其他颜色

此外,还有一些特殊用途的高纯试剂,如色谱纯试剂,表示其在仪器最高灵敏度(10^{-10} g)条件下进行分析无杂质峰出现;光谱纯试剂则以光谱分析时出现的干扰谱线的数目和强度大小来衡量,要注意的是光谱纯的试剂不一定是化学分析的基准试剂,基准试剂的纯度要相当于或高于保证试剂,主要用于滴定分析的基准物或直接配制标准溶液。

在分析工作中所选试剂的级别并非越高越好,而是要和所用的方法、实验用水、操作器皿的等级相适应。在通常情况下,分析实验中所用的一般溶液可选用AR级试剂并用蒸馏水或去离子水配制。在某些要求较高的工作(如痕量分析)中,若试剂选用GR级,则不宜使用普通蒸馏水或去离子水,而应选用二次重蒸水,所用器皿在使用过程中也不应有物质溶出。在特殊情况下,当市售试剂纯度不能满足要求时,可考虑自己动手精制。

二、取用试剂应注意的事项

(1)取用试剂时应注意保持清洁。瓶塞不许任意放置,取用后应立即盖好,以防试剂被其他物质沾污或变质。

(2)固体试剂应用洁净干燥的小勺取用。取用强碱性试剂后的小勺应立即洗净,以免腐蚀。

(3)用吸管吸取试剂溶液时,决不能用未经洗净的同一吸管插入不同的试剂瓶中吸取试剂。

(4)所有盛装试剂的瓶都应贴有明晰的标签,写明试剂的名称、规格及配制日期。千万不能在试剂瓶中装入不是标签上所写的试剂。没有标签标明名称和规格的试剂,在未查明前不能随便使用。书写标签最好用绘图墨汁,以免日久褪色。

三、试剂的保管

试剂的保管在实验室中也是一项十分重要的工作。有的试剂因保管不好而变质失效,这不仅是一种浪费,而且还会使分析工作失败,甚至会引起事故。一般的化学试剂应保存在通风良好、干净、干燥的房子里,防止水分、灰尘和其他物质沾污。同时,根据试剂性质应有不同的保管方法:

(1)容易侵蚀玻璃而影响试剂纯度的,如氢氰酸、氟化物(氟化钾、氟化钠、氟化铵)、苛性碱(氢氧化钾、氢氧化钠)等,应保存在塑料瓶或涂有石蜡的玻璃瓶中。

(2)见光会逐渐分解的试剂,如过氧化氢(双氧水)、硝酸银、高锰酸钾、草酸、铋酸钠等,与空气接触易逐渐被氧化的试剂,如氯化亚锡、硫酸亚铁、亚硫酸钠等,以及易挥发的试剂如溴、氨水及乙醇等,应放在棕色瓶内,置冷暗处。

(3)吸水性强的试剂,如无水碳酸盐、苛性钠、过氧化钠等应严格密封(蜡封)。

(4)相互易作用的试剂,如挥发性的酸与氨,氧化剂与还原剂,应分开存放。易燃的试剂如乙醇、乙醚、苯、丙酮与易爆炸的试剂如高氯酸、过氧化氢、硝基化合物,应分开储存在阴凉通风、不受阳光直接照射的地方。最好使用带通风设施的试剂柜,并定时通风,以防止挥发出的溶剂蒸汽聚集而发生危险。

(5)剧毒试剂如氰化钾、氰化钠、氢氰酸、氯化汞、三氯化二砷等,应特别妥善保管,经一定手续取用,以免发生事故。

四、试剂的取用

1. 固体试剂的取用

固体试剂装在广口瓶内。见光易分解的试剂,如硝酸银、高锰酸钾等要装在棕色瓶中。试剂取用原则是既要质量准确又必须保证试剂的纯度(不受污染)。

取固体试剂要使用干净的药品匙,药品匙不能混用,药匙的两端为大小两个匙,分别取用大量固体和少量固体。实验后洗净、晾干,下次再用,避免沾污药品。要严格按量取用药品。“少量”固体试剂对一般常量实验指半个黄豆粒大小的体积,对微型实验约为常量的1/10～1/5。多取试剂不仅浪费,往往还影响实验效果。如果一旦取多可放在指定容器内或给他人使用,一般不许倒回原试剂瓶中。

需要称量的固体试剂,可放在称量纸上称量;对于具有腐蚀性、强氧化性、易潮解的固体试剂,要用小烧杯、称量瓶、表面皿等装载后进行称量;固体颗粒较大时,可在清洁干燥的研钵中研碎。根据称量准确度的要求,可分别选择台秤和天平称量固体试剂。用称量瓶称量时,可用减量法操作。有毒药品要在教师指导下取用;往试管中加入固体试剂时,应用药勺或干净的对折纸片装上后伸进试管约2/3;加入块状固体时,应将试管倾斜,使其沿管壁慢慢滑下,以免碰破管底。

2. 液体试剂的取用

液体试剂装在细口瓶或滴瓶内，试剂瓶上的标签要写清名称、浓度。

(1)从滴瓶中取用试剂。从滴瓶中取试剂时，应先提起滴瓶离开液面，捏瘪胶帽后赶出空气，再插入溶液中吸取试剂。滴加溶液时滴管要垂直，这样滴入液滴的体积才能准确；滴管口应距接收容器口(如试管口)0.5 cm 左右，以免与器壁接触沾染其他试剂，使滴瓶内试剂受到污染。如要从滴瓶取出较多溶液时，可直接倾倒。先排除滴管内的液体，然后把滴管夹在食指和中指间倒出所需量的试剂。滴管不能倒置，以防试剂腐蚀胶帽使试剂变质。不能用自己的滴管取公用试剂，如试剂瓶不带滴管又需取少量试剂，则可把试剂按需要量倒入小试剂管中，再用自己的滴管取用。

(2)从细口瓶中取用试剂。从细口瓶中取用试剂时，要用倾注法取用。先将瓶塞倒放在桌面上，倾倒时瓶上的标签要朝向手心，以免瓶口残留的少量液体顺壁流下而腐蚀标签。瓶口靠紧容器，使倒出的试剂沿玻璃棒或器壁流下。倒出需要量后，慢慢竖起试剂瓶，使流出的试剂都流入容器中，一旦有试剂流到瓶外，要立即擦净。切记不允许试剂沾染标签。然后将试剂瓶边缘在容器壁上靠一下，再加盖放回原处。

(3)取试剂的量。在试管实验中经常要取“少量”溶液，这是一种估计体积，对常量实验是指 0.5 ~ 1.0 mL，对微型实验一般指 3 ~ 5 滴，根据实验的要求灵活掌握。要会估计 1 mL 溶液在试管中占的体积和由滴管加的滴数相当的体积。

要准确量取溶液，则根据准确度和量的要求，可选用量筒、移液管或滴定管。

第六节　定量分析实验概述

一、试样的采集和制备

分析化学实验的结果能否为生产、科学研究提供可靠的分析数据，直接取决于试样的代表性和分析测定的准确性。要从大量的被测物质中采取能够代表整批物质的小样，必须掌握适当的技术，遵守一定的规则，采取合理的采样及制备试样的方法。

(一)土壤样品的采集和制备

1. 污染土壤样品的采集

(1)采样点的布设。由于土壤本身分布不均匀，应多点采样并均匀混合成为具有代表性土壤样品。在同一采样分析单位里，如面积不太大(如在 1 000 ~ 1 500 m^2 以内)，可在不同方位上选择 5 ~ 10 个具有代表性的采样点。点的分布应尽量依据土壤的全貌情况，不可太集中，也不能选在采样区的边或某特殊的点(如堆肥旁)等。

(2)采样的深度。如果只是一般了解土壤污染情况，采样深度只需取 15 cm 左右的耕层土壤和耕层以下 15 ~ 20 cm 的土壤，如果要了解土壤污染深度，则应按土壤剖面层分层取样。

(3)采样量。由于测定所需的土样是多点混合而成的，取样量往往较大，而实际供分析的土样不需要太多。具体需要量视分析项目而定，一般要求 1 kg。因此，对多点采集的土壤，可反复按四分法缩分，最后留下所需的土壤量。

2. 土壤本底值测定的样品采集

样品选择应包括主要类型土壤，并远离污染源，同一类型土壤应有 3 ~ 5 个以上的采样点。其次,要注意与污染土壤采样不同之处是同一点并不强调采集多点混合样,而是选取植物发育典型、具代表性的土壤样品,采样深度为1 m以内的表土和心土。

3. 土壤样品的制备

(1)土样的风干。除了测定挥发性的酚、氰化物等不稳定组分需要用新鲜土样外,多数项目的样品须经风干,风干后的样品溶液混合均匀。风干的方法是将采得的土样全部倒在塑料薄膜上,压碎土块,除去植物根、茎、叶等杂物,铺成薄层,在室温下经常翻动,充分风干。要防止阳光直射和灰尘落入。

(2)磨碎与过筛。风干后的土样,用有机玻璃棒碾碎后,通过2 mm孔径尼龙筛,以除去砂砾和生物残体。筛下样品反复按四分法缩分,留下足够供分析用的数量,再用玛瑙研钵磨细,通过100目尼龙筛,混合装瓶备用。制备样品时,必须避免样品受污染。

(二)生物样品的采集与制备

1. 植物样品的采集和制备

(1)采样的一般原则。

代表性:选择一定数量的能代表大多数情况的植株作为样品。采集时,不要选择田埂、地边及离田埂地边2 m范围以内的样品。

典型性:采样部位要能反映所要了解的情况,不能将植株各部位任意混合。

适时性:根据研究需要,在植物不同生长发育阶段,定期采样,以便了解污染的影响情况。

(2)采样量。将样品处理后能满足分析之用。一般要求样品干重1 kg,如用新鲜样品,以含水80%~90%计,则需5 kg。

(3)采样方法。常以梅花形布点或在小区平行前进以交叉间隔方式布点,采5~10个试样混合成一个代表样品,按要求采集植株的根、茎、叶、果等不同部位。采集根部时,尽量保持根部的完整。用清水洗4次,不准浸泡,洗后用纱布擦干,水生植物应全株采集。

(4)样品制备的方法。

①新鲜样品的制备。测定植物中易变化的酚、氰、亚硝酸等污染物以及瓜果蔬菜样品,宜用鲜样分析。制备方法为:样品经洗净擦干,切碎混匀后,称取100 g放入电动捣碎机的捣碎杯中,加同量蒸馏水,打碎1~2 min,使成浆状。含纤维较多的样品,可用不锈钢刀或剪刀切成小碎块混匀供分析用。

②风干样品的制备。干扰分析的样品,应尽快洗净风干或放在40~60 ℃鼓风干燥箱中烘干,以免发霉腐烂。样品干燥后,去除灰尘杂物,将其剪碎,电动磨碎机粉碎和过筛(通过1 mm或0.25 mm的筛孔),处理后的样品储存在磨口玻璃广口瓶中备用。

2. 动物样品的收集和制备

(1)血液:用注射器抽一定量血液,有时加入抗凝剂(如二溴酸盐),摇匀后即可。

(2)毛发:采样后,用中性洗涤剂处理,去离子水冲洗,再用乙醚或丙酮等洗涤,在室温下充分干燥后装瓶备用。

(3)肉类:将待测部分放在搅拌器搅拌均匀,然后取一定的匀浆做分析用。若测定有机污染物,样品要磨碎,并用有机溶剂浸取;若分析无机物,则样品需进行灰化,并溶解无机残渣,供分析用。

(三)其他固体试样的采集与制备

对地质样品以及矿样可采取多点、多层析的方法取样,即根据试样分布面积的大小,按一定距离和不同的底层深度采取。磨碎后,按四分法缩分,直到所需的量。

对制成的产品或商品,可按不同批号分别进行,对同一批号的产品,采样次数可按下式确定:

$$S=\sqrt{N/2}$$

式中,N 代表被测物的数目(件、袋、包、箱等),取好后,充分混匀即可。

对金属片或丝状试样,剪一部分即可进行分析。但对钢锭和铸铁,由于其表面与内部的凝固时间不同,铁和杂质的凝固温度也不一样,表面和内部组成是不均匀的,应用钢钻钻取不同部位深度的碎屑混合。

(四)水样的采集与制备

水样比较均匀,在不同深度分别取样即可,黏稠或含有固体的悬浮液或非均匀液体,应充分搅匀,以保证所取样品具有代表性。

采集水管中或有泵水井中的水样时,取样前需将水龙头或泵打开,先放 10～15 min 的水后再取样。采取池、江、河中的水样,应视其宽度和深度采用不同的方法采集,对于宽度窄、水浅的水域,可用单点布设法,采表层水分析即可;对宽度宽、水深的水域,可用断面布设法,采表层水、中层水和底层水供分析用;但对静止的水域,应采不同深度的水样进行分析。采样的方法是将干净的空瓶盖上塞子,塞子上系一根绳,瓶底系一铁砣或石头,沉入离水面一定深处,然后拉绳拔塞让水灌满瓶后取出。

(五)气体样品的采集

1. 采样方法

(1)抽气法。

吸收液法:主要吸收气态和蒸汽态物质。常用的吸收液有:水、水溶液、有机溶剂。吸收液的选择依据被测物质的性质及所用分析方法而定。但是,吸收液必须与被测物质发生作用快,吸收率高,同时便于以后分析步骤的操作。

固体吸附法:有颗粒状吸附剂和纤维状吸附剂两种。前者有硅胶、素陶瓷等,后者有滤纸、滤膜、脱脂棉、玻璃棉等。硅胶常用的是粗孔及中孔硅胶,这两种硅胶均有物理和化学吸附作用。素陶瓷需用酸或碱除去杂质,并在 110～120 ℃烘干,由于素陶瓷并非多孔性物质,仅能在粗糙表面上吸附,所以采样后洗脱比较容易。采样的滤纸及滤膜要求质密而均匀,否则采样效率降低。

(2)真空瓶法。

当气体中被测物质浓度较高,或测定方法的灵敏度较高,或当被测物质不易被吸收液吸收,而且用固体吸附采样有困难时,可用此方法采样。将不大于 1 L 的具有活塞的玻璃瓶抽空,在采样地点打开活塞,被测空气立即充满瓶中,然后往瓶中加入吸收液,使其有较长的接触时间以利于吸收被测物质,然后进行化学测定。

(3)置换法。

采取少量空气样品时,将采样器(如采样瓶、采样管)连接在一抽气泵上,使之通过比采样器体积大 6～10 倍的空气,以便将采样器中原有的空气完全置换出来。也可将不与被测物质起反应的液体如水、食盐水注满采样器,采样时放掉液体,被测气体即充满采样器中。

(4)静电沉降法。

此法常用于气溶胶状物质的采样。空气样品通过 12 000～20 000 V 电压的电场,在电场中气体分子电离所产生的离子附着在气溶胶粒子上，使粒子附带电荷，此带电荷的粒子在电场的作用下就沉降到收集电极上，将收集电极表面沉降的物质洗下，即可进行分析。此法采样效率高、速度快，但在有易爆炸性气体、蒸汽或粉尘存在时不能使用。

2. 采样原则

(1)采样效率。在采样过程中，要得到高的采样效率，必须采用合适的收集器和吸附剂，确定适当的抽气速度，以保证空气中的被测物质能完全地进入收集器中，被吸收或阻留下来，同时又便于下一步的分离测定。

(2)采样点的选择。根据测定的目的选择采样点，同时应考虑到工艺流程、生产情况、被测物质的理化性质和排放情况，以及当时的气象条件等因素。

每一个采样点必须同时平行采集两个样品，测定结果之差不得超过20%，记录采样时的温度和压力。

如果生产过程是连续性的，可分别在几个不同地点、不同时间进行采样。如果生产是间断性的，可在被测物质产生前、后以及产生的当时，分别测定。

二、试样的分解

根据分解试样时所用的试剂不同，分解方法可分为湿法和干法。湿法是用酸、碱或盐的溶液来分解试样，干法则用固体的盐、碱来熔融或烧结分解试样。

(一)酸法分解

由于酸较易提纯，过量的酸，除磷酸外，也较易除去。分解时，不引进除氢离子以外的阳离子，并具有操作简单、使用温度低、对容器腐蚀性小等优点，应用较广。酸分解法的缺点是对某些矿物的分解能力较差，某些元素可能会挥发损失。

1. 盐酸

浓盐酸的沸点为108 ℃，故溶解温度最好低于80 ℃，否则，因盐酸蒸发太快，试样分解不完全。

(1)易溶于盐酸的元素或化合物是：Fe，Co，Ni，Cr，Zn；普通钢铁、高铬铁、多数金属氧化物(如 MnO_2，$2PbO \cdot PbO_2$)、过氧化物、氢氧化物、硫化物、碳酸盐、磷酸盐、硼酸盐等。

(2)不溶于盐酸的物质包括灼烧过的 Al，Be，Cr，Fe，Ti，Zr 和 Th 的氧化物，SnO_2，Sb_2O_5，Nb_2O_5，Ta_2O_5，磷酸锆，独居石，磷钇矿，锶、钡和铅的硫酸盐，尖晶石，黄矿石，汞和某些金属的硫化物，铬铁矿，铌和钽矿石，各种钍和铀的矿石。

(3)As(Ⅲ)，Sb(Ⅲ)，Ge(Ⅳ)和 Se(Ⅳ)，Hg(Ⅱ)，Sn(Ⅳ)，Re(Ⅶ)容易从盐酸溶液中(特别是加热时)挥发失去。在加热溶液时，试样中的其他挥发性酸，诸如 HBr，HI，HNO_3，H_3BO_3和 SO_3当然也会失去。

2. 硝酸

(1)易溶于硝酸的元素和化合物是除金和铂系金属及不易被硝酸钝化的金属、晶质铀矿(UO_2)和钍石(ThO_2)、铅矿，几乎所有铀的原生矿物及其碳酸盐、磷酸盐、钒酸盐、硫酸盐。

(2)硝酸不宜分解氧化物以及元素 Se，Te，As。很多金属浸入硝酸时形成不溶的氧化物保护层，因而不被溶解，这些金属包括 Al，Be，Cr，Ga，In，Nb，Ta，Th，Ti，Zr 和 Hf。而 Ca，Mg，Fe 能溶于较稀的硝酸。

3. 硫酸

(1)浓硫酸可分解硫化物、砷化物、氟化物、磷酸盐、锑矿物、铀矿物、独居石和萤石等。还广泛用于氧化金属 Sb,As,Sn 和 Pb 合金及各种冶金产品,但铅沉淀为 $PbSO_4$。溶解完全后,能方便地借加热至冒烟的方法除去部分剩余的酸,但这样做将失去部分砷。硫酸还经常用于溶解氧化物、氢氧化物、碳酸盐。由于硫酸钙溶解度低,所以硫酸不适于溶解以钙为主要组分的物质。

(2)硫酸的一个重要应用是除去挥发性酸,但 Hg(Ⅱ),Se(Ⅳ)和 Re(Ⅶ)在某种程度上可能失去。磷酸、硼酸也能失去。

4. 磷酸

磷酸可用来分解许多硅酸盐矿物、多数硫化物矿物、天然的稀土元素磷酸盐、四价铀和六价铀的混合氧化物。磷酸最重要的分析应用是测定铬铁矿、铁氧体和各种不溶于氢氟酸的硅酸盐中的二价铁。

尽管磷酸有很强的分解能力,但通常仅用于一些单项测定,而不用于系统分析。磷酸与许多金属,设置在较强的酸性溶液中,亦能形成难溶的盐,给分析带来许多不便。

5. 高氯酸

温热或冷的稀高氯酸水溶液不具有氧化性。较浓的酸(60% ~72%)虽然冷时没有氧化能力,热时却是强氧化剂。纯高氯酸是极其危险的氧化剂,放置时它将爆炸,因此决不能使用。操作高氯酸、水和诸如乙酸酐或浓硫酸等脱水剂的混合物应格外小心,每当高氯酸与性质不明的化合物混合时,也应极为小心,这是有严格规定的。

热的浓高氯酸几乎与所有的金属(除金和一些铂系金属外)起反应,并将金属氧化为最高价态,只有铅和锰呈较低氧化态,即 Pb(Ⅱ)和 Mn(Ⅱ)。但在此条件下,Cr 不被完全氧化为矿、磷灰石、三氧化二铬以及钢中夹杂碳化物。

6. 氢氟酸

氢氟酸分解广泛地应用于分析天然或工业生产的硅酸盐,同时也适用于其他物质,如 Nb,Ta,Ti 和 Zr 的氧化物;Nb 和 Ta 的矿石或含硅量低的矿石。另外,含钨铌钢、硅钢、稀土、铀等的矿物也均易用氢氟酸分解。

许多矿物,包括石英、绿柱石、锆石、铬铁矿、黄玉、锡石、刚玉、黄铁矿、蓝晶石、十字石、黄铜矿、磁黄铁矿、红柱石、尖晶石、石墨、金红石、硅线石和某些电气石,用氢氟酸分解将遇到困难。

7. 混合酸

混合酸常能起到取长补短的作用,有时还会得到新的、更强的溶解能力。

王水(HNO_3和 HCl 的体积比为 1 : 3):可分解贵金属和辰砂、镉、汞、钙等多种硫化矿物,亦可分解铀的天然氧化物、沥青铀矿及许多其他的含稀土元素、钍、锆的衍生物,某些硅酸盐、矾矿物、彩钼铅矿、钼钙矿、大多数天然硫酸盐类矿物。

磷酸-硝酸:可分解铜和锌的硫化物和氧化物。

磷酸-硫酸:可分解许多氧化矿物,如铁矿石和一些对其他无机酸稳定的硅酸盐。

高氯酸-硫酸:适于分解铬尖石等很稳定的矿物。

高氯酸-盐酸-硫酸:可分解铁矿、镍矿、锰矿石。

氢氟酸-硝酸:可分解硅铁、硅酸盐及含钨、铌、钛等试样。

（二）熔融分解法

用酸或其他溶剂不能分解完全的试样，可用熔融的方法分解。此法就是将熔剂和试样混合后，在高温下使试样转变为易溶于水或酸的化合物。熔融的方法需要高温设备，且引进大量溶剂的阳离子和坩埚物质，这对有些测定是不利的。

1. 熔剂分类

（1）碱性熔剂：如碱金属碳酸盐及其混合物、硼酸盐、氢氧化物等。

（2）酸性熔剂：包括酸式碳酸盐、焦硫酸盐、氟氢化物、硼酐等。

（3）氧化性熔剂：如过氧化钠、碱金属碳酸盐与氧化剂混合物等。

（4）还原性熔剂：如氧化铅和含碳物质的混合物、碱金属硫化物和硫的混合物等。

2. 选择熔剂的基本原则

一般来说，酸性试样采用碱性熔剂，碱性试样用酸性熔剂，氧化性试样采用还原性熔剂，还原性试样用氧化性熔剂，但也有例外。

3. 常用熔剂简介

（1）碳酸盐。

通常用 Na_2CO_3 或 $KNaCO_3$ 做熔剂来分解矿石试样，如分解钠长石、重晶石、铌钽矿、铁矿、锰矿等熔融温度一般为 900～1 000 ℃，时间在 10～30 min，熔剂和试样的比例因不同的试样而有较大区别，如对铁矿或锰矿为 1∶1，对硅酸盐约为 5∶1，对一些难溶的物质如硅酸锆、釉和耐火材料等则要（10～20）∶1，通常用铂坩埚。

碳酸盐熔融法的缺点是一些元素会挥发失去，如汞和铊全部挥发，硒、砷、碘在很大程度上失去，氟、氯、溴损失较小。

（2）过氧化钠。

过氧化钠熔融法常被用来溶解极难溶的金属和合金、铬矿以及其他难以分辨的矿物，例如，钛铁矿、铌钽矿、绿柱石、锆石和电气石等。

此法的缺点是：过氧化钠不纯且不能进一步提纯，使一些坩埚材料常混入试样溶液中。为克服此缺点，可加 Na_2CO_3 或 NaOH，500 ℃以下，可用铂坩埚，600 ℃以下可用锆和镍坩埚。可能采用的坩埚材料还有铁、银和刚玉。

（3）氢氧化钠（钾）。

碱金属氢氧化物熔点较低（328 ℃），熔融可在比碳酸盐低得多的温度下进行。对硅酸盐（如高岭土、耐火土、灰分、矿渣、玻璃等），特别是对铝硅酸盐熔融十分有效。此外，还可用来分解 Pb，V，Nb，Ta 及硼矿物和许多氢化物、磷酸盐以及氟化物。

对氢氧化物熔融，镍坩埚（600 ℃）和银坩埚（700 ℃）优于其他坩埚。熔剂用量与试样量比为（8～10）∶1，此法的缺点是熔剂易吸潮。因此，熔化时易发生喷溅现象。优点是快速，而且固化的熔融物容易溶解，F^-，Cl^-，Br^-，As，B 等也不会损失。

（4）焦硫酸钾（钠）。

焦硫酸钾可用 $K_2S_2O_7$ 产品，也可用 $KHSO_4$ 脱水而得。熔融时温度不应太高，持续时间也不应太长。假如试样很难分解，最好不时冷却熔融物，并加数滴浓硫酸，尽管这样做不十分方便。

对 BeO，FeO，Cr_2O_3，Mo_2O_3，Tb_2O_3，TiO_2，ZrO_2，Nb_2O_5，Ta_2O_5 和稀土氧化物以及这些元素的非硅酸盐矿物，例如，钛铁矿、磁铁矿、铬铁矿、铌铁矿等，焦硫酸盐熔融特别有效。铂和熔凝石英是进行这类熔融常用的坩埚材料，前者略被腐蚀，后者较好。熔剂与试样量的比为 15∶1。

焦硫酸盐熔融不适于许多硅酸盐，此外，锡石、锆石和磷酸锆也难以分解。焦硫酸盐熔融的应用范围，由于许多元素的挥发损失而受到限制。

（三）溶解和分解过程中的误差来源

1. 以飞沫形式和挥发引起的损失

当溶解伴有气体释出或者溶解是在沸点进行时，总有少量溶液损失，即气泡在破裂时以飞沫形式带出，盖上表面皿，可大大减小损失。熔融分解或溶液蒸发时盐类沿坩埚壁蠕升是误差的另一来源，尽可能均匀地，最好在油浴或沙浴上加热坩埚，或者有时采用不同材料的坩埚可以避免出现这种现象。

在无机物质溶解时，除了卤化氢、二氧化硫等容易挥发的酸和酸酐以外，许多其他化合物也可能失去，如形成挥发性化合物的元素有 As，Sb，Sn，Se，Hg，Ge，B，Os，Ru 和形成氢化物的 C，P，Si 以及 Cr。挥发作用引起的损失能有许多办法防止。在某些情况下，在带回流冷凝管的烧瓶中进行反应即可达到目的，试样熔融分解时，由于反应温度高，挥发损失的可能大为增加，但只要在坩埚上加盖便可大大减少这种损失。

2. 吸附引起的损失

在绝大多数情况下，溶质损失的相对量随浓度的减少而增加。在所有吸附过程中，吸附表面的性质起着决定性作用。不同的容器，其吸附作用显著不同，而且吸附顺序随不同物质而异。

容器彻底清洗能显著减弱吸附作用。除去玻璃表面的油脂，则表面吸附大为减少。在许多情况下，将溶液酸化足以防止无机阳离子吸附在玻璃或石英上，一般来说，阴离子吸附的程度较小，因此，对那些强烈被吸附的离子可加配位体使其生成阴离子而减小吸附。

3. 泡沫的消除

在蒸发液体或湿法氧化分解试样，特别是生物试样时，有时会遇到起沫的问题。要解决这个问题，可将试样在浓硝酸中静置过夜，有时在湿法化学分解之前，在 300～400 ℃下将有机物质预先灰化对消除泡沫十分有效。防止起沫的更常用方法是加入化学添加剂，如脂族醇，有时也可用硅酮油。

4. 空白值

在使用溶剂和熔剂时，必须考虑到会有较大空白值。虽然现在可以有高纯试剂，但是相对于试样，这些试剂用量较大。烧结技术也作为减少试剂需要量的一种手段，从而降低空白值。

不干净的器皿常是误差的主要来源。例如，坩埚留有以前测定的，已熔融或已成合金的残渣，在随后分析工作中，后者可能释出。另外，试样与容器反应也会改变空白值。例如，硅酸盐、磷酸盐和氧化物容易与瓷盘和瓷坩埚的釉化合。由于这个原因，用石英坩埚较好，石英仅在高温下才与氧化物反应，对氧化物或硅酸盐残渣，铂坩埚也许最好。在大多数情况下，小心选择容器材料仍然能够消除空白值。

（四）各种容器材料的使用和维护

1. 玻璃

实验室玻璃器皿一般由某种硼硅酸玻璃生产，其他成分是元素 Na，K，Mg，Ca，Ba，Al，Fe，Ti，As 的氧化物。一般来说，玻璃对酸的稳定性好，只有氢氟酸和热磷酸明显产生腐蚀。

玻璃器皿不应与碱溶液长时间接触，因其成分能大量溶解。

玻璃器皿一般用酸和碱溶液或去污剂清洗。用洗液或碱金属高锰酸钾盐溶液处理可以除去玻璃表面的油脂或其他有机物质。后者腐蚀玻璃要严重得多。若用洗液，则玻璃表面常牢固地吸附少量的铬。另外一种可选择的洗涤液，其组成为等体积 6 mol·L^{-1} 盐酸和 6% 的过氧化氢。

2. 瓷

瓷的成分为 NaKO：Al_2O_3：SiO_2=1：8.7：22，也就是说瓷含有比玻璃高得多的 Al_2O_3。一般情况，瓷表面涂有一层釉。釉的成分是 73% SiO_2，9% Al_2O_3，11% CaO 和 6%（K_2O+Na_2O）。

3. 熔凝石英（透明石英）

对分析化学来说，由熔凝石英制成的器皿在有特殊要求的场合下使用。石英一般约含 99.8% 的 SiO_2，主要杂质是 Na_2O，Al_2O_3，Fe_2O_3，MgO 和 TiO_2，此外还有锑。对氢氟酸、热磷酸和碱溶液以外的化学试剂有很好的稳定性。

熔凝石英的主要优点是良好的化学稳定性和热稳定性。此外，与玻璃和瓷相比，试样似乎仅由一种化合物即 SiO_2 所污染。其缺点是较玻璃容易损坏，而且释出大量的二氧化硅。

4. 金属

在制作分析器皿用的金属中，铂最为重要。除王水外，铂不与常用的酸（包括氢氟酸）作用，只是在极高温度下被浓硫酸腐蚀。铂对熔融的碱金属碳酸盐、硼酸盐、氟化物、硝酸盐和硫酸盐有足够的稳定性。在用这些熔剂熔融时，仍应考虑到零点几到数毫克的损失。过氧化钠在铂中熔融可在 500 ℃以下进行。在有空气存在时，碱金属氢氧化物迅速腐蚀铂，采用惰性气氛可以防止。铂器皿切不可用于分解含硫化物的混合物。

铂皿与许多金属（这些金属与铂生成低熔点合金）一起加热而损坏，实际上应避免在铂皿中加热 Hg，Pb，Sn，Au，Cu，Si，Zn，Cd，As，Al，Bi 和 Fe，至少不能加热至高温。

当有机化合物炭化时，或者在用发光的本生灯火焰加热时，许多非金属，包括 S，Se，Te，P，As，Sb，B，C，特别是 C，S，P 也能损坏铂皿。

铂在空气中灼烧，少量略具有挥发性的 PtO_2 失去，在高于 1 200 ℃长时间加热，损失十分显著。

在用熔融的碱金属氢氧化物或过氧化钠分解试样时，最好采用镍或铁坩埚，偶尔也采用银或锆坩埚。镍皿也适用于强碱溶液。

5. 石墨

石墨作为坩埚材料的最重要应用是测定金属中残留氧化物，因为在高温下，这些氧化物与石墨反应还原为 CO 和金属碳化物。但在多数情况下，石墨的这种性质是有害的。因此，石墨材料得不到广泛应用。如果温度保持在 600 ℃以下，石墨坩埚适用于氧化物碱熔融物，对硼砂熔融甚至可在高达 1 000～1 200 ℃下进行。

6. 塑料

聚乙烯对浓硝酸和冰乙酸以外的各种酸都是稳定的，但是它却为若干有机溶剂所侵蚀。塑料的缺点是只能在 60 ℃下使用，高于此温度就开始变软。聚丙烯可达 110 ℃。塑料的另一个缺点是对诸如溴、氨、硫化氢、水蒸气和硝酸等气体有明显的多孔性。

聚四氟乙烯对氟和液态碱金属以外的几乎所有无机和有机试剂不起反应。对气体表现出的多孔性也大为减少，工作温度可达 250 ℃。缺点是在加工生产上有困难，而且其导热性小。

三、定量分析化学实验过程

定量分析化学实验通常包括取样、试样分解和分析试液的制备、分析方法的选择、测定及分析结果的计算等几个步骤。

1. 取样

根据分析试样是固体、液体或气体，采用不同的取样方法。在取样过程中，最重要的是采取的试样应具有代表性，否则后面的分析结果即使具有很高的准确性也将毫无意义，甚至导致错误的结论。有关取样方法，可参看相应的分析化学教材及其他相关手册。

2. 试样分解和分析试液的制备

根据试样的性质、分析项目和共存物质的不同，分解试样的方法也不同。定量化学分析一般采用湿法分析，通常需要将试样分解，使待测组分定量地转入溶液中。分解试样时应防止待测组分损失，避免引入干扰杂质。无机试样的分解方法有溶解法和熔融法。有机试样的分解，一般采用干式灰化法和湿式消化法。具体可参看相应的分析化学教材及其他相关手册。

3. 分析方法及分析方法的选择

根据分析任务、分析对象、测定原理和操作方法等不同，分析方法可分为定性分析、定量分析和结构分析，无机分析和有机分析，化学分析和仪器分析，例行分析和仲裁分析等。在考虑分析方法的选择时，应根据分析任务、分析对象及对分析结果准确度的要求和实验室的现有条件等，选择适当的分析方法。例如，对于常量成分 Fe^{2+} 的分析，既可以采用络合滴定法，也可以采用氧化还原滴定法。

4. 测定及分析结果的计算

选择适当的分析方法后，按操作规程进行测定。根据测定的数据计算浓度、含量等，同时进行误差分析。

四、滴定分析法概述

滴定分析法是将一种试剂溶液滴加到另一物质的溶液中，直到所加的滴定剂与被测物质按化学计量关系定量反应完全。这两种溶液中一种叫标准溶液，另一种叫被测溶液。根据滴定剂浓度、体积以及被滴定溶液的体积及相关的化学计量关系，计算被测物质的含量。适合滴定分析法的化学反应，应具备以下几个条件：

（1）反应须定量地完成，即反应按固定的化学计量关系完成且无副反应发生，反应进行完全（完全程度>99.9 %）。

（2）反应速度要快。对于速度慢的反应，应采取适当措施（如加入合适的催化剂，控制温度等）提高其反应速度，以满足滴定分析的要求。

（3）能用比较简便、准确的方法确定滴定终点。

（一）滴定分析方法分类

1. 滴定分析方法按化学反应类型分类

（1）酸碱滴定法：例如，一元酸碱的反应

$$H^{+}+B^{-}=HB$$

（2）配位滴定法（络合滴定法）：例如，EDTA 与金属离子的反应

$$M^{2+}+Y^{4-}=MY^{2-}$$

(3)沉淀滴定法:例如,硝酸银与氯化钠的反应

$$Ag^{+}+Cl^{-}=AgCl\downarrow$$

(4)氧化还原滴定法:例如,高锰酸钾与铁的反应

$$MnO_4^{-}+5Fe^{2+}+8H^{+}=Mn^{2+}+5Fe^{3+}+4H_2O$$

2. 滴定分析方法按滴定方式分类

(1)直接滴定法。凡能满足滴定分析对化学反应要求的反应,都可采用标准溶液直接滴定被测物质的直接滴定方式。该方式是滴定分析法中最常用和最基本的滴定方式。例如,强酸滴定强碱。

但是,有些反应不能完全满足上述要求,因而不能采用直接滴定法。遇到这种情况时,可采用某些间接的方式进行滴定分析,如返滴定法、置换滴定法等。

(2)间接滴定法。

返滴定法　当试液中待测物质与滴定剂反应很慢(如 Al^{3+} 与 EDTA 的反应),或者用滴定剂直接滴定固体试样(如用 HCl 溶液滴定固体 $CaCO_3$)时,反应不能立即完成,故不能用直接滴定法进行滴定。此时可先准确地加入过量标准溶液,使之与试剂中的待测物质或固体试样进行反应,待反应完成后,再用另一种标准溶液滴定剩余的标准溶液,这种滴定方法称为返滴定法。例如,配位滴定法测定铝。

置换滴定法　当待测组分所参与的反应不按一定反应式进行或伴有副反应时,不能采用直接滴定法。可先用适当试剂与待测组分反应,使其定量地置换为另一种物质,再用标准溶液滴定这种物质,这种滴定方法称为置换滴定法。例如:

$$MY + L = ML + Y$$

间接滴定法,不能与滴定剂直接起反应的物质,有时可以通过另外的化学反应,以间接滴定法进行滴定。例如,氧化还原法测定钙。

由于返滴定法、置换滴定法、间接滴定法的应用,大大扩展了滴定分析的应用范围。

(二)溶液浓度的表示方法

1. 物质的量浓度(简称浓度)

物质的量浓度是指单位体积溶液中所含溶质的量(n)。如 B 物质的浓度以符号 c_B 表示,即:

$$c_B=\frac{n_B}{V}$$

式中,V 为溶液的体积;浓度的常用单位为 $mol\cdot L^{-1}$。

物质 B 的物质的量 n_B 与物质 B 的质量 m_B 的关系为:

$$n_B=\frac{m_B}{M_B}$$

2. 滴定度

滴定度是指与每毫升标准溶液相当的待测组分的质量,用 $T_{待测组分/滴定剂}$ 表示。

物质A的标准溶液浓度为 c_A,它对被测物B的滴定度为 $T_{B/A}$(g/mL),A与B之间反应的化学计量关系为 $n_A/n_B=a/b$,则:

$$c_A=\frac{T_{B/A}\times 10^3}{M_B\times\frac{b}{a}}$$,(M_B 为被测物 B 的摩尔质量)

（三）标准溶液的配制

1. 直接法

准确称取一定量的基准物质，溶解后，定量转入容量瓶中，用水稀释到一定刻度，然后算出该溶液的准确浓度。

可直接配制标准溶液的物质应具备的条件：

（1）必须具备有足够的纯度，一般使用基准试剂或优级纯。

（2）物质的组成应与化学式完全相等。

应避免：① 结晶水丢失；② 吸湿性物质潮解。

（3）稳定，见光不分解，不氧化。

2. 间接配制

粗略地称取一定量物质或量取一定量体积溶液，配制成接近于所需要浓度的溶液。由于该溶液的准确浓度为未知，必须用基准物或另一种物质的标准溶液来测定它们的准确浓度，这种确定浓度的操作，称为标定。

计算公式：

$$\left(\frac{m}{M}\right)_{基} = \frac{a}{b}(Vc)_{待}$$

（四）基准物质

$$(cV)_{标} = \frac{a}{b}(cV)_{待}$$

能够用于直接配制或标定标准溶液的物质称为基准物质。标准溶液的浓度通过基准物来确定。

基准物质应具备如下条件：

（1）足够的纯度，性质稳定；

（2）其物质的实际组成与化学式完全符合；

（3）尽可能大的摩尔质量。

常用的基准物质有：$K_2Cr_2O_7$，NaC_2O_4，$H_2C_2O_4 \cdot 2H_2O$，$Na_2B_4O_7 \cdot 10H_2O$，$CaCO_3$，$NaCl$，Na_2CO_3。

（五）滴定分析结果的计算

1. 被测物的物质的量 n_A 与滴定剂的物质的量 n_B 的关系

在直接滴定法中，被测物的物质的量 n_A 与滴定剂的物质的量 n_B 的关系，设被测物 A 与滴定剂 B 间的反应为：

$$aA + bB = cC + dD$$

则

$$n_A = a/b \cdot n_B$$

$$n_B = a/b \cdot n_A$$

若被测物是溶液，其体积为 V_A，浓度为 c_A，到达化学计量点时用去浓度为 c_B 的滴定剂的体积为 V_B，则

$$c_A \cdot V_A = a/b \cdot c_B \cdot V_B$$

2. 被测物质量分数的计算

若称取试样的质量为 m_s，被测物 A 的质量为 m，则被测物在试样中的质量分数为

$$w_A = \frac{m}{m_s}$$

在滴定分析中，设被测物的物质的量为 n_A，滴定剂的浓度为 c_B，消耗的体积为 V_B，被测物与滴定剂反应的摩尔比为 a/b，则

$$n_A = a/b \cdot n_B = a/b \cdot c_B \cdot V_B$$

被测物的质量

$$m_A = a/b \cdot c_B \cdot V_B \cdot M_A$$

$$w_A = \frac{\frac{a}{b} \times c_B \times V_B \times M_B}{m_s}$$

上式为滴定分析中计算被测物的含量的一般通式。

3. 不同滴定方式的计算

(1)直接滴定(涉及一个反应)。滴定剂与被测物之间的反应式为:

$$aA + bB = cC + dD$$

当滴定到化学计量点时，a 摩尔 A 与 b 摩尔 B 作用完全，则

$$n_A / n_B = a/b$$

$$n_A = a/b \cdot n_B$$

$$c_A \cdot V_A = a/b \cdot c_B \cdot V_B$$

或

$$m_A \cdot M_A = a/b \cdot c_B \cdot V_B$$

(2)返滴定(涉及两个反应)。当反应速度慢或反应物是固体时，可以加入过量的标准溶液，待反应完成后，再加另一种标准溶液滴定剩余的标液。例如:

反应 1: $CaCO_3+2HCl$(准确、过量)$= CaCl_2 +CO_2 +H_2O$

反应 2: HCl(剩余)$+NaOH$(标液)$= NaCl+H_2O$

$$(n_{HCl})_{总} - n_{NaOH} = (n_{HCl})_{消耗}$$

$$n_{CaCO_3} = 1/2 \cdot n_{HCl}$$

$$w_{CaCO_3} = \frac{\frac{1}{2}[(CV)_{HCl} - (CV)_{NaOH}] M_{CaCO_3}/1\ 000}{m_s} \times 100\%$$

(3)置换滴定(涉及两个以上反应)。对于不按确定的反应进行的反应不可以直接滴定而是选用适当的试剂与被测物其反应，使其置换出另一种生成物，用标准液滴定此生成物的方法。

例如:

$$AlY \longrightarrow AlF_6^{2-} + Y^{4-} \longrightarrow ZnY$$

$$n_{Al} = n_{EDTA} = n_{Zn^{2+}}$$

4. 间接滴定(涉及多个反应)

$$w_{Al} = \frac{(cV)_{Zn^{+}} M_{Al}/1\ 000}{m_s} \times 100\%$$

例:以 $KBrO_3$ 为基准物，测定 $Na_2S_2O_3$ 溶液浓度。

(1)$KBrO_3$ 与过量的 KI 反应析出 I_2：

$$BrO_3^- + 6I^- + 6H^+ = 3I_2 + Br^- + 3H_2O$$

$$n_{BrO_3} = 1/3 \cdot n_{I_2}$$

(2)用 $Na_2S_2O_3$ 溶液滴定析出的 I_2：

$$2S_2O_3^{2-} + I_2 = 2I^- + S_4O_6^{2-}$$

$$n_{I_2} = 1/2 \cdot n_{S_2O_3^{2-}}$$

(3)$KBrO_3$ 与 $Na_2S_2O_3$ 之间物质的量的关系为：

$$n_{BrO_3} = 1/3 \cdot n_{I_2} = 1/6 \cdot n_{S_2O_3^{2-}}$$

$$\frac{m_{KBrO_3}}{M_{KBrO_3}} = \frac{1}{6} c_{NaS_2O_3} V_{NaS_2O_3}$$

$$1/6(cV)_{S_2O_3^{2-}} = (m/M)_{BrO_3}$$

五、实验误差

化学是一门实验科学，常常要进行许多定量测定，然后由实验测得的数据经过计算得到分析结果。结果的准确与否是一个很重要的问题。不准确的分析结果往往导致错误的结论。在任何一种测定中，无论所用仪器多么精密，测量方法多么完善，测量过程多么精细，但测量结果总是不可避免地带有误差。测量过程中，即使是技术非常娴熟的人，用同一种方法，对同一试剂进行多次测量，也不可能得到完全一致的结果。这就是说，绝对准确是没有的，误差是客观存在的。实验时应根据实际情况正确测量、记录并处理实验数据，使分析结果达到一定的准确度。

在实验测定中，会因各种原因导致误差的产生。根据其性质的不同，可以分为系统误差和偶然误差两大类。另外，在实验中还会因人为因素出现不应产生的过失误差。

1. 系统误差

系统误差是由某种固定原因造成的，有重复、单向的特点。系统误差的大小、正负，在理论上说是可以测定的，故又称为可测误差。根据系统误差的性质和产生原因，可分为以下几类：

(1)方法误差　由实验方法本身的缺陷造成。如滴定中，反应进行不完全、干扰离子的影响、滴定终点与化学计量点的不相符等。

(2)仪器和试剂误差　由仪器、试剂等原因带来的误差。如仪器刻度不够精确，试剂纯度不高等。

(3)操作误差和主观误差　由操作者的主观原因造成的。如对终点颜色的深浅把握不好；平行滴定时，估读滴定管最后一位数字时，常想使第二份滴定结果与前一份滴定结果相吻合，有种“先入为主”的主观因素存在等。

2. 偶然误差

偶然误差是由某些难以控制的偶然原因（如测定时环境温度、湿度、气压等外界条件的微小变化、仪器性能的微小波动等）造成的，又称为随机误差。这种误差在实验中无法避免，时大、时小、时正、时负，故又称不可测误差。

偶然误差难以找到原因，似乎没有规律可言。但它遵守统计和概率理论，因此能用数理统计和概率论来处理。偶然误差从多次测量整体来看，具有下列特性：

(1)对称性　绝对值相等的正、负误差出现的概率大致相等。

(2)单峰性　绝对值小的误差出现的概率大;而绝对值大的误差出现的概率小。

(3)有界性　一定测量条件下的有限次测量中,误差的绝对值在一定的范围内。

(4)抵偿性　在相同条件下对同一过程多次测量时,随着测量次数的增加,偶然误差的代数和趋于零。

由上可见,在实验中可以通过增加平行测定次数和采用求平均值的方法来减少偶然误差。

3. 过失误差

过失误差是一种与事实明显不符的误差。是因读错、记错或实验者的过失和实验错误所致。发生此类误差,所得实验数据应予以删除。

4. 误差的表示

误差可由绝对误差和相对误差两种形式表示。绝对误差指测定值与真实值之差,即

$$绝对误差 = 测定值 - 真实值$$

相对误差指绝对误差与真实值的百分比,即

$$相对误差 = (测定值 - 真实值)/真实值 \times 100\%$$

真实值(真值):一般来说是未知的。但在某些情况下可以认为真值是已知的。

理论值:如一些理论设计值、理论公式表达值等。

计量学约定值:如国际计量大会上确定的长度、质量、物质的量等。

相对值:精度高一个数量级的测量值作为低一级测量值的真值,如实验中用到的一些标准试样中组分的含量等。

绝对误差和相对误差都有正、负值。正值表示测量结果偏高;负值表示测量结果偏低。

六、准确度与精密度

1. 准确度

准确度是指测定值与真实值之间相符合的程度。通常用误差的大小来衡量。误差越大,分析结果的准确度越高。

2. 精密度

精密度是各次测定结果之间的接近程度。通常用误差的大小来衡量。在实际工作中,由于被测量的真实值是无法知道的。因此,一般要进行多次测定,以求得分析结果算术平均值以代替真实值。单次测定值与平均值之间的差值为偏差。偏差与误差一样,也有绝对偏差和相对偏差之分。

$$绝对偏差 = 单次测定值 - 平均值$$

$$相对偏差 = (单次测定值 - 平均值)/平均值 \times 100\%$$

从相对偏差的大小可反映测量结果的精密度,相对偏差小,可视为重现性好,即精密度高。精密度高不一定准确度高,而准确度高一定精密度高。

七、有效数字及其运算规则

1. 有效数字

分析工作中实际上能测量到的数字叫作有效数字,它不仅表示数量的大小,也反映测量数据的精确程度。应当根据测量准确度的要求正确选择测量仪器,并根据其精度正确表示测量结果的有效数字,值得注意的是掌握“0”在数据中不同位置的不同作用。

数字零在数据中具有双重作用。

(1)作普通数字:如 0.518 0,4 位有效数字。

(2)作定位用:如 0.051 8,3 位有效数字。

(3)表示误差:12.120 0 g 和 12.12 g 数值相同但意义不同,前者表示称量误差为±0.1 mg,后者表示称量误差为±0.01 g。

有效数字的修约规则:常采用“四舍六入五留双”的原则来处理数据的尾数。

当尾数≤4 时舍去,尾数≥6 时进位,而当尾数恰为 5 时,若保留下来的末位数是奇数时,将 5 进位;是偶数时,则将 5 弃去。总之,应使保留下来的末位数为偶数。

2. 有效数字的运算规则

(1)加减法:有效数字相加减时,有效数字的位数取决于绝对误差最大的数字,即,小数点后位数最少的,其他数均修约至这一位;

(2)乘除法:积或商的有效数字的位数取决于相对误差最大的,也就是以有效数字位数最少的为依据;

(3)分析化学计算中,经常遇到一些分数、倍数关系,此时有效数字不确定,一般不考虑;

(4)在计算时本着先修约后运算,先乘除后加减;

(5)常量组分的分析结果以四位有效数字表示(若含量为 1% ~10%,则保留三位有效数字);

(6)各种误差、偏差的计算结果以一位有效数字表示,最多两位。

第七节 微型化学实验简介

一、微型化学实验的概念

微型化学实验是在微型化的仪器装置中进行的化学实验,其试剂用量比对应的常规实验节约 90% 以上。微型实验有两个基本特征:试剂用量少和仪器微型化。微型化实验不是常规实验的简单缩微或减量,而是在微型化的条件下对实验进行重新设计和探索,以尽可能少的试剂来获取尽可能多的化学信息。

微型化学实验与微量化学实验是不同的概念。微量化学指组分的微量或痕量的定量测定、理论、技术和方法,即微量分析化学。而微型化学实验尽管会包括一些微量化学的技术,但实验的对象和内容却超越了微量化学的范围。用于化学教学的微量实验还要具备现象明显、操作简单、效果优良、成本低廉等特点。

二、微型化学实验的发展

随着科学技术的发展、实验仪器精确程度的提高,化学实验的试剂和样品用量逐渐减少。16 世纪中叶,冶金工业中化学分析的样品用量为数千克,19 世纪 30 ~40 年代,0.5 mg 精度分析天平的问世使重量分析样品量达 1 g 以下;0.01 mg 精度的扭力天平,让 Nernst 尝试做 1 mg 样品的分析;1 μg 精度天平的出现,使 FrilzPregl 成功地用 3 ~5 mg 有机样品做了碳、氢等元素的微量分析。

20 世纪,半微量有机合成、半微量的定性分析已广泛地出现在教材中。1925 年埃及

E. C. Grey出版的《化学实验的微型方法》是较早的一本微型化学实验大学教材。1955 年在维也纳国际微量化学大会上,马祖圣教授就建议以 mg 作为微量实验的试剂用量单位。自 1982 年始,美国的 Mayo 等人着眼于环境保护和实验室安全的需要,研究微型有机化学实验,并在基础有机实验中采用主试剂在 mmol 量级的微型制备实验取得成功。可见化学实验小型化、微型化是化学实验方法不断变革的结果。

中国的微型化学实验的研究是由无机化学、普通化学的微型实验和中学化学的研究开始的。国内自编的首本《微型化学实验》于 1992 年出版。此后,天津大学沈君朴主编的《无机化学实验》、清华大学袁书玉主编的《无机化学实验》、西北大学史启祯等主编的《无机与分析化学实验》等教材已收载了一定数量的微型实验。1995 年华东师范大学陆根土编写的《无机化学教程(三)实验》将微型实验与常规实验并列编入;2000 年周宁怀主编了《微型无机化学实验》。迄今为止,国内已有 800 余所大、中学校开始在教学中应用微型实验,说明微型实验在国内已进入大面积推广阶段。

第八节　绿色化学简介

一、绿色化学的概念

绿色化学,又称清洁化学、环境无害化学、环境友好化学。绿色化学有三层含义:第一,是清洁化学,绿色化学致力于从源头制止污染,而不是污染后的再治理,绿色化学技术应不产生或基本不产生对环境有害的废弃物,绿色化学所产生出来的化学品不会对环境产生有害的影响;第二,是经济化学,绿色化学在其合成过程中部分产生或少产生副产物,绿色化学技术应是低能耗和低原材料消耗的技术;第三,是安全化学,在绿色化学过程中尽可能不使用有毒或危险的化学品,其发生意外事故的可能性是极低的。总之,绿色化学是用化学技术和方法去减少或消灭对人类健康、社区安全、生态环境有害原料、试剂、催化剂、产物、副产物、产品等的产生和使用。

二、绿色化学的发展

不可否认,人类进入 20 世纪以来创造了高度的物质文明,从 1990 年到 1995 年的 6 年间合成的化合物数量就相当于有记载以来的 1 000 多年间人类发现和合成化合物总数量(1 000 万种),这是科技的发展、是社会的进步;但同时也带来了负面的效应:资源的巨大浪费,日益严重的环境问题等。人们开始重新认识和寻找更为有利于其自身生存和可持续发展的道路,注意人与自然的和谐发展,绿色意识成了人类追求自然完美的一种高级表现形式。

1995 年 3 月,美国成立“绿色化学挑战计划”并设立“总统绿色化学挑战奖”。1997 年中国国家科委主办第 72 届香山科学会议,主题为“可持续发展对科学的挑战——绿色化学”。近些年来,各国化学在绿色化学的研究领域里,运用物理学、生态学、生物学等的最新理论、技术和手段,取得了可喜的成绩。

三、绿色化学的思维方式

绿色化学的核心是“杜绝污染源”,防治污染的最佳途径就是从源头消除污染,一开始就不要产生有毒有害物。事实上,实现化学实验绿色化的关键是建立绿色化学的思维方式。在化学实验教学中,应在教师和学生的头脑中确立这种意识,要树立绿色化学的思维方式,应从环境保护的角度、从经济和安全的角度来考虑各个实验的设置、实验手段、实验方法等,并遵循以下原则:

(1)设计合成方法时,只要可能,不论原料、中间产物还是最终产品,均应对人体健康和环境无毒害(包括极小毒性和无毒)。

(2)合成方法必须考虑能耗、成本,应设法降低能耗,最好采用在常温常压下的合成方法。

(3)化工产品要设计成在其使用功能终结后,不会永存于环境中,要能分解成可降解无害产物。

(4)选择化学生产过程的物质时,应使化学意外事故(包括渗透、爆炸、火灾等)的危险性降到最低程度。

(5)在技术可行和经济合理的前提下,原料要采用可再生资源以代替消耗性资源。

第九节　实验数据的记录、处理和实验报告

一、实验数据的记录

学生应有专用的、预先编好页码的实验记录本,不得撕去任何一页。决不允许将数据记在单页纸或小纸片上,或随意记在其他任何地方。

实验过程中的各种测量数据及有关现象,应及时、准确而清楚地用钢笔或圆珠笔记录下来。不允许使用铅笔记录实验数据。记录数据时要本着严谨和实事求是的科学态度,切忌夹杂主观因素,决不允许随意伪造、篡改数据。

如果发现数据算错、测错或读错而需要改动时,可将该数据用一横线划去,再将正确数据清晰地写在其上方或旁边,使划过的数据仍然清晰可查,不得将划去的数据涂黑。

记录实验数据时,保留几位有效数字应和所用仪器的准确程度相适应。例如,用万分之一分析天平称量时,应记录至0.000 1 g,滴定管和移液管的读数应记录至0.01 mL。

实验记录上的每一个数据都是测量结果,故重复观测时,即使数据完全相同,也应记录下来。

进行记录时,对文字记录,应简明扼要;对数据记录,应预先设计一定的表格。以表格形式记录数据更为清楚明白。

实验过程中涉及的各种特殊仪器的型号和标准溶液浓度等,也应该及时准确记录下来。

二、分析结果的数据处理

分析化学实验中,测得一组数据 $x_1, x_2, \cdots, x_n$ 后,对其中的可疑数据是保留还是舍弃,可用 Q 检验法或Grubbs法等方法进行检验决定其取舍,然后算出算术平均值 $\bar{X}$。同时,还应把分析结果的精密度表示出来。分析结果的精密度可用相对偏差、平均偏差、标准偏差、相对标准偏差等表示。这些是分析实验中最常用的几种处理数据的方法。其中相对偏差是分析化学实验中最常用的判断单次测定结果精密度好坏的方法。

1. 平均偏差

$$\bar{d} = \frac{\sum_{i=1} |x_i - \bar{x}|}{n} = \frac{\sum_{i=1} |d_i|}{n}$$

$$\text{相对平均偏差} = \frac{\bar{d}}{\bar{x}} \times 100\%$$

2. 标准偏差

标准偏差又称均方根偏差，标准偏差的计算分两种情况：

(1)总体的标准偏差

$$\sigma = \sqrt{\frac{\sum_{i=1}^{n} |x_i - u|}{n}} \quad \text{(无限次测定)}$$

μ 为无限多次测定的平均值(总体平均值)，即：

$$\lim_{n \to \infty} \bar{x} = \mu$$

当消除系统误差时，μ 即为真值。

(2)样本的标准偏差

$$S = \sqrt{\frac{\sum_{i=1}^{n} d_i^2}{n - 1}} \quad \text{(有限次测定)}$$

3. 平均值的标准偏差

m 个分析工作者，进行 n 次平行测定的平均值和平均偏差：$\bar{X}_1, \bar{X}_2, \bar{X}_3, \cdots, \bar{X}_m$。由统计学可得：$\bar{d}_1, \bar{d}_2, \bar{d}_3, \cdots, \bar{d}_n$。

无限次测定：

$$\sigma_{\bar{x}} = \frac{\sigma}{\sqrt{n}}$$

有限次测定：

$$S_{\bar{x}} = \frac{S}{\sqrt{n}}$$

4. 相对标准偏差(变异系数)

$$\text{相对标准偏差} = \frac{S}{\bar{x}} \times 100\%$$

三、实验报告

实验完毕后，应及时认真地将实验报告写到专门的实验报告本上。分析化学的实验报告一般包括以下内容：

实验(编号)实验名称

1. 目的和要求

实验要达到的目的，主要包括通过实验必须熟练掌握、理解和了解的内容。

2. 实验原理

简要地用文字和化学反应式说明。例如，对于滴定分析，通常应当有标定和滴定反应方程式，基准物质和指示剂的选择，标定和滴定结果的计算公式等。

3. 主要试剂和仪器

列出实验中所要使用的主要试剂和仪器。

4. 实验步骤

应简明扼要地写出实验的操作步骤,可以用流程图的形式表示。

5. 实验数据及其处理

这是实验报告的重点,应当尽量用图表的形式表示实验数据和处理结果。实验数据主要指实验过程中直接测量到的读数;处理结果是指用实验数据经过一定的运算所得的结果,主要包括测定结果、测定结果的平均值、相对偏差、平均相对偏差或相对标准偏差等。

6. 问题讨论

对实验中观察到的现象及实验结果进行分析和讨论。若实验失败,应寻找失败原因,总结经验教训,以提高自己分析问题和解决问题的能力。

7. 思考题

根据实际情况选做。

第二章　分析化学实验仪器与操作方法

第一节　一般仪器

这里只简略地介绍在分析化学实验中常用的仪器(玻璃量器除外)及其使用方法、注意事项等。大家早已熟悉的仪器,如烧杯、锥形瓶等不再介绍。

一、玻璃漏斗

过滤沉淀所用的玻璃漏斗,上口直径为6~7 cm,并应具有60°的圆锥角,颈的直径应小一些(通常内径为3~5 mm),以便在颈内容易保留水柱,下口磨成45°角,有长颈和短颈两种形式。使用时应将漏斗洗净,滤纸的大小应与漏斗的大小相适应,使折叠后的滤纸上边缘低于漏斗上沿至少0.5 cm,绝不能超出漏斗上沿。

二、洗瓶

目前实验室所用洗瓶多是塑料制品(图2.1),其中装入纯水,用于刷洗仪器及沉淀,它用水量少而且洗涤效果好。塑料洗瓶使用方便,用手握住洗瓶一捏,水便由尖嘴挤出。

三、蒸发皿与水浴锅

化学制备或分解试样时用来浓缩溶液的是钵形的瓷质蒸发皿或石英质蒸发皿,分析实验中有时还用带柄的瓷蒸发皿。常用的瓷蒸发皿容量规格为100 mL,125 mL,150 mL,200 mL,250 mL等,内壁应是洁白光滑的,不允许用搅棒在蒸发皿中用力刮动沉淀。

对于稳定的溶液,可以直接在天然气灯上小火加热,上面罩以表面皿(用玻璃勾架起)。易分解的溶液应在水浴上加热,蒸发皿内所盛溶液的体积不能超过蒸发皿容量的2/3。

水浴锅一般是铜质,其锅盖是大小不同的铜圈(图2.2)。通常将蒸发皿或烧杯等放在水浴锅圈上进行加热。锅内装水不能超过其容量的2/3,随着锅内水的不断蒸发,要注意添水,防止锅被烧干。如果烧干,就会变成空气浴,温度会升得很高,以致引起溶液的强烈沸腾溅失,并且锅也会被烧毁。一旦锅被烧干,应立即停火,待锅冷却后,再加水继续使用。

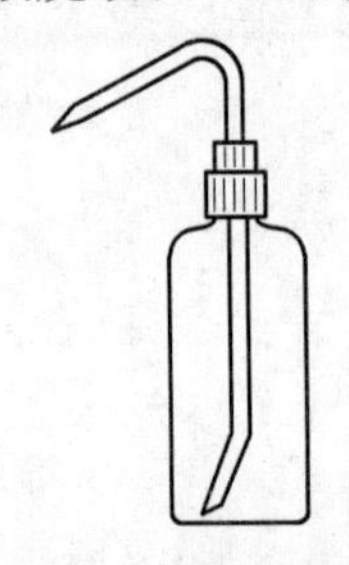

图2.1　塑料洗瓶

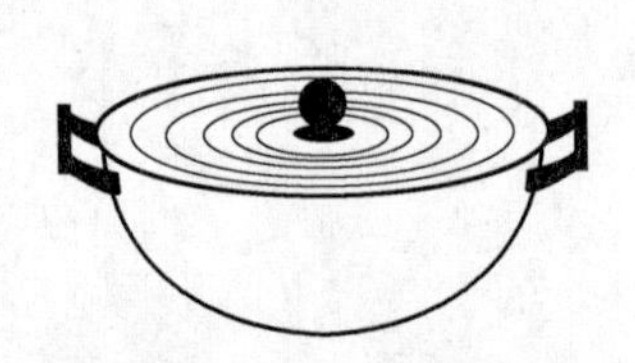

图2.2　铜水浴锅

另外,根据加热对象及要求的不同,还可以选择其他的加热方式,例如,电热恒温水浴(其控制温度在37~100 ℃连续可调,并能自动恒定在所设温度的±1 ℃内)、油浴、沙浴及电热板等。电热恒温水浴所加热的器皿可以放在水中或放在锅圈上。

四、搅棒及表面皿

搅棒用来搅拌溶液和协助倾出溶液，通常是用4～6 mm直径的玻璃棒截成的，将其斜插在烧杯中时，应比烧杯长出4～6 cm。太长易将烧杯压翻，太短则操作不方便。搅棒的两端应烧光滑，以防划伤烧杯。

表面皿为凹面的玻璃片，用于覆盖烧杯、蒸发皿及漏斗等，可以防止灰尘落入。使用时，表面皿的凸面向下，这样可以放得很稳，当被覆盖的容器内的物质因反应而产生气体时，必会造成溶液的飞溅，这些溅到表面皿上的液珠，会集中在表面皿的凸出位置，可用洗瓶冲洗入原容器内，使溶液不致受损失。表面皿取下放置时，应凸面向上，以免沾染污物再盖上时带入容器内。

选用表面皿时，其直径一般比被覆盖器皿的口径大1～2 cm为宜。表面皿质软易碎，不能直接加热或承重。

五、瓷坩埚及坩埚钳

瓷坩埚可耐1 200 ℃高温，常用于沉淀灼烧和称量，以及试样的分解或灰化。用天然气灯灼烧瓷坩埚只能达到800～900 ℃，更高的温度须在马弗炉（高温电炉）中灼烧。分析实验室中使用的坩埚不要太大或太厚，常用的是25 mL薄壁坩埚。瓷坩埚不能用来熔融金属碳酸盐、苛性碱，当然更不能与HF接触。新的坩埚使用前应在热的浓盐酸溶液中浸泡（洗去Fe_2O_3，Al_2O_3等），然后用水洗净。灼烧前，应先烘干或先用小火"舔"烧坩埚的各部分，使其慢慢被烘干后再逐渐升高温度。湿坩埚或放有湿沉淀的坩埚，绝不能突然用大火灼烧或直接放入高温电炉中，否则很容易爆裂。

当夹持高温或冷却后待称量的坩埚时，要用坩埚钳。坩埚钳用后要钳口向上平放于白瓷板上，铜质或铁质坩埚要用细砂纸磨光后再用。

六、干燥器

不论是坩埚、称量瓶、基准物质还是试样，烘干后一定要冷却至室温之后再称量。由于空气中总含有一定量的水分，因此冷却他们就不能放在桌面上、暴露于大气中，必须放在干燥器中进行冷却。

根据放于干燥器中的物质吸湿性的不同，可选用不同强度的干燥剂。经常用的干燥剂是变色硅胶、无水$CaCl_2$，其他一些干燥剂还有$CaSO_4$，Al_2O_3，浓H_2SO_4等，P_2O_5和$Mg(ClO_4)_2$是最强的干燥剂，应用较少。

干燥器中有一带孔的白磁盘，孔中可以放坩埚，其他地方可以放置称量瓶等。

准备干燥器时要用干抹布将磁盘和内壁擦干净，一般不用水洗，否则不能很快干燥。干燥剂不要放得太多，装至干燥器下室一半就够了，太多则容易沾污坩埚。装干燥剂的方法如图2.3所示。

干燥器的身与盖之间应均匀地涂抹一层凡士林。启盖的方法是一手抱住干燥器，另一只手将盖向旁边推开（见图2.4），盖上盖子时也必须如此平推。搬动干燥器时，要用拇指按住其盖（见图2.5），以防止滑落打碎盖子。

应当注意，干燥器不能用来存放湿的器皿或沉淀，否则，干燥剂将会很快失效。

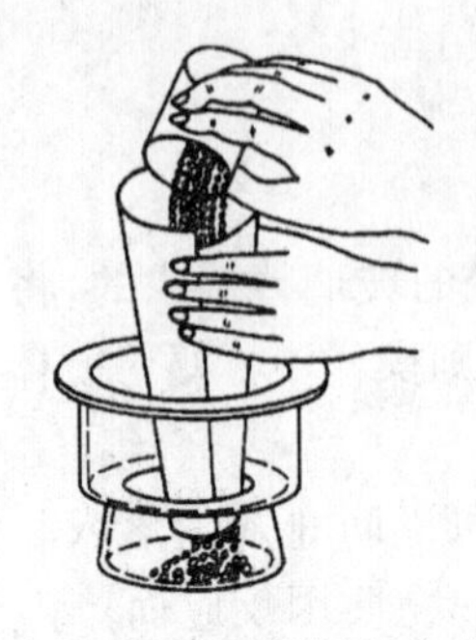
图 2.3　装干燥剂的方法

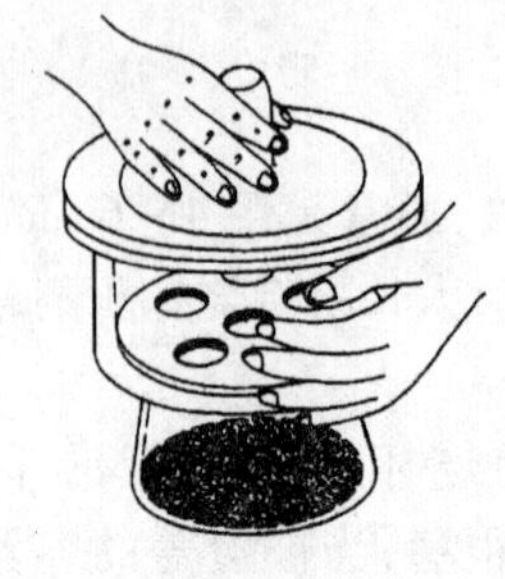
图 2.4　干燥器的开启方法

图 2.5 干燥器的搬动方法

干燥器的使用方法：

干燥器是具有磨口盖子的密闭厚壁玻璃器皿，常用以保存坩埚、称量瓶、试样等物。它的磨口边缘涂一薄层凡士林，使之能与盖子密合。

干燥器底部盛放干燥剂，最常用的干燥剂是变色硅胶和无水氯化钙，其上搁置洁净的带孔瓷板。坩埚等即可放在瓷板孔内。

干燥剂吸收水分的能力都是有一定限度的。例如硅胶，20 ℃时，被其干燥过的 1 L 空气中残留水分为 6×10^{-3} mg；无水氯化钙，25 ℃时，被其干燥过的 1 L 空气中残留水分小于 0.36 mg。因此，干燥器中的空气并不是绝对干燥的，只是湿度较低而已。

使用干燥器时应注意下列事项：

①干燥剂不可放得太多，以免沾污坩埚底部。

②搬移干燥器时，要用双手拿着，用大拇指紧紧按住盖子，如图 2.5 所示。

③打开干燥器时，不能往上掀盖，应用左手按住干燥器，右手小心地把盖子稍微推开，等冷空气徐徐进入后，才能完全推开，盖子必须仰放在桌子上。

④不可将太热的物体放入干燥器中。

⑤有时较热的物体放入干燥器中后，空气受热膨胀会把盖子顶起来，为了防止盖子被打翻，应当用手按住，不时把盖子稍微推开（不到 1 s），以放出热空气。

⑥灼烧或烘干后坩埚和沉淀在干燥器内不宜久置，否则因吸收一些水分而使质量略有增加。

⑦变色硅胶干燥时为蓝色（含无水 Co^{2+} 色），受潮后变粉红色（水合 Co^{2+} 色）。可以在 120 ℃烘受潮的硅胶待其变蓝后反复使用，直至破碎不能用为止。

七、试剂瓶

试剂瓶是指带有磨口玻璃塞的细口瓶。$AgNO_3$，KI，$KMnO_4$ 等溶液见光易分解，应保存在棕色的试剂瓶中。由于苛性碱对玻璃有显著的腐蚀作用，因此贮存这类试剂时，应该换用橡胶塞。如用玻璃塞，则放置时间稍久，就会因玻璃被腐蚀而使塞与瓶口结合在一起，无法启动。长期贮存苛性碱溶液，应使用塑料瓶。

试剂瓶通常只能贮存而不能用于配制溶液，尤其不能用来稀释浓 H_2SO_4 和溶解苛性碱，否则由于其产生大量的热而使试剂瓶炸裂（试剂瓶由软质玻璃制成，不耐热）。还应注意，试剂瓶是不能加热的。

试剂溶液配好以后，应及时贴上标签，注明品名、浓度、溶剂、配制日期等。长期保存时，瓶口上可倒置一个小烧杯以防止灰尘侵入。

八、电动循环水真空泵

在减压过滤时需要使用真空泵。过去常用水泵，虽简便有效，但因其要直排大量的自来水，现已限制使用。油泵真空度高，但使用时要设法防止低沸点溶剂、酸气和水汽进入油泵，亦有不便之处。现在已逐渐改用电动循环水泵进行减压过滤。

本书定量化学实验中使用 SHB-Ⅲ型循环水真空泵。水箱中加入 15 L 自来水，可循环使用。在水温 0～25 ℃范围内，其真空度可达 0.097 MPa。该泵有两个抽气嘴，各有一块真空表，在抽气通路中装有止回阀，可防止当抽滤结束关机后，循环水被吸入抽滤瓶中。长时间连续开机循环水会升温，温度过高将使真空度下降，如果因此而影响抽滤时，可停机冷却或更换一部分自来水。

九、电热恒温干燥箱

电热恒温干燥箱是烘干称量瓶、玻璃器皿、基准物质、试样及沉淀等用的。根据烘干对象的不同，可以调节不同的温度，一般最高可达 300 ℃，可恒定在所设温度的±1 ℃之内。

使用电热恒温干燥箱时应注意，对于易燃、易爆等危险品及能产生腐蚀性气体的物质不能放在干燥箱内加热烘干；被烘干的物质不能洒落在箱内，以防止腐蚀内壁及隔板；被烘干的器皿外壁要尽量擦干，应放置在中部或上部的网架上，切不可放在下部的护板上（护板直接受电炉丝的辐射，温度很高）；使用过程中要经常检查箱内温度是否在规定的范围内，温度控制是否良好，发现问题及时修理；除需快速升温外，一般不用加热开关的 2 挡（2 挡是两根电炉丝同时工作，容易造成温度失控）。如果需要快速升温而使用 2 挡，当温度达到要求时应关掉 2 挡开关，只使用 1 挡保温。另外，使用温度不能超过干燥箱的最高允许温度，用毕要及时切断电源。

第二节　分析天平

分析天平是定量分析工作中最重要、最常用的精密称量仪器。每一项定量分析都直接或间接地需要使用天平，而分析天平称量的准确度对分析结果又有很大的影响，因此，我们必须了解分析天平的构造并掌握正确的使用方法，避免因天平的使用或保管不当影响称量的准确度，从而获得准确的称量结果。常用分析天平有等臂双盘天平（包括半自动电光天平和全自动电光天平）和单盘天平。这些天平在构造上虽然有些不同，但其构造的基本原理都是根据杠杆原理设计制造的。

一、称量原理

天平是根据杠杆原理制成的，它用已知质量的砝码来衡量被称物体的质量。

设杠杆 ABC 的支点为 B（如图 2.6），AB 和 BC 的长度相等，A，C 两点是力点，A 点悬挂的被称物体的质量为 P，C 点悬挂的砝码质量为 Q。当杠杆处于平衡状态时，力矩相等，即：$P\times AB=Q\times BC$。

目前国内使用最为广泛的是半自动电光天平，本节对其作简单介绍。

因为 $AB=BC$，所以 $P=Q$，即天平称量的结果是物体的质量。

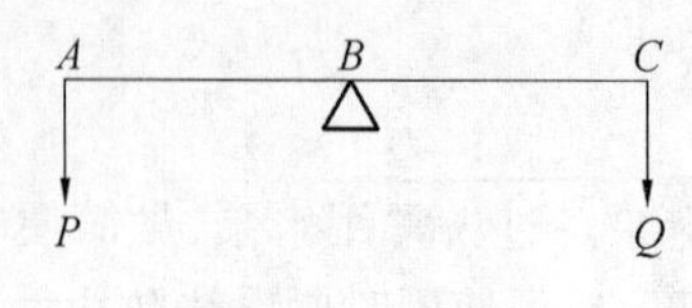

图 2.6　杠杆原理

二、分析天平的计量性能

分析天平的计量性能主要包括灵敏度、稳定性和正确性等,天平检定规程中规定了天平的计量性能指标。

1. 灵敏度

天平的灵敏性用灵敏度表示,是指在处于平衡状态下的天平的一个秤盘上增加一微小质量引起指针偏转的程度(角度)。在一定的质量下,指针偏转的程度越大,则天平的灵敏度越高。

电光天平的灵敏度是指天平载重改变 1 mg 引起指针(光标)偏移的刻度数,常用"小格/mg"表示。合格的电光天平,其左秤盘上增加 10 mg 时,指针向右偏转的小格数应在 98 ~ 102格范围内。

天平的灵敏度还可用感量(又称分度值)表示,同一台天平的感量与灵敏度互为倒数。常用的分析天平,其感量为 0.1 mg/格,故又称万分之一分析天平。

2. 稳定性

天平的稳定性是指天平梁在平衡状态时受到扰动后能自动回到原位的能力,可通过示值变动性反映。天平的示值变动性是指多次开关天平时平衡点的重复性,是衡量称量结果可靠度的指标。示值变动性一般以多次测定空载天平平衡点变化的最大差值表示。天平平衡点最大差值越大,则天平的稳定性越差。合格的分析天平,其示差变动性不应大于读数标尺的一个分度。

天平的稳定性与灵敏度密切相关,若天平的灵敏度过低,则其准确度就差;但灵敏度过高,其稳定性就差(示值变动性过大),精密度就会受到影响。因此,既要使天平有高的灵敏度,同时也要保证天平有好的稳定性。

3. 正确性

天平的正确性是指天平的等臂性,即使是一台完好的等臂天平,其臂长也会有差异(不等臂性),但其不等臂性应不影响称量的准确度。天平的不等臂性,可用交换两盘载重引起指针在刻度标尺上偏移的格数(偏差)表示。一台完好的天平,在最大载重时的不等臂性偏差不应大于标尺的三个分度。

实际工作中,如果使用同一台天平进行称量,则天平的不等臂性引起的误差可以消除。

三、半自动电光天平

(一)双盘半机械加码电光天平的构造

电光天平是根据杠杆原理设计的,尽管其种类繁多,但其结构却大体相同,都有底板、立柱、横梁、玛瑙刀、刀承、悬挂系统和读数系统等必备部件,还有制动器、阻尼器、机械加码装置等附属部件。不同的天平其附属部件不一定配全。

双盘半机械加码电光天平的构造如图 2.7 所示。

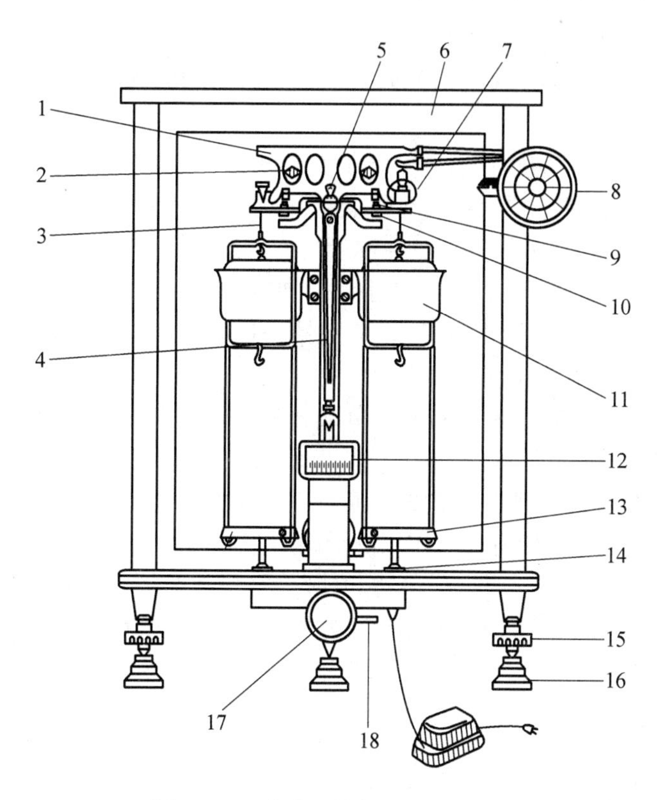

图 2.7　双盘半机械加码电光天平

1—横梁;2—平衡螺丝;3—吊耳;4—指针;5—支点刀;6—框罩;7—圈码;8—指数盘;9—承重刀;10—折叶;11—阻尼筒;12—投影屏;13—秤盘;14—盘托;15—螺旋脚;16—垫脚;17—升降旋钮;18—调屏拉杆

(二)使用方法

1. 调节零点

电光天平的零点是指天平空载时,微分标尺上的"0"刻度与投影屏上的标线相重合的平衡位置。接通电源,开启天平,若"0"刻度与标线不重合,当偏离较小时,可拨动调屏拉杆,移动投影屏的位置,使其相合,即调定零点;若偏离较大时,则需关闭天平,调节横梁上的平衡螺丝(这一操作由老师进行),再开启天平,继续拨动调屏拉杆,直到调定零点,然后关闭天平,准备称量。

2. 称量

将称量物放入左盘并关好左门,估计其大致质量,在右盘上放入稍大于称量物质质量的砝码。选择砝码应遵循"由大到小,折半加入,逐级试验"的原则。试加砝码时,应半开天平,观察指针的偏移和投影屏上标尺的移动情况。根据"指针总是偏向轻盘,投影标尺总是向重盘移动"的原则,以判断所加砝码是否合适以及如何调整。克组码调定后,关上右门,再依次调定百毫克组及十毫克组圈码,每次从折半量开始调节。十毫克圈码组调定后,完全开启天平,平衡后,从投影屏上读出 10 mg 以下的读数。克组砝码数、指数盘刻度数及投影屏上读数三者之和即为称量物的质量,及时将称量数据记录在实验记录本上。

(三)分析天平的使用规则

(1)称量前先将天平罩取下叠好,放在天平箱上面,检查天平是否处于水平状态,用软毛刷清刷天平,检查和调整天平的零点。

(2)旋转升降旋钮时必须缓慢,轻开轻关。取放称量物、加减砝码和圈码时,都必须关闭天平,以免损坏玛瑙刀口。

(3)天平的前门不得随意打开,它主要供安装、调试和维修天平时使用。称量时应关好侧门。化学试剂和试样都不得直接放在秤盘上,应放在干净的表面皿、称量瓶或坩埚内;具有腐蚀性的气体或吸湿性物质,必须放在称量瓶或其他适当的密闭容器中称量。

(4)取放砝码必须用镊子夹取,严禁手拿。加减砝码和圈码均应遵循"由大到小,折半加入,逐级试验"的原则。旋转指数盘时,应一挡一挡地慢慢转动,防止圈码跳落互撞。试加减砝码和圈码时应慢慢半开天平试验。

(5)天平的载重不能超过天平的最大负载。在同一次实验中,应尽量使用同一台天平和同一组砝码,以减少称量误差。

(6)称量的物体必须与天平箱内的温度一致,不得把热的或冷的物体放进天平称量。为了防潮,在天平箱内应放置有吸湿作用的干燥剂。

(7)称量完毕,关闭天平,取出称量物和砝码,将指数盘拨回零位。检查砝码是否全部放回盒内原来的位置和天平内外的清洁,关好侧门。然后检查零点,将使用情况登记在天平使用登记簿上,再切断电源,最后罩上天平罩,将座凳放回原处。

四、电子天平

电子天平是最新一代的天平,它是利用电子装置完成电磁力补偿的调节,使物体在重力场中实现力的平衡,或通过电磁力矩的调节,使物体在重力场中实现力矩的平衡。

自动调零、自动校准、自动扣皮和自动显示称量结果是电子天平最基本的功能。这里的"自动",严格地说应该是"半自动",因为需要经人工触动指令键后方可自动完成指定的动作。

1. 基本结构及称量原理

随着现代科学技术的不断发展,电子天平产品的结构设计一直在不断改进和提高,向着功能多、平衡快、体积小、质量轻和操作简便的趋势发展。但就其基本结构和称量原理而言,各种型号的电子天平都是大同小异的。

常见电子天平的结构是机电结合式的,核心部分是由载荷接受与传递装置、测量及补偿控制装置两部分组成。常见电子天平的基本结构及称量原理示意如图2.8。

载荷接受与传递装置由称量盘、盘支承、平行导杆等部件组成,它是接受被称物和传递载荷的机械部件。平行导杆是由上下两个三角形导向杆形成一个空间的平行四边形(从侧面看)称量结构,以维持称量盘在载荷改变时进行垂直运动,并可避免称量盘倾倒。

载荷测量及补偿控制装置是对载荷进行测量,并通过传感器、转换器及相应的电路进行补偿和控制的部件单元。该装置是机电结合式的,既有机械部分,又有电子部分,包括示位器、补偿线圈、电力转换器的永久磁铁,以及控制电路等部分。

电子装置能记忆加载前示位器的平衡位置。所谓自动调零就是能记忆和识别预先调定的平衡位置,并能自动保持这一位置。称量盘上载荷的任何变化都会被示位器察觉并立即向控制单元发出信号。当秤盘上加载后,示位器发生位移并导致补偿线圈接通电流,线圈内就产生垂直的力,这种力作用于秤盘上的外力,使示位器准确地回到原来的平衡位置。载荷越大,线圈中通过电流的时间越长,通过电流的时间间隔是由通过平衡位置扫描的可

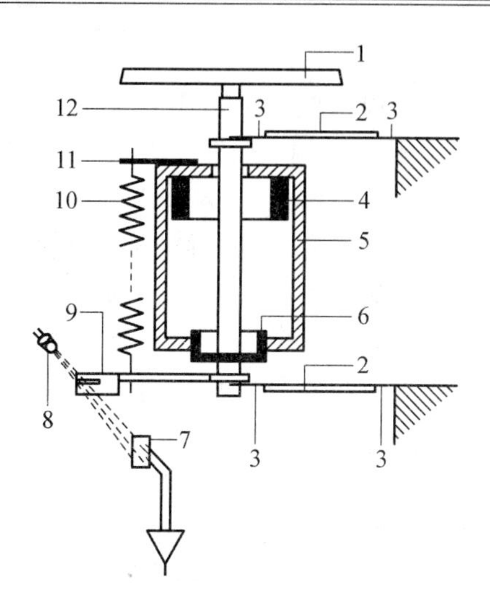

图 2.8　电子天平基本结构示意图

1—称量盘;2—平行导杆;3—挠性支承簧片;4—线性绕组;5—永久磁铁;6—载流线圈;7—接受二极管;8—发光二极管;9—光阑;10—预载弹簧;11—双金属片;12—盘支承

变增效放大器来调节的,而且这种时间间隔直接与秤盘上所加载荷成正比。整个称量过程均由微处理器进行计算和调控。这样,当秤盘上加载后,即接通了补偿线圈的电流,计算器就开始计算冲击脉冲,达到平衡后,就自动显示出载荷的质量值。

目前的电子天平多数为上皿式(即顶部加载式),悬盘式已很少见,内校式(标准砝码预装在天平内,触动校准键后由马达自动加码并进行校准)多于外校式(附带标准砝码,标准时夹到秤盘上),使用非常方便。

自动校准的基本原理是,当人工给出校准指令后,天平便自动对标准砝码进行测量,而后微处理器将标准砝码的测定值与存储的理论值(标准值)进行比较,并计算出相应的修正系数,存于计算器中,直至再次进行校准时方可能改变。

2. BP210S 型电子天平的使用方法

BP210S 型电子天平(其外形如图 2.9 所示)是多功能、上皿式常量分析天平,感量为 0.1 mg,最大载荷为 210 g,其显示屏和控制键板如图 2.10 所示。

图 2.9　BP210S 型电子天平外观

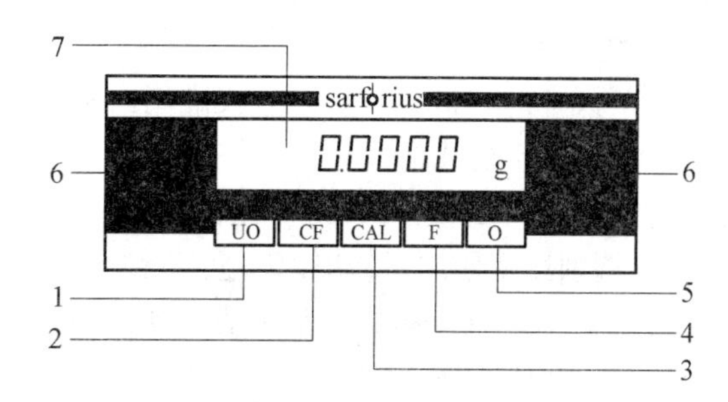

图 2.10　BP210S 型电子天平显示屏及控制板

一般情况下,只使用开/关键、除皮/调零键和校准/调整键。使用时的操作步骤如下:

(1)接通电源(电插头),屏幕右上角显出一个“o”,预热 30 min 以上。

(2)检查水平仪(在天平后面),如不水平,应通过调节天平前边左、右两个水平支脚而使其达到水平状态。

(3)按一下开/关键,显示屏很快出现“0.000 0 g”。

(4)如果显示不正好是“0.000 0 g”,则要按一下“TARE”键。

(5)将被称物轻轻放在秤盘上,这时可见显示屏上的数字在不断变化,待数字稳定并出现质量单位“g”后,即可读数(最好再等几秒钟)并记录称量结果。

(6)称量完毕,取下被称物,如果不久还要继续使用天平,可暂不按“开/关键”,天平将自动保持零位,或者按一下“开/关键”(但不可拔下电源插头),让天平处于待命状态,即显示屏上数字消失,左下角出现一个“o”,在外来称样时按一下“开/关键”就可使用。如果较长时间(半天以上)不再用天平,应拔下电源插头,盖上防尘罩。

(7)如果天平长时间没有用过,或天平移动过位置,应进行一次校准。校准要在天平通电预热30 min以后进行,程序是:调整水平,按下“开/关键”,显示稳定后如不为零则按一下“TARE”键,稳定地显示“0.000 0 g”后,按一下校准键(CAL),天平将自动进行校准,屏幕显示出“CAL”,表示正在进行校准。10 s左右,“CAL”消失,表示校准完毕,应显示出“0.000 0 g”,如果显示不正好为零,可按一下“TARE”键,然后即可进行称量。

3. 称量

用电子天平进行称量,快捷是其主要特点。下面介绍几种最常用的称量方法:

(1)差减法　这种方法与在机械天平上使用称量瓶称取试样相同,这里不再赘述。

(2)增量法　将干燥的小容器(例如,小烧杯)轻轻放在天平秤盘上,待显示平衡后按“TARE”键扣除皮重并显示零点,然后打开天平门往容器中缓缓加入试样并观察屏幕,当达到所需质量时停止加样,关上天平门,显示平衡后即可记录所称取试样的净重。采用此法进行称量,最能体现电子天平称量快捷的优越性。

(3)减量法　相当于上述增量法而言,减量法是以天平上的容器内试样量的减少值为称量结果。当用不干燥的容器(例如,烧杯、锥形瓶)称取样品时,不能用上述增量法。为了节省时间,可采用此法:用称量瓶粗称试样后放在电子天平的秤盘上,显示稳定后,按一下“TARE”键使显示为零,然后取出称量瓶向容器中敲出一定量样品,再将称量瓶放在天平上称量,如果所示重量(不管“—”号)达到要求范围,即可记录称量结果。若需连续称取第二份试样,则再按一下“TARE”键,示零后向第二个容器中转移试样。

此种电子天平的功能较多,除上述在分析化学实验中常用的几种称量方法外,还有几种特殊的称量方法及数据处理显示方式,这里不予介绍,使用时可参阅天平说明书。

4. 使用注意事项

(1)电子天平的开机、通电预热、校准均由实验室工作人员负责完成,学生只按“TARE”键,不要触动其他控制键。

(2)此天平的自重较小,容易被碰位移,从而可能造成水平改变,影响称量结果的准确性。所以应特别注意使用时,动作要轻、缓,并时常检查水平是否改变。

(3)要注意克服可能影响天平示值变动性的各种因素,例如:空气对流、温度波动、容器不够干燥、开门及放置被称物时动作过量等。

(4)其他有关的注意事项与机械天平大致相同。

五、称量方法

根据不同的称量对象,须采用相应的称量方法。对机械天平而言,大致有以下几种常用的称量方法。

1. 直接法

天平零点调定后,将被称物直接放在称量盘上,所得读数即被称物的质量。这种称量方法适用于称量洁净干燥的器皿、棒状或块状的金属等,注意,不得用手直接取放被称物,而可采用带汗布手套、垫纸条、用镊子或钳子等适宜的办法。

2. 差减法

取适量待称样品置于一洁净干燥的容器(称固体粉末样品用称量瓶,称液体样品可用小滴瓶)中,在天平上准确称量后,转移出欲称量的样品置于实验器皿中,再次准确称量,两次称量读数之差,即所称量样品的质量。如此重复操作,可连续称取若干份样品。这种称量方法使用于一般的颗粒状、粉末及液态样品。由于称量瓶和滴瓶都有磨口瓶塞,对于称量较易吸湿、氧化、挥发的试样很有利。称量瓶的使用方法:称量瓶(图2.11)是差减法称量粉末状、颗粒状样品最常用的容器。用前要洗净烘干或自然晾干,称量时不可直接用手抓,而要用纸条套住瓶身中部,用手指捏紧纸条进行操作,这样可避免手汗和体温的影响。现将称量瓶放在台秤上粗称,然后将瓶盖打开放在同一秤盘上,根据所需样品量(应略多一点)向右移动游码或加砝码,用药勺缓慢加入样品至台秤平衡。盖上瓶盖,再拿到天平上准确称量并记录读数。取出称量瓶,在盛装样品的容器上方打开瓶盖并用瓶盖的下面轻敲瓶口的上沿或右上沿,使样品缓缓流入容器(图2.12)。估计倾出的样品已够量时,再边敲瓶口边将瓶身扶正,盖好瓶盖后方可离开容器的上方,再准确称量。如果一次倾出的样品量不到所需量,可再次倾倒样品,直到移出的样品质量满足要求(在欲称质量的±10%以内为宜)后,再记录第二次天平读数。

图2.11　称量瓶

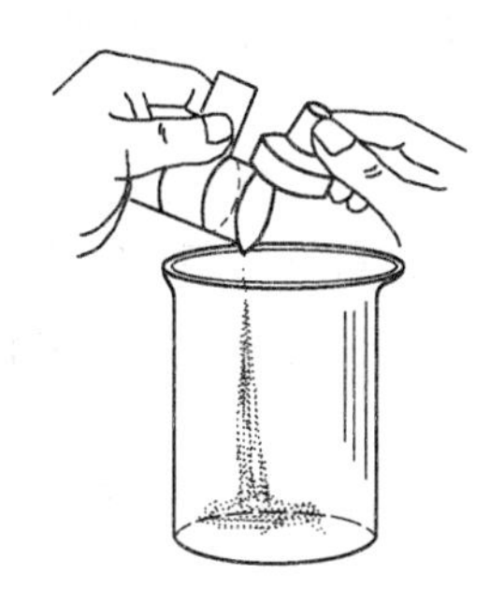

图2.12　倾出样品的操作

在敲出样品的过程中,要保证样品没有损失,边敲边观察样品的转移量,切不可在还没盖上瓶盖时就将瓶身和瓶盖都离开容器上口,因为瓶口边沿处可能粘有样品,容易损失。务必在敲回样品并盖上瓶塞后才能离开容器。

3. 固定量称量法(增量法)

直接用标准物质配制标准溶液时,有时需要配成一定浓度值的溶液,这就要求所称标准物质的质量必须是一定的,例如,配制100 mL含钙1.000 0 mg · mL^{-1}的标准溶液,必须准确称取0.249 7 g $CaCO_3$基准试剂。称量方法是:准确称量一洁净干燥的小烧杯(50或100 mL),读数后再适当调整砝码,在天平半开状态下小心缓慢地向烧杯中加入$CaCO_3$试剂,直至天平读数正好增加了0.249 7 g为止。这种称量法操作速度很慢,适用于不易吸湿的颗粒状(最小颗粒应小于0.1 mg)或粉末状样品的称量。

如果使用电子天平进行增量法称量就非常快捷。

4. 液体样品的称量

液体样品的准确称量比较麻烦。根据不同样品的性质而有多种称量方法，主要的有以下三种：

(1)性质较稳定、不易挥发的样品可装在干燥的小滴瓶中用差减法称量，最好预先粗测每滴样品的大致质量。

(2)较易挥发的样品可用增量法称取，例如，称取浓盐酸试样时，可先在 100 mL 具塞锥形瓶中加入 20 mL 水，准确称量后快速加入适量的样品，立即盖上瓶塞，再进行准确称量，随后即可进行测定(例如，用 NaOH 溶液滴定 HCl)。

(3)易挥发或与水作用强烈的样品需要采取特殊的办法进行称量，例如，冰乙酸样品可用小称量瓶准确称量，然后连瓶一起放入已装有适量水的具塞锥形瓶，摇动使称量瓶盖子打开，样品与水混合后进行测定。发烟硫酸及硝酸样品一般采用直径约 10 mm、带毛细管的安瓿球称取。已准确称量的安瓿球经火焰微热后，迅速将其毛细管插入样品中，球泡冷却后可吸入 1 ~ 2 mL 样品，然后用火焰封住毛细管尖再准确称量。将安瓿球放入盛有适量水的具塞锥形瓶中，摇碎安瓿球，样品与水混合并冷却后即可进行测定。

六、使用天平的注意事项

(1)称量前的准备工作。

被称物要在天平室放置足够时间，以使其温度与天平室温度达到平衡。电子天平要进行通电预热，预热时间要遵循产品说明书中的规定。如果室内温差大，要减少天平室门的敞开时间，以控制天平室内温度波动。要尽量克服引起天平值变动性的因素，前已述及，诸如温度波动、空气对流、振动以及操作天平动作过猛等。

(2)开、关天平的停动手钮，开、关侧门，加、减砝码，放、取被称物等操作，其动作都要轻、缓，切不可用力过猛，否则，往往可能造成天平部件脱位。

(3)调定零点和记录称量读数后，都要随手关闭天平(停动手钮)。加、减砝码和放置被称物都必须在关闭状态下进行(单盘天平允许在半开状态下调整砝码)，砝码未调定时不可完全开启天平。

(4)调零点和读数时必须关闭两个侧门，并完全开启天平。双盘天平的前门仅供安装和检修天平时使用。

(5)如果发现天平不正常，应及时报告指导教师或实验室工作人员，不要自行处理。

(6)称量完毕，应随时将天平复原，并检查天平周围是否清洁。

第三节　滴定分析仪器与操作方法

滴定管、移液管、吸量管(及微量进样器)、容量瓶等是分析化学实验中测量溶液体积的常用量器，正确使用这些仪器，是得到准确测定结果的关键。

一、滴定管及其使用

滴定管是滴定时可准确测量滴定剂体积的玻璃量器。它的主要部分管身是用细长且内径均匀的玻璃管制成的，上面刻有均匀的分度线，线宽不超过 0.3 mm。下端的流液口为一尖嘴，中间通过玻璃旋塞或乳胶管(配以玻璃珠)连接以控制滴定速度。滴定管分为酸式滴定管和碱式滴定管。另有一种自动定零位滴定管(是将贮液瓶与具塞滴定管通过磨口塞连接在一起的滴定装置,加液方便)自动调零点,主要适用于常规分析中的经常性滴定操作。

滴定管的总容量最小的为 1 mL,最大的为 100 mL,常用 50 mL,25 mL 和 10 mL 的滴定管。

滴定管的容量精度分为 A 级和 B 级。通常以喷、印的方法在滴定管上制出耐久性标志如制造厂商标、标准温度(20 ℃)、量出式符号(Ex)、精度级别(A 或 B)和标称总容量(mL)等。

1. 滴定管的种类

滴定管大致有以下几种类型:具塞(酸式)和无塞(碱式)的普通滴定管、三通旋塞自动定零滴定管、侧边旋塞自动定零位滴定管(如图 2.13)、侧边三通旋塞自动定零位滴定管等。其中,酸式滴定管用来装酸性、中性及氧化性溶液,但不适宜装碱性溶液,因为碱性溶液能腐蚀玻璃的磨口和旋塞。碱式滴定管用来装碱性及无氧化性溶液,能与橡皮起反应的溶液如高锰酸钾、碘和硝酸银等溶液,都不能加入碱式滴定管中。普通滴定管外形如图 2.14。

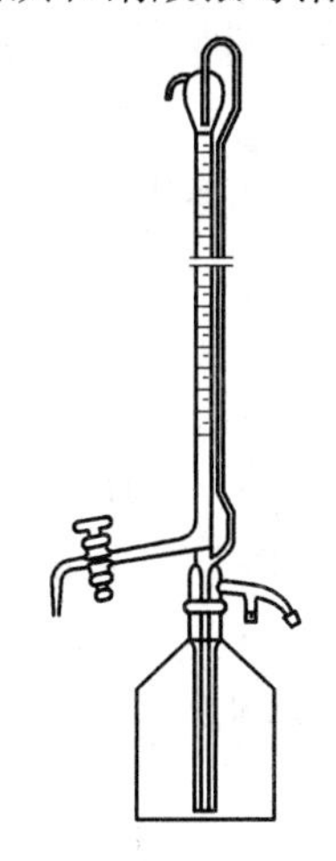

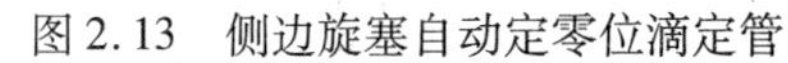

图 2.13　侧边旋塞自动定零位滴定管

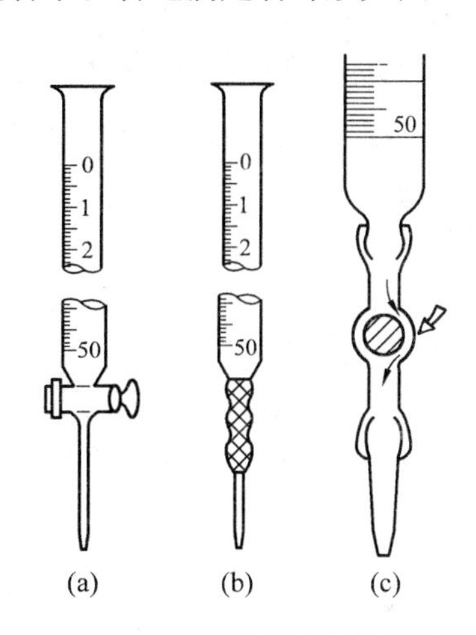

图 2.14　普通滴定管

2. 滴定管的准备

一般用自来水冲洗,零刻度线以上部位可用毛刷蘸洗涤剂刷洗,零刻度线以下部位如不干净,则采用洗液洗(碱式滴定管应除去乳胶管,用橡胶乳头将滴定管下口堵住)。少量的污垢可装入约 10 mL 洗液,双手平托滴定管的两端,不断转动滴定管,使洗液润洗滴定管内壁,操作时管口对准洗液瓶口,以防洗液外流。洗完后,将洗液分别由两端放出。如果滴定管太脏,可将洗液装满整根滴定管浸泡一段时间。为防止洗液流出,在滴定管下方可放一烧杯。最后用自来水、蒸馏水洗净。洗净后的滴定管内壁应被水均匀润湿而不挂水珠。如挂水珠,应重新洗涤。

酸式滴定管(简称酸管),为了使其玻璃旋塞转动灵活,必须在塞子与塞座内壁涂少许凡士林。旋塞涂凡士林可用下面两种方法进行:一是用手指将凡士林涂润在旋塞的大头上(A 部),另用玻璃棒将凡士林涂润在相当于旋塞 B 部的滴定管旋塞套内壁部分。另一种方法是用手指醮上凡士林后,均匀地在旋塞 A,B 两部分涂上薄薄的一层(注意旋塞套内壁部分不涂凡士林),见图 2.15。

涂凡士林时,不要涂得太多,以免旋塞孔被堵住,也不要涂得太少,达不到转动灵活和防止漏水之目的。涂凡士林后,将旋塞直接插入旋塞套中(见图 2.16)。插时旋塞孔应与滴定管平行,此时旋塞不要转动,这样可以避免将凡士林挤到旋塞孔中去。然后,向同一方向不断旋转旋塞,直至旋塞全部呈透明状为止。旋转时,应有一定的向旋塞小头部分方向挤的力，以免来回移动旋塞，使塞孔受堵。最后将橡皮圈套在旋塞的小头部分沟槽上。（注意，不允许用橡皮筋绕！）涂凡士林后的滴定管，旋塞应转动灵活，凡士林层中没有纹络，旋塞里均匀的透明状态。

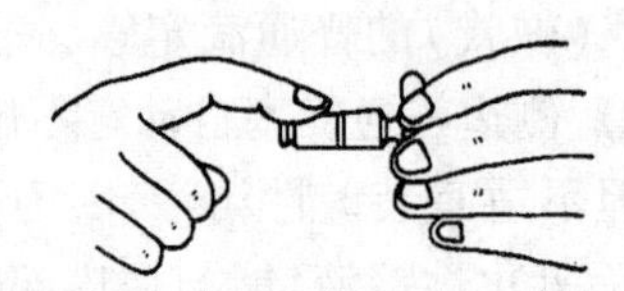

图 2.15　旋塞涂凡士林

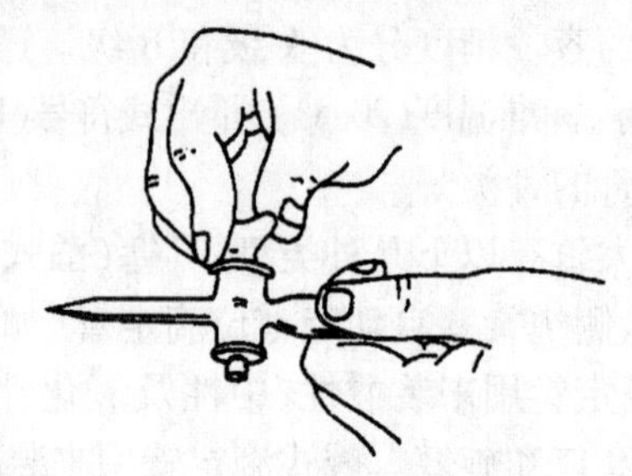

图 2.16　插入旋塞

若旋塞孔或出口尖嘴被凡士林堵塞时，可将滴定管充满水后，将旋塞打开，用洗耳球在滴定管上部挤压、鼓气，可以将凡士林排除。

碱式滴定管（简称碱管）使用前，应检查橡皮管（医用胶管）是否老化、变质，检查玻璃珠是否适当，玻璃珠过大，不便操作，过小，则会漏水。如不合要求，应及时更换。

3. 滴定操作

练习滴定操作时，应很好地领会和掌握下面几个问题。

（1）操作溶液的装入：将溶液装入酸管或碱管之前，应将试剂瓶中的溶液摇匀，使凝结在瓶内壁上的水珠混入溶液，在天气比较热或室温变化较大时，此项操作更为必要。混匀后的操作溶液应直接倒入滴定管中，不得用其他容器（如烧杯、漏斗等）来转移。先将操作液润洗滴定管内壁 3 次，每次 10 ~ 15 mL。最后将操作液直接倒入滴定管，直至充满至零刻度以上为止。

（2）管嘴气泡的检查及排除：管充满操作液后，应检查管的出口下部尖嘴部分是否充满溶液，是否留有气泡。为了排除碱管中的气泡，可将碱管垂直地夹在滴定管架上，左手拇指和食指捏住玻璃珠部位，使医用胶管向上弯曲翘起，并捏挤医用胶管，使溶液从管口喷出，即可排除气泡（见图 2.17）。酸管的气泡，一般容易看出，当有气泡时，右手拿滴定管上部无刻度处，并使滴定管倾

斜 30°，左手迅速打开活塞，使溶液冲出管口，反复数次，一般即可达到排除酸管出口处气泡的目的。由于目前酸管制作有时不合规格要求，因此，有时按上法仍无法排除酸管出口处的气泡。这时可在出口尖嘴处接上一根约 10 cm 的医用胶管，然后，按碱管排气的方法进行。

（3）滴定姿势：站着滴定时要求站立好。有时为操作方便也可坐着滴定。

（4）酸管的操作：使用酸管时，左手握滴定管，其无名指和小指向手心弯曲，轻轻地贴着出口部分，用其余三指控制旋塞的转动。但应注意，不要向外用力，以免推出旋塞造成漏水，应使旋塞稍有一点向手心的回力。当然，也不要太大的回力，以免造成旋塞转动困难（见图 2.18）。

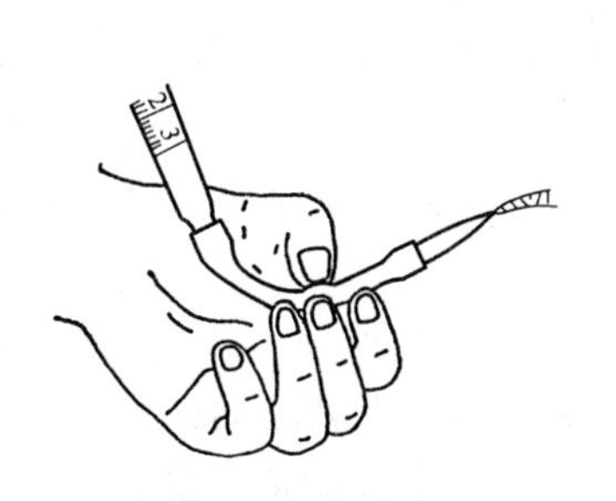

图2.17　排除气泡

图2.18　酸式滴定管的操作

(5)碱管的操作：使用碱管时，仍以左手握管，其拇指在前，食指在后，其他三个指辅助夹住出口管。用拇指和食指捏住玻璃珠所在部位，向右边挤医用胶管，使玻璃珠移至手心一侧，这样，溶液即可从玻璃珠旁边的空隙流出。必须指出，不要用力捏玻璃珠，也不要使玻璃珠上下移动，不要捏玻璃珠下部胶管，以免空气进入而形成气泡，影响读数(见图2.19)。

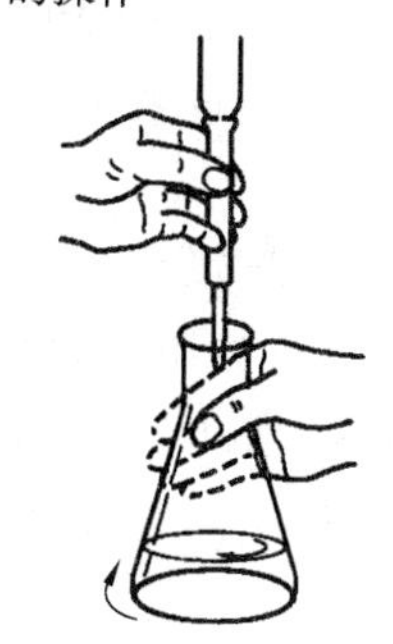

图2.19　碱式滴定管的操作

(6)边滴边摇瓶要配合好：滴定操作可在锥形瓶或烧杯内进行。在锥形瓶中进行滴定时，用右手的拇指、食指和中指拿住锥形瓶，其余两指辅助在下侧，使瓶底离滴定台高约2～3 cm，滴定管下端伸入瓶口内约1 cm。左手握住滴定管，按前述方法，边滴加溶液，边用右手摇动锥形瓶，边滴边摇动。

在烧杯中滴定时，将烧杯放在滴定台上，调节滴定管的高度，使其下端伸入烧杯内约1 cm。滴定管下端应在烧杯中心的左后方处(放在中央影响搅拌，离杯壁过近不利搅拌均匀)。左手滴加溶液，右手持玻璃棒搅拌溶液。玻璃棒应作圆周搅动，不要碰到烧杯壁和底部。当滴至接近终点只滴加半滴溶液时，用玻璃棒下端承接此悬挂的半滴溶液于烧杯中，但要注意，玻璃棒只能接触液滴，不能接触管尖，其余操作同前所述。

进行滴定操作时，应注意如下几点：

①最好每次滴定都从0.00 mL开始，或接近0的任一刻度开始，这样可以减少滴定误差。

②滴定时，左手不能离开旋塞，而任溶液自流。

③摇瓶时，应微动腕关节，使溶液向同一方向旋转(左、右旋转均可)，不能前后振动，以免溶液溅出。不要因摇动使瓶口碰在管尖上，以免造成事故。摇瓶时，一定要使溶液旋转出现有一旋涡，因此，要求有一定速度，不能摇得太慢，影响化学反应的进行。

④滴定时，要观察滴落点周围颜色的变化。不要去看滴定管上的刻度变化，而不顾滴定反应的进行。

⑤滴定速度的控制方面，一般开始时，滴定速度可稍快，呈“见滴成线”，即每秒3～4滴左右。而不要滴成“水线”，这样，滴定速度太快。接近终点时，应改为一滴一滴加入，即加一滴摇几下，再加，再摇。最后是每加半滴，摇几下锥形瓶，直至溶液出现明显的颜色变化为止。

(7)半滴的控制和吹洗：快到滴定终点时，要一边摇动，一边逐滴地滴入，甚至是半滴半滴地滴入。学生应该扎扎实实地练好加入半滴溶液的方法。用酸管时，可轻轻转动旋塞，使溶液悬挂在出口管嘴上,形成半滴,用锥瓶内壁将其沾落,再用洗瓶吹洗。对碱管,加半滴溶液时,应先松开拇指与食指,将悬挂的半滴溶液沾在锥瓶内壁上,再放开无名指和小指,这样可避免出口管尖出现气泡。

滴入半滴溶液时,也可采用倾斜锥瓶的方法,将附于壁上的溶液涮至瓶中。这样可避免吹洗次数太多,造成被滴物过度稀释。

(8)滴定管的读数:滴定管读数前,应注意管出口嘴尖上有无挂着水珠。若在滴定后挂有水珠读数,这时是无法读准确的。一般读数应遵守下列原则:

①读数时应将滴定管从滴定管架上取下,用右手大拇指和食指捏住滴定管上部无刻度处,其他手指从旁辅助,使滴定管保持垂直,然后再读数。滴定管夹在滴定管架上读数的方法,一般不宜采用,因为它很难确保滴定管的垂直和准确读数。

②由于水的附着力和内聚力的作用,滴定管内的液面呈弯月形,无色和浅色溶液的弯月面比较清晰,读数时,应读弯月面下缘实线的最低点。读数时视线应与弯月面下缘实线的最低点相切,即视线应与弯月面下缘实线的最低点在同一水平面上(见图2.20)。对于有色溶液(如 $KMnO_4$, I_2 等),其弯月面是不够清晰的,视线应与液面两侧的最高点相切,这样才较易读准(见图2.21)。

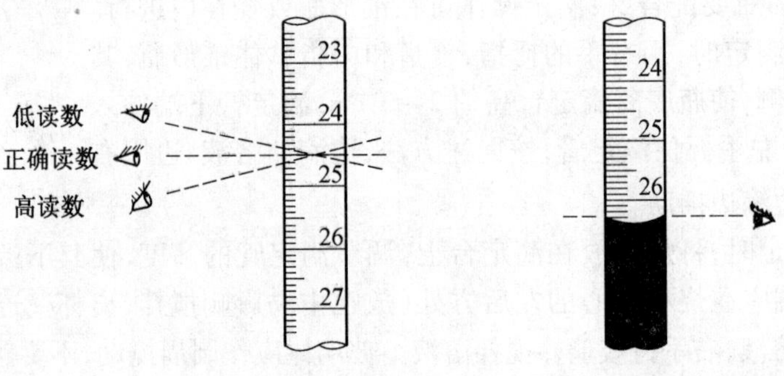

图2.20　无色及浅色溶液的读数　　　图2.21　深色溶液的读数

③为便于读数准确,在管装满或放出溶液后,必须等1～2 min,使附着在内壁的溶液流下来后,再读数。如果放出液的速度较慢(如接近计量点时就是如此),那么可只等0.5～1 min后,即可读数。每次读数前,都要看一下,管壁有没有挂水珠,管的出口尖嘴处有无悬液滴,管嘴有无气泡。

④读取的值必须读至毫升小数点后第二位,即要求估计到0.01 mL。正确掌握估计0.01 mL读数的方法很重要。滴定管上两个小刻度之间为0.1 mL,是如此之小,要估计其十分之一的值,对一个分析工作者来说是要进行严格训练的。为此,可以这样来估计:当液面在此两小刻度之间时,即为0.05 mL;若液面在两小刻度的三分之一处,即为0.03 mL或0.07 mL;当液面在两小刻度的五分之一时,即为0.02 mL或0.08 mL,等等。

⑤对于蓝带滴定管,读数方法与上述相同。当蓝带滴定管盛溶液后将有似两个弯月面的上下两个尖端相交,此上下两尖端相交点的位置,即为蓝带管的读数的正确位置。

⑥为便于读数,可采用读数卡,它有利于初学者练习读数。读数卡是用贴有黑纸或涂有黑色长方形(约3 cm×1.5 cm)的白纸板制成(见图2.22)。读数时,将读数卡放在滴定管背后,使黑

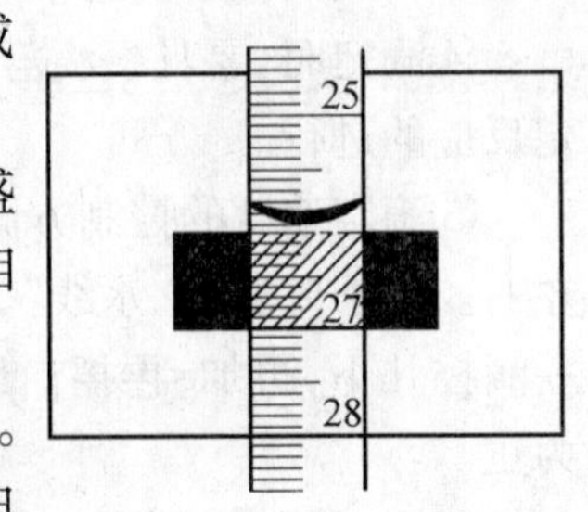

图2.22　衬读数卡

色部分在弯月面下约 1 mL 处,此时即可看到弯月面的反射层全部成为黑色。然后,读此黑色弯月面下缘的最低点。然而,对有色溶液须读其两侧最高点时,须用白色卡片作为背景。

二、容量瓶及其使用

容量瓶是一种细颈梨形的平底玻璃瓶,带有玻璃磨口玻璃塞或塑料塞,可用橡皮筋将塞子系在容量瓶的颈上。颈上有标度刻线,一般表示在 20 ℃时液体充满标度刻线时的准确容积。

容量瓶主要用于配制准确浓度的溶液或定量地稀释溶液,故常和分析天平、移液管配合使用,把配成溶液的某种物质分成若干等分或不同的质量。为了正确地使用容量瓶,应注意以下几点。

1. 容量瓶的检查

(1)瓶塞是否漏水。

(2)标度刻线位置距离瓶口是否太近。如漏水或标线离瓶口太近,不便混匀溶液,不宜使用。

检查瓶塞是否漏水的方法如下:加自来水至标度刻线附近,盖好瓶塞后,左手用食指按住塞子,其余手指拿住瓶颈标线以上部分,右手用指尖托住瓶底边缘。将瓶倒立 2 min,如不漏水,将瓶直立,转动瓶塞 180°后,再倒立 2 min 检查,如不漏水,方可使用。

使用容量瓶时,不要将其玻璃磨口塞随便取下放在桌面上,以免玷污或搞错,可用橡皮筋或细绳将瓶塞系在瓶颈上。当使用平顶的塑料塞子时,操作时也可将塞子倒置在桌面上放置。

2. 溶液的配制

用容量瓶配制标准溶液或分析试液时,最常用的方法是将待溶固体称出置于小烧杯中,加水或其他溶剂将固体溶解,然后将溶液定量转入容量瓶中。其操作方法如图 2.23 所示。定量转移溶液时,右手拿玻璃棒,左手拿烧杯,使烧杯嘴紧靠玻璃棒,而玻璃棒则悬空伸入容量瓶口中,棒的下端应靠在瓶颈内壁上,使溶液沿玻璃棒和内壁流入容量瓶中。烧杯中溶液流完后,将玻璃棒和烧杯稍微向上提起,并使烧杯直立,再将玻璃棒放回烧杯中。然后,用洗瓶吹洗玻璃棒和烧杯内壁,再将溶液定量转入容量瓶中。如此吹洗、转移的定量转移溶液的操作,一般应重复 5 次以上,以保证定量转移。然后加水至容量瓶的四分之三左右容积时,用右手食指和中指夹住瓶塞的扁头,将容量瓶拿起,按同一方向摇动几周,使溶液初步混匀。继续加水至距离标度刻线约 1 cm 处后,等 1 ~ 2 min 使附在瓶颈内壁的溶液流下后,再用细而长的滴管滴加水至弯月面下缘与标度刻线相切(注意,勿使滴管接触溶液,也可用洗瓶加水至刻度)。无论溶液有无颜色,其加水位置均为使水至弯月面下缘与标度刻线相切为标准。当加水至容量瓶的标度刻线时,盖上干的瓶塞,用左手食指按住塞子,其余手指拿住瓶颈标线以上部分,而用右手的全部指尖托住瓶底边缘,然后将容量瓶倒转,使气泡上升到顶,使瓶振荡混匀溶液。再将瓶直立过来,又再将瓶倒转,使气泡上升到顶部,振荡溶液。如此反复 10 次左右。

3. 稀释溶液

用移液管移取一定体积的溶液于容量瓶中,加水至标度刻线。按前述方法混匀溶液。

4. 不宜长期保存试剂溶液

如配好的溶液需作保存时,应转移至磨口试剂瓶中,不要将容量瓶当作试剂瓶使用。

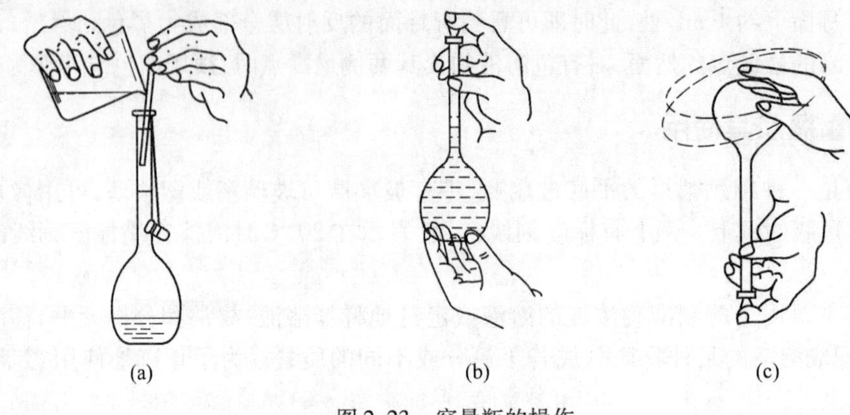

图 2.23　容量瓶的操作

5. 使用完毕应立即用水冲洗干净

如长期不用,磨口处应洗净擦干,并用纸片将磨口隔开。

容量瓶不得在烘箱中烘烤,也不能在电炉等加热器上直接加热。如需使用干燥的容量瓶时,可将容量瓶洗净后,用乙醇等有机溶剂荡洗后晾干或用电吹风的冷风吹干。

三、移液管和吸量管及其使用

移液管是用于准确量取一定体积溶液的量出式玻璃量器,它的中间有一膨大部分,管颈上部刻有一圈标线,在标明的温度下,使溶液的弯月面与移液管标线相切,让溶液按一定的方法自由流出,则流出的体积与管上标明的体积相同。移液管按其容量精度分为 A 级和 B 级。

吸量管是具有分刻度的玻璃管,它一般只用于量取小体积的溶液。常用的吸量管有 1 mL,2 mL,5 mL,10 mL 等规格,吸量管吸取溶液的准确度不如移液管。应该注意,有些吸量管其分刻度不是刻到管尖,而是离管尖尚差 1 ~ 2 cm。

为了能正确使用移液管和吸量管,现分述下面几点。

1. 移液管和吸量管的润洗

移取溶液前,可用吸水纸将洗干净的管的尖端内外的水除去,然后用待吸溶液润洗 3 次。方法是:用左手持洗耳球,将食指或拇指放在洗耳球的上方,其余手指自然地握住洗耳球,用右手的拇指和中指拿住移液或吸量标线以上的部分,无名指和小指辅助拿稳移液管,将洗耳球对准移液管口,将管尖伸入溶液或洗液中吸取,待吸液吸至球部的四分之一处(注意,勿使溶液流回,以免稀释溶液)时,移出,荡洗、弃去。如此反复荡洗 3 次,润洗过的溶液应从尖口放出、弃去。荡洗这一步骤很重要,它是保证使管的内壁及有关部位与待吸溶液处于同一体系浓度状态。吸量管的润洗操作与此相同。

2. 移取溶液

管经润洗后,移取溶液时,将管直接插入待吸液液面下约 1 ~ 2 cm 处。管尖不应伸入太浅,以免液面下降后造成吸空;也不应伸入太深,以免移液管外部附有过多的溶液。吸液时,应注意容器中液面和管尖的位置,应使管尖随液面下降而下降。当洗耳球慢慢放松时,管中的液面徐徐上升,当液面上升至标线以上时,迅速移去吸耳球。与此同时,用右手食指堵住管口,左手改拿盛待吸液的容器。然后,将移液管往上提起,使之离开液面,并将管的下端原伸入溶液的部分沿待吸液容器内部轻转两圈,以除去管壁上的溶液。然后使容器倾斜成约30°，其内壁与移液管尖紧贴，此时右手食指微微松动，使液面缓慢下降，直到视线平视时弯月面与标线相切，这时立即用食指按紧管口。移开待吸液容器，左手改拿接收溶液的容器，并将接收容器倾斜，使内壁紧贴移液管尖，成30°左右。然后放松右手食指，使溶液自然地顺壁流下。待液面下降到管尖后，等15 s左右，移出移液管。这时，尚可见管尖部位仍留有少量溶液，对此，除特别注明“吹”(blow out)字的以外，一般此管尖部位留存的溶液是不能吹入接收容器中的，因为在工厂生产检定移液管时是没有把这部分体积算进去的。但必须指出，由于一些管口尖部做得不很圆滑，因此可能会由于随靠接受容器内壁的管尖部位不同方位而留存在管尖部位的体积有大小的变化，为此，可在等15 s后，将管身往左右旋动一下，这样管尖部分每次留存的体积将会基本相同，不会导致平行测定时的过大误差。移液管操作方法如图2.24。

用吸量管吸取溶液时，大体与上述操作相同。但吸量管上常标有“吹”字，特别是1 mL以下的吸量管尤其是如此，对此，要特别注意。同时，有的吸量管，它的分度刻到离管尖尚差1~2 cm，放出溶液时也应注意。实验中，要尽量使用同一支吸量管，以免带来误差。

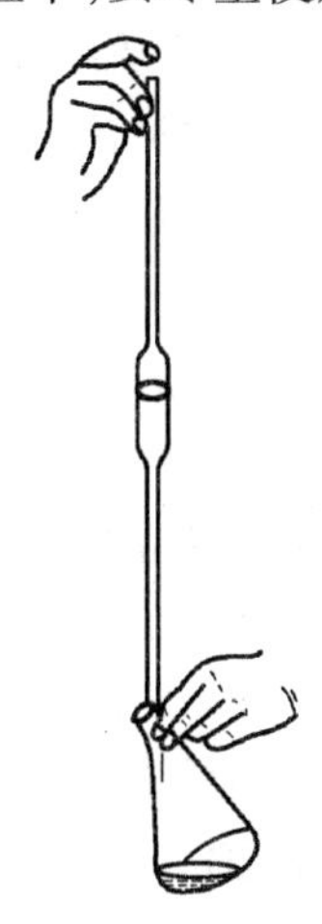

图2.24　移液管的操作

第四节　重量分析法的操作与仪器

重量分析法是分析化学重要的经典分析方法。沉淀重量分析法是利用沉淀反应，使待测物质转变成一定的称量形式后测定物质含量的方法。

重量分析法属于绝对分析方法，特点是不需要标准物质和标准溶液，准确度高，至今仍有广泛的应用。其缺点是操作烦琐、费时。为了提高分析速度，现在也有人用微波炉对待测组分称量形式进行干燥。例如，以$BaSO_4$沉淀重量法测定Ba^{2+}时，用玻璃坩埚过滤$BaSO_4$沉淀并用微波炉干燥。但此法对沉淀条件和洗涤操作要求更加严格，沉淀中不得包藏有H_2SO_4等高沸点杂质，否则在微波干燥过程中不易被分解或挥发除去。而马弗炉灼烧法则可以除去沉淀包藏的高沸点杂质。

沉淀类型主要分成两类：一类是晶型沉淀，另一类是无定形沉淀。对晶形沉淀(如$BaSO_4$)使用的重量分析法，一般过程如下：

试样溶解→沉淀→陈化→过滤和洗涤→烘干→炭化→灰化→灼烧至恒重→结果计算

一、溶解样品

样品称于烧杯中，沿杯壁加溶剂，盖上表皿，轻轻摇动，必要时可加热促其溶解，但温度不可太高，以防溶液溅失。

如果样品需要用酸溶解且有气体放出时，应先在样品中加少量水调成糊状，盖上表皿，从烧杯嘴处注入溶剂，待作用完了以后，用洗瓶冲洗表皿凸面并使之流入烧杯内。

二、沉淀

重量分析对沉淀的要求是尽可能地完全和纯净，为了达到这个要求，应该按照沉淀的不同类型选择不同的沉淀条件，如沉淀时溶液的体积、温度，加入沉淀剂的浓度、数量、加入速度、搅拌速度、放置时间等等。因此，必须按照规定的操作手续进行。

一般进行沉淀操作时，左手拿滴管，滴加沉淀剂，右手持玻璃棒不断搅动溶液，搅动时玻璃棒不要碰烧杯壁或烧杯底，以免划损烧杯。溶液需要加热，一般在水浴或电热板上进行，沉淀后应检查沉淀是否完全，检查的方法是：待沉淀下沉后，在上层澄清液中，沿杯壁加1滴沉淀剂，观察滴落处是否出现浑浊，无浑浊出现表明已沉淀完全，如出现浑浊，需再补加沉淀剂，直至再次检查时上层清液中不再出现浑浊为止，然后盖上表皿。

三、过滤和洗涤

1. 用滤纸过滤

(1)滤纸的选择。滤纸分定性滤纸和定量滤纸两种，重量分析中常用定量滤纸(或称无灰滤纸)进行过滤。定量滤纸灼烧后灰分极少，其重量可忽略不计，如果灰分较重，应扣除空白。定量滤纸一般为圆形，按直径分 11 cm，9 cm，7 cm 等几种；按滤纸孔隙大小分有“快速”“中速”和“慢速”3 种。根据沉淀的性质选择合适的滤纸，如 $BaSO_4$，$CaC_2O_4 \cdot 2H_2O$ 等细晶形沉淀，应选用“慢速”滤纸过滤；$Fe_2O_3 \cdot nH_2O$ 为胶状沉淀，应选用“快速”滤纸过滤；$MgNH_4PO_4$等粗晶形沉淀，应选用“中速”滤纸过滤。根据沉淀量的多少，选择滤纸的大小。表 2.1 是常用国产定量滤纸的灰分质量，表 2.2 是国产定量滤纸的类型。

表 2.1　国产定量滤纸的灰分质量

直径/cm	7	9	11	12.5
灰分/(g/张)	3.5×10^{-5}	5.5×10^{-5}	8.5×10^{-5}	1.0×10^{-4}

表 2.2　国产定量滤纸的类型

类型	滤纸盒上色带标志	滤速/(s/100 mL)	适用范围
快速	蓝色	60 ~ 100	无定形沉淀，如 $Fe(OH)_3$
中速	白色	100 ~ 160	中等粒度沉淀，如 $MgNH_4PO_4$
慢速	红色	160 ~ 200	细粒状沉淀，如 $BaSO_4$，$CaC_2O_4 \cdot 2H_2O$

(2)漏斗的选择。用于重量分析的漏斗应该是长颈漏斗，颈长为 15 ~ 20 cm，漏斗锥体角应为 60°，颈的直径要小些，一般为 3 ~ 5 mm，以便在颈内容易保留水柱，出口处磨成 45°角，如图 2.25 所示。漏斗在使用前应洗净。

(3)滤纸的折叠。折叠滤纸的手要洗净擦干。滤纸的折叠如图 2.26 所示。

先把滤纸对折并按紧一半,然后再对折但不要按紧,把折成圆锥形的滤纸放入漏斗中。滤纸的大小应低于漏斗边缘0.5~1 cm左右,若高出漏斗边缘,可剪去一圈。观察折好的滤纸是否能与漏斗内壁紧密贴合,若未贴合紧密可以适当改变滤纸折叠角度,直至与漏斗贴紧后把第二次的折边折紧。取出圆锥形滤纸,将半边为三层滤纸的外层折角撕下一块,这样可以使内层滤纸紧密贴在漏斗内壁上,撕下来的那一小块滤纸保留作擦拭烧杯内残留的沉淀用。

(4)做水柱。滤纸放入漏斗后,用手按紧使之密合,然后用洗瓶加水润湿全部滤纸。用手指轻压滤纸赶去滤纸与漏斗壁间气泡,然后加水至滤纸边缘,此时漏斗颈内应全部充满水,形成水柱。滤纸上的水已全部流尽后,漏斗颈内水柱应仍能保住,这样,由于液体重力可起抽滤作用,加快过滤速度。

若水柱做不成,可用手指堵住漏斗下口,稍掀起滤纸的一边,用洗瓶向滤纸和漏斗间的空隙内加水,直到漏斗颈及锥体的一部分被水充满,然后边按紧滤纸边慢慢松开下面堵住出口的手指,此时水柱应该形成。如仍不能形成水柱,或水柱不能保持,而漏斗颈又确已洗净,则是因为漏斗颈太大。实践证明,漏斗颈太大的漏斗,是做不出水柱的,应更换漏斗。

做好水柱的漏斗应放在漏斗架上,下面用一个洁净的烧杯承接滤液,滤液可用作其他组分的测定。滤液有时是不需要的,但考虑到过滤过程中,可能有沉淀渗滤,或滤纸意外破裂,需要重滤,所以要用洗净的烧杯来承接滤液。为了防止滤液外溅,一般都将漏斗颈出口斜口长的一侧贴紧烧杯内壁。漏斗位置的高低,以过滤过程中漏斗颈的出口不接触滤液为度。

(5)倾泻法过滤和初步洗涤。首先要强调,过滤和洗涤一定要一次完成,因此必须事先计划好时间,不能间断,特别是过滤胶状沉淀。

过滤一般分3个阶段进行:第一阶段采用倾泻法把尽可能多的清液先过滤过去,并将烧杯中的沉淀作初步洗涤;第二阶段把沉淀转移到漏斗上;第三阶段清洗烧杯和洗涤漏斗上的沉淀。

过滤时,为了避免沉淀堵塞滤纸的空隙,影响过滤速度,一般多采用倾泻法过滤,即倾斜静置烧杯,待沉淀下降后,先将上层清液倾入漏斗,而不是一开始过滤就将沉淀和溶液搅混后过滤。

过滤操作如图2.27所示,将烧杯移到漏斗上方,轻轻提取玻璃棒,将玻璃棒下端轻碰一下烧杯壁使悬挂的液滴流回烧杯中,将烧杯嘴与玻璃棒贴紧,玻璃棒直立,下端接近三层滤纸的一边,慢慢倾斜烧杯,使上层清液沿玻璃棒流入漏斗中,漏斗中的液面不要超过滤纸高度的2/3。或使液面离滤纸上边缘约5 mm,以免少量沉淀因毛细管作用越过滤纸上缘,造成损失。

暂停倾注时,应沿玻璃棒将烧杯嘴往上提,逐渐使烧杯直立,等玻璃棒和烧杯由相互垂直变为几乎平行时,将玻璃棒离开烧杯嘴而移入烧杯中。这样才能避免留在棒端及烧杯嘴上的液体流到烧杯外壁上去。玻璃棒放回原烧杯时,勿将清液搅混,也不要靠在烧杯嘴处,因嘴处沾有少量沉淀,如此重复操作,直至上层清液倾完为止。当烧杯内的液体较少而不便倾出时,可将玻璃棒稍向左倾斜,使烧杯倾斜角度更大些。

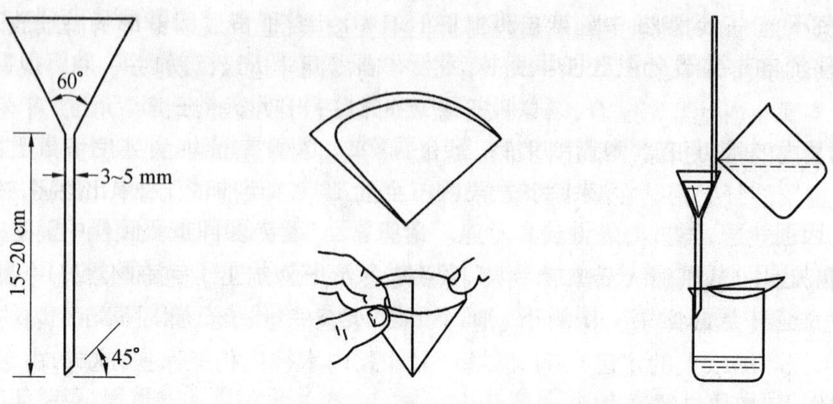

图 2.25　漏斗　　图 2.26　滤纸的折叠　　图 2.27　倾泻法过滤

在上层清液倾注完了以后，在烧杯中作初步洗涤。选用什么洗涤液洗沉淀，应根据沉淀的类型而定。

①晶形沉淀：可用冷的稀的沉淀剂进行洗涤，由于同离子效应，可以减少沉淀溶解损失。但是如沉淀剂为不挥发的物质，就不能用作洗涤液，此时可改用蒸馏水或其他合适的溶液洗涤沉淀。

②无定形沉淀：用热的电解质溶液作洗涤剂，以防止产生胶溶现象，大多采用易挥发的铵盐溶液作洗涤剂。

③对于溶解度较大的沉淀，采用沉淀剂加有机溶剂洗涤沉淀，可降低其溶解度。

洗涤时，沿烧杯内壁四周注入少量洗涤液，每次约 20 mL 左右，充分搅拌，静置，待沉淀沉降后，按上法倾注过滤，如此洗涤沉淀 4 ~ 5 次，每次应尽可能把洗涤液倾倒尽，再加第二份洗涤液。随时检查滤液是否透明不含沉淀颗粒，否则应重新过滤，或重做实验。

(6)沉淀的转移。沉淀用倾泻法洗涤后，在盛有沉淀的烧杯中加入少量洗涤液，搅拌混合，全部倾入漏斗中。如此重复 2 ~ 3 次，然后将玻璃棒横放在烧杯口上，玻璃棒下端比烧杯口长出 2 ~ 3 cm，左手食指按住玻璃棒，大拇指在前，其余手指在后，拿起烧杯，放在漏斗上方，倾斜烧杯使玻璃棒仍指向三层滤纸的一边，用洗瓶冲洗烧杯壁上附着的沉淀，使之全部转移入漏斗中，如图 2.28 所示。最后用保存的小块滤纸擦拭玻璃棒，再放入烧杯中，用玻璃棒压住滤纸进行擦拭。擦拭后的滤纸块，用玻璃棒拨入漏斗中，用洗涤液再冲洗烧杯将残存的沉淀全部转入漏斗中。有时也可用淀帚如图 2.29 所示，擦洗烧杯上的沉淀，然后洗净淀帚。淀帚一般可自制，剪一段乳胶管，一端套在玻璃棒上，另一端用橡胶胶水黏合，用夹子夹扁晾干即成。

(7)洗涤。沉淀全部转移到滤纸上后，再在滤纸上进行最后的洗涤。这时要用洗瓶由滤纸边缘稍下一些地方螺旋形向下移动冲洗沉淀如图 2.30 所示。这样可使沉淀集中到滤纸锥体的底部，不可将洗涤液直接冲到滤纸中央沉淀上，以免沉淀外溅。

采用“少量多次”方法洗涤沉淀，即每次加少量洗涤液，洗后尽量沥干，再加第二次洗涤液，这样可提高洗涤效率。洗涤次数一般都有规定，例如，洗涤 8 ~ 10 次，或规定洗至流出液无 Cl^- 为止，等等。如果要求洗至无 Cl^- 为止，则洗几次以后，用小试管或小表皿接取少量滤液，用硝酸酸化的 $AgNO_3$ 溶液检查滤液中是否还有 Cl^-，若无白色浑浊，即可认为已洗涤完毕，否则需进一步洗涤。

图 2.28　最后少量沉淀的冲洗　　图 2.29　淀帚　　图 2.30　洗涤沉淀

2. 用微孔玻璃坩埚(漏斗)过滤

有些沉淀不能与滤纸一起灼烧,因其易被还原,如 AgCl 沉淀。有些沉淀不需灼烧,只需烘干即可称量,如丁二肟镍沉淀,磷铝酸喹啉沉淀等,但也不能用滤纸过滤,因为滤纸烘干后,重量改变很多,在这种情况下,应该用微孔玻璃坩埚(或微孔玻璃漏斗)过滤,如图2.31所示。这种滤器的滤板是用玻璃粉末在高温熔结而成的。这类滤器的分级和牌号见表2.3。

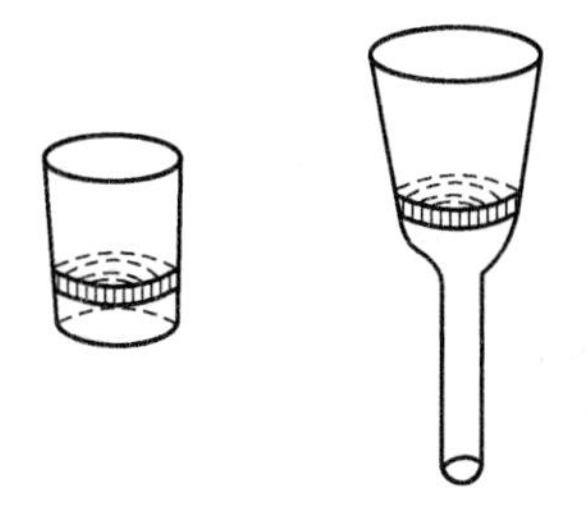

微孔玻璃坩埚　　微孔玻璃漏斗

图 2.31　微孔玻璃坩埚和漏斗

表 2.3　滤器的分级和牌号

牌号	孔径分级/μm		牌号	孔径分级/μm	
	>	≤		>	≤
$P_{1.6}$	—	1,6	P_{40}	16	40
P_4	1.6	4	P_{100}	40	100
P_{10}	4	10	P_{160}	100	160
P_{16}	10	16	P_{250}	160	250

滤器牌号规定以每级孔径的上限值前置以字母“P”表示,上述牌号是我国 1990 年开始实施的新标准,过去玻璃滤器一般分为 6 种型号,现将过去使用的玻璃滤器的旧牌号及孔径列于表 2.4。

表 2.4　滤器的旧牌号及孔径范围

旧牌号	G_1	G_2	G_3	G_4	G_5	G_6
滤板孔径/μm	80 ~ 120	40 ~ 80	15 ~ 40	5 ~ 15	2 ~ 5	<2

分析实验中常用 P_{40}(G3)和 P_{16}(G4)号玻璃滤器,例如,过滤金属汞用 P_{40}号,过滤 $KMnO_4$溶液用 P_{16}号漏斗式滤器,重量法测 Ni 用 P_{16}号坩埚式滤器。

P_4 ~ P_{16}号常用于过滤微生物,所以这种滤器又称为细菌漏斗。

这种滤器在使用前,先用强酸(HCl 或 HNO_3)处理,然后再用水洗净。洗涤时通常采用抽滤法。如图 2.32 所示,在抽滤瓶瓶口配一块稍厚的橡皮垫,垫上挖一个圆孔,将微孔玻璃坩埚(或漏斗)插入圆孔中(市场上有这种橡皮垫出售),抽滤瓶的支管与水流泵(俗称水抽子)相连接。先将强酸倒入微孔玻璃坩埚(或漏斗)中,然后开水流泵抽滤,当结束抽滤时,应先拔掉抽滤瓶支管上的胶管,再关闭水流泵,否则水流泵中的水会倒吸入抽滤瓶中。

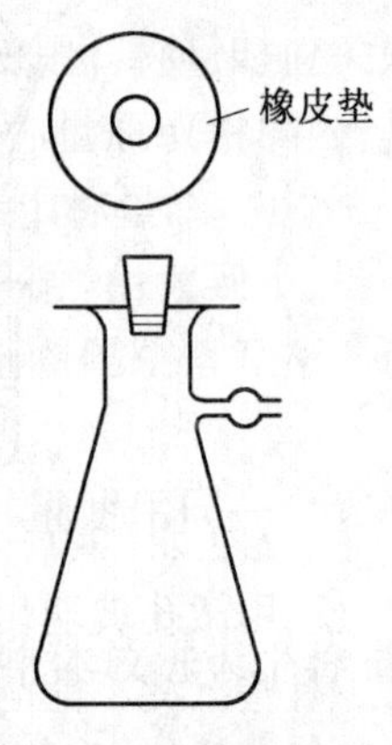

图 2.32　抽滤装置

这种滤器耐酸不耐碱,因此,不可用强碱处理,也不适于过滤强碱溶液。将已洗净、烘干且恒重的微孔玻璃坩埚(或漏斗)置于干燥器中备用。过滤时,所用装置和上述洗涤时装置相同,在开动水流泵抽滤下,用倾泻法过滤,其操作与上述用滤纸过滤相同,不同之处是在抽滤下进行。

四、干燥和灼烧

沉淀的干燥和灼烧是在一个预先灼烧至质量恒定的坩埚中进行,因此,在沉淀的干燥和灼烧前,必须预先准备好坩埚。

1. 坩埚的准备

先将瓷坩埚洗净,小火烤干或烘干,编号(可用含 Fe^{3+}或 Co^{2+}的蓝墨水在坩埚外壁上编号),然后在所需温度下,加热灼烧。灼烧可在高温电炉中进行。由于温度骤升或骤降常使坩埚破裂,最好将坩埚放入冷的炉膛中逐渐升高温度,或者将坩埚在已升至较高温度的炉膛口预热一下,再放进炉膛中。一般在 800 ~950 ℃下灼烧半小时(新坩埚需灼烧 1 h)。从高温炉中取出坩埚时,应先使高温炉降温,然后将坩埚移入干燥器中,将干燥器连同坩埚一起移至天平室,冷却至室温(约需 30 min),取出称量。随后进行第二次灼烧,约 15 ~20 min,冷却和称量。如果前后两次称量结果之差不大于 0.2 mg,即可认为坩埚已达质量恒定,否则还需再灼烧,直至质量恒定为止。灼烧空坩埚的温度必须与以后灼烧沉淀的温度一致。

坩埚的灼烧也可以在煤气灯上进行。事先将坩埚洗净晾干,将其直立在泥三角上,盖上坩埚盖,但不要盖严,需留一小缝。用煤气灯逐渐升温,最后在氧化焰中高温灼烧,灼烧的时间和在高温电炉中相同,直至质量恒定。

2. 沉淀的干燥和灼烧

坩埚准备好后即可开始沉淀的干燥和灼烧。利用玻璃棒把滤纸和沉淀从漏斗中取出,按图 2.33 所示,折卷成小包,把沉淀包卷在里面。此时应特别注意,勿使沉淀有任何损失。如果漏斗上沾有些微沉淀,可用滤纸碎片擦下,与沉淀包卷在一起。

将滤纸包装进已质量恒定的坩埚内,使滤纸层较多的一边向上,可使滤纸灰化较易。按图 2.34 所示,斜坩埚于泥三角上,盖上坩埚盖,然后如图 2.35 所示,将滤纸烘干并炭化,在此过程中必须防止滤纸着火,否则会使沉淀飞散而损失。若已着火,应立刻移开煤气灯,并将坩埚盖盖上,让火焰自熄。

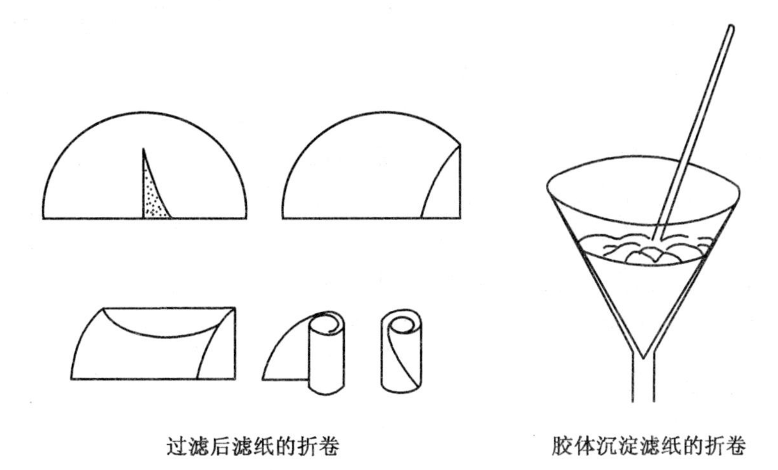

图 2.33　沉淀后滤纸的折卷

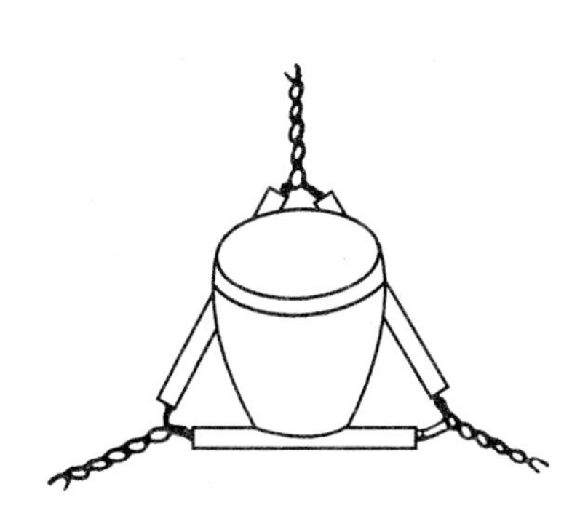

图 2.34　坩埚侧放泥三角上

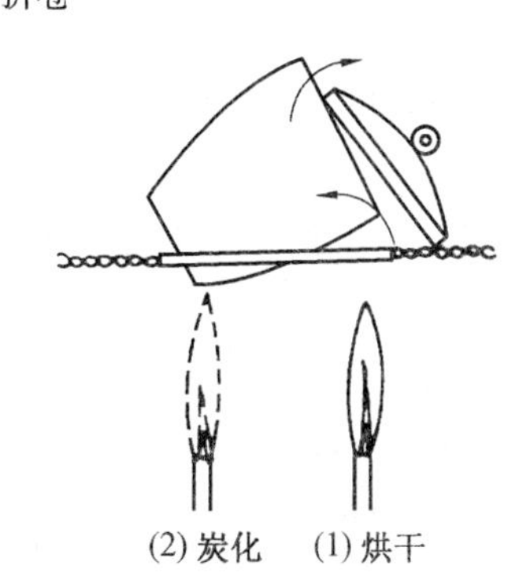

图 2.35　烘干和炭化

当滤纸炭化后，可逐渐提高温度，并随时用坩埚钳转动坩埚，把坩埚内壁上的黑炭完全烧去，将炭烧成 CO_2 而除去的过程叫灰化。待滤纸灰化后，将坩埚垂直地放在泥三角上，盖上坩埚盖（留一小孔隙），于指定温度下灼烧沉淀，或者将坩埚放在高温电炉中灼烧。一般第一次灼烧时间为 30 ~ 45 min，第二次灼烧 15 ~ 20 min。每次灼烧完毕从炉内取出后，都需要在空气中稍冷，再移入干燥器中。沉淀冷却到室温后称量，然后再灼烧、冷却、称量，直至质量恒定。

微孔玻璃坩埚（或漏斗）只需烘干即可称量，一般将微孔玻璃坩埚（或漏斗）连同沉淀放在表面皿上，然后放入烘箱中，根据沉淀性质确定烘干温度。一般第一次烘干时间要长些，约 2 h，第二次烘干时间可短些，约 45 min 到 1 h，根据沉淀的性质具体处理。沉淀烘干后，取出坩埚（或漏斗），置干燥器中冷却至室温后称量。反复烘干、称量，直至质量恒定为止。

第五节　分光光度计

吸光光度法是基于物质对光的选择性吸收而建立起来的分析方法。物质对光的吸收程度以吸光度 A 表示，其定量的理论基础是朗伯-比耳定律（光吸收定律）

$$A = kbc$$

即当一束平行单色光垂直通过某溶液时，溶液对此单色光的吸光度与其浓度 c、液层厚度（光径长度）b 的乘积成正比。

式中 b 以 cm 为单位,c 以 $mol \cdot L^{-1}$ 为单位,k 以 ε 表示,ε 称摩尔吸光系数(单位为 $L \cdot mol^{-1} \cdot cm^{-1}$),$\varepsilon$ 是吸光物在特定波长、溶剂等条件下的特征常数,能反映物质的吸光能力,可作为定性分析的参数和光度测定的灵敏度(ε 大则灵敏度高)。

吸光光度法具有较高的灵敏度和一定的准确度,主要用于微量组分的测定,也能用于高含量组分的测定、多组分分析及化学平衡、配合物组成等的研究。其一般的分析步骤为:

样品预处理 → 显色 → 测量 A → 后处理

测量溶液吸光度的仪器称分光光度计,分光光度计广泛应用于医药卫生、临床检验、生物化学、石油化工、环境保护、质量控制等部门,是理化实验室常用的仪器之一。

一、分光光度计的基本组成

1. 光源

一般采用钨灯(波长 350 ~ 2 500 nm)和氘灯(波长 190 ~ 400 nm)。

2. 单色器

把复合光分解为按波长顺序排列的单色光。常用色散元件:棱镜、衍射光栅。

3. 样品室

内装有吸收池架,吸收池由玻璃或石英制成。

4. 检测器

检测器是一种光电转换元件。常用的有:光电池、光电管和光电倍增管。

5. 显示仪表或记录仪

液晶数显,直接读数。

二、722S 分光光度计操作规程

1. 预热

打开样品槽盖,打开电源开关,使仪器预热 20 min。

注意:预热或使用间隔期将样品槽盖打开,目的是减少光电管的使用时间,延长其寿命。

2. 调零

按"0% T"键调透射比零(在 T 方式下)。

3. 调整波长

用"波长设置"旋钮将波长设置在将要使用的波长位置上。

4. 样品液准备

将参比溶液和被测溶液分别倒入比色皿中,比色皿有光面和毛面,手握毛面,如有液体漏到比色皿外壁,用镜头纸轻轻擦去。

5. 调整 100% T

将用作背景的空白样品置入样品室光路中,盖好样品室盖(同时打开光门),按"100% T"调 100% 透射比。

注意:调整 100% 时整机自动增益系统重调可能影响 0%,调整后请检查 0%,如有变化可重调 0% 一次。

6. 测量

按"模式"(MODE)将测试方式设置为吸光度方式,用仪器前面的拉杆来改变样品位置，将被测溶液推或拉入光路中，显示器上所显示的是被测样品的吸光度。

7. 清洁

测完样品后，看是否污染仪器，进行适当的处理，关掉电源，做好仪器使用记录。

附注：

(1)分光光度计的灵敏度有数挡，“1”挡灵敏度最低，逐挡增加。其选择原则是保证能良好地调节参比溶液透光率到“100%”的情况下，尽可能采用灵敏度较低挡，这样可使仪器具有较高的稳定性。所以使用时一般置于“1”挡，调不到“100%”时再逐挡增高，但改变灵敏度后，须重新校正透光率“0”和“100%”。

(2)改变工作波长时，应稍待片刻，重新校正透光率“0”和“100%”后再进行测定。

(3)比色皿的使用：取比色皿时应拿其毛玻璃面，不能接触其透光面；测量溶液的吸光度时，应先用该溶液润洗比色皿2~3次；测定系列溶液时，一般从稀到浓依次进行；装入溶液约3/4后，用吸水纸轻轻吸去比色皿壁外液体，再用镜头纸擦至透明，然后置于比色皿架上进行吸光度测定；比色皿用后应立即用水清洗干净，洗不去的着色，可用盐酸、硝酸或乙醇盐酸洗涤液等浸洗，但不能用铬酸洗液或碱液洗涤。

三、分光光度计(722S型)的使用方法

分光光度计是根据物质对光的选择性吸收来测量微量物质浓度。722S型分光光度计是数字显示的单光束、可见分光光度计。它具有灵敏度和准确度高、操作简便、快速等优点，允许测量波长范围为330~800 nm，吸光度的显示范围为0~1.999，是在可见光区进行吸光光度分析的常用仪器。

1. 测量原理

一束单色光通过有色溶液时，一部分光线通过，一部分被吸收，一部分被器皿的表面反射。设I_0为入射光的强度，I为透过光的强度，则I/I_0称为透光度，用T表示。透光度越大，光被吸收越少。把$\lg I_0/I$定义为吸光度，用A表示。吸光度越大，溶液对光的吸收越多。吸光度A与透光度T之间的关系为$A=-\lg T$。吸光度A与待测溶液的浓度$c(\mathrm{mol\cdot L^{-1}})$和液层的厚度$b$(cm)成正比，即：$A=\varepsilon bc$。这是光的吸收定律，亦称朗伯-比耳(Lambert-Beer)定律。式中ε为比例常数，叫摩尔吸收系数，它与入射光的波长、溶液的性质、温度等因素有关。当入射光波长一定，溶液的温度和比色皿(溶液的厚度)均一定时，则吸光度A只与溶液浓度c成正比。将单色光通过待测溶液，并使通过光射在光电管上变为电信号，在数字显示器上可直接读出吸光度A或浓度c。

2. 仪器构造

722S型分光光度计由光源室、单色器、试样室、光电管暗盒、电子系统及数字显示器等部件组成，其结构如图2.36所示。

3. 使用方法

(1)取下防尘罩。

(2)接通电源，按下仪器上的电源开关，指示灯即亮。仪器预热20 min。

(3)打开试样室盖(光门自动关闭)，调节0%T旋钮，使显示“00.0”。

(4)把盛参比溶液的比色皿放入试样架的第一格内，盛试样的比色皿放入第二、三、四格内然后盖上试样室盖(光门打开，光电管受光)。推动试样架拉手把参比溶液推入光路，调节100%T旋钮，使之显示为“100.0”，若显示不到“100.0”，再调节100%T旋钮，直至显

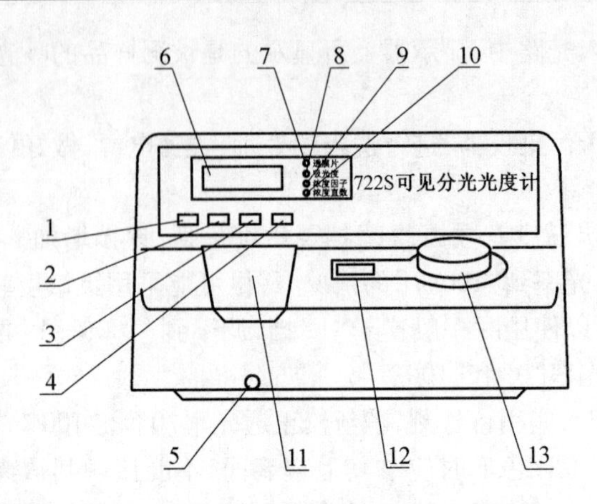

图 2.36　722S 型分光光度计

1—100% T 键；2—0% T 键；3—功能键；4—模式键；5—试样槽架拉杆；6—显示窗；7—“透射比”指示灯；8—“吸光度”指示灯；9—“浓度因子”指示灯；10—“浓度直读”指示灯；11—样品室；12—波长指示窗；13—波长调节钮

示为“100.0”。

(5)重复(3)和(4)操作，显示稳定后即可进行测定工作。

(6)吸光度 A 的测量：稳定地显示“100.0”透光度后，选择模式吸光度，此时吸光度显示应为“00.0”，然后将试样推入光路，这时的显示值即为试样的吸光度。

(7)测定完毕，关闭仪器电源开关（短时间不用，不必关闭电源，可打开试样室盖，即可停止照射光电管），将比色皿取出，洗干净，擦干，放回原处。拔下电源插头，待仪器冷却 10 min后盖上防尘罩。

4. 注意事项

(1)测定过程中，不要将参比溶液拿出试样室，应将其随时推入光路以检查吸光度零点是否变化。

(2)为了避免光电管长时间受光照射引起的疲劳现象，应尽可能减少光电管受光照射的时间，不测定时应打开暗室盖，特别应避免光电管受强光照射。

(3)使用前若发现仪器上所附硅胶管已变红应及时更换硅胶。

(4)比色皿盛取溶液时只需装至比色皿的 3/4 即可，不要过满，避免在测定的拉动过程中溅出，使仪器受湿、被腐蚀。

(5)若大幅度调整波长，应稍等一段时间再测定，让光电管有一定的适应时间。

(6)每台仪器所配套的比色皿，不能与其他仪器上的比色皿单个调换。

(7)仪器上各旋钮应细心操作，不要用劲拧动，以免损坏机件。若发现仪器工作异常，应及时报告指导教师，不得自行处理。

第六节　酸　度　计

一、测量仪器原理

酸度计也称 pH 计，是测定溶液 pH 值最常用的仪器之一。由电极和电计两部分组成，电极分为指示电极和参比电极。

1. 指示电极

玻璃电极是测量 pH 的指示电极，其结构如图 2.37 所示。该电极内装有 0.1 $mol \cdot L^{-1}$ HCl 内参比溶液，溶液中插入一支 Ag/AgCl 内参比电极；其下端的玻璃球泡是 pH 敏感电极膜（厚约 0.1 mm），能响应 α_{H^+}，25 ℃时玻璃电极的膜电位与溶液的 pH 呈线性关系：

$$E(\text{玻璃}) = E^{\theta}(\text{玻璃}) - 0.059\,2\text{pH}$$

2. 参比电极

通常以饱和甘汞电极为参比电极，其结构见图 2.38。饱和甘汞电极是由金属汞、Hg_2Cl_2 和饱和 KCl 溶液组成的电极，内玻璃管封接一根铂丝，铂丝插入纯汞中，纯汞下面有层甘汞（Hg_2Cl_2）和汞的糊状物。外玻璃管中装入饱和 KCl 溶液，下端用素烧陶瓷塞塞住，通过陶瓷塞得毛细孔，可使内外溶液相通。饱和甘汞电极电位在一定温度下恒定不变，25 ℃时为 0.243 8 V。

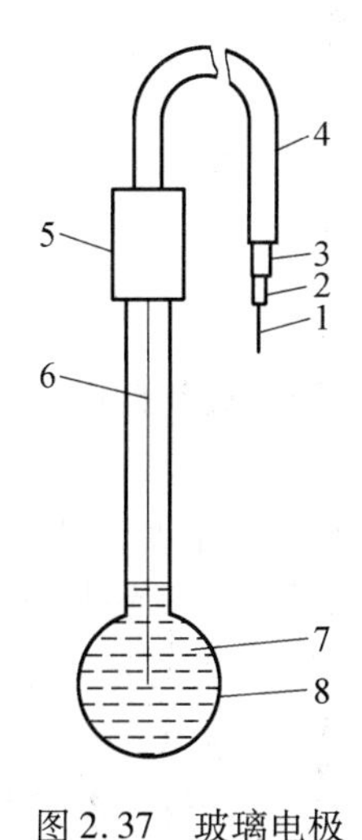

图 2.37　玻璃电极

1—导线；2—绝缘体；3—网状金属屏；4—外套管；5—电极帽；6—Ag/AgCl内参比电极；7—内参比溶液；8—玻璃薄膜

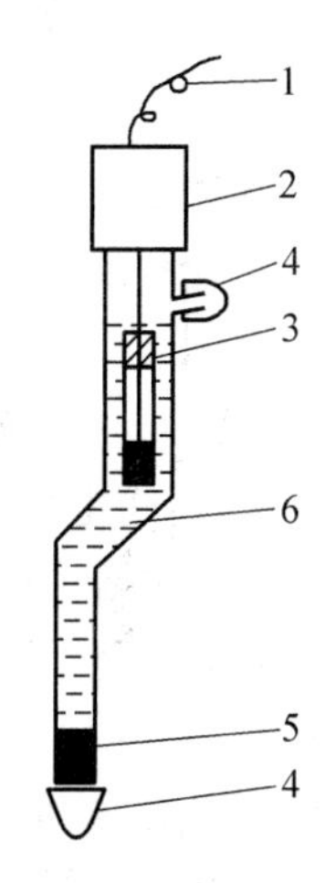

图 2.38　甘汞电极

1—导线；2—绝缘体；3—内部电极；4—橡皮帽；5—多孔物质；6—饱和 KCl 溶液

指示电极、参比电极与试液组成工作电池（原电池），电计在零电流的条件下测量其电动势。该工作电极的电动势为：

$$E = E_+ - E_- = E_{\text{甘汞}} - E_{\text{玻璃}} = E_{\text{甘汞}} - (E^{\theta}_{\text{玻璃}} + 2.303RT\lg \alpha_{H^+}/ZF)$$
$$= E^{\theta} + (2.303RT/ZF)pH$$

pH 计因生产厂家不同而型号和结构各异，但测量原理和使用方法基本相同。

下面以 pHS-2C 型数显酸度计为例来介绍 pH 计的用法。

pHS-2C 型 pH 计是一种数字显示 pH 计，它采用蓝色背光双排数字显示液晶，可同时显示 pH 值、温度值或电位（mV 值）。该仪器适用于测定水溶液的 pH 值和电位（mV）值，配上 ORP 电极可测量溶液 ORP（氧化-还原电位）值，配上离子选择性电极可测量该电极的电极电位值。

pHS-2C 型数显酸度计新配备的复合电极是一种只对氢离子浓度敏感的离子选择电极，它对被测溶液中的不同氢离子浓度，可以产生不同的直流电位，通过阻抗变换和放大，再由 AD 转换器将直流被测电位转换成数字直接显示出 pH 值(图 2.39)。

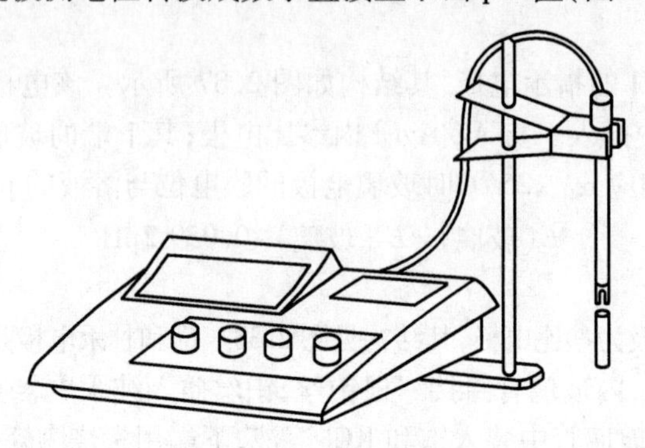

图 2.39　pHS-2C 型数显酸度计

(1)仪器工作条件

①环境温度:10 ~35 ℃;

②相对湿度:≤80%;

③被测溶液温度:5 ~60 ℃;

④仪器工作时附近无显著磁场及振动。

(2)溶液 pH 值的测量

①接通电源,打开仪器开关,选择开关置“pH”挡,将“斜率”旋钮向顺时针方向旋足。

②取下电极座短路针,将电极入座。

③侧脸混合磷酸盐缓冲溶液的温度,将温度补偿旋钮调在该温度位置上。

④复合电极用蒸馏水冲洗干净,用滤纸再吸干水珠,插入混合磷酸盐标准缓冲溶液中,一分钟后调动“定位”旋钮,使仪器显示该缓冲溶液在当前温度时的 pH 标准值。

⑤取出复合电极用蒸馏水冲洗干净,用滤纸将电极外部的水珠吸干,插入邻苯二甲酸氢钾标准缓冲液。当仪器显示的 pH 值与表中标准值不一致时,可将“斜率”钮向逆时针旋转,使仪器显示值同表中标准值一致,如“4.00”为止。

⑥反复④ ~ ⑤步骤,直到重现性可靠为止。

⑦被测溶液测量时,要注意溶液温度与上述两个标准缓冲液的温度相同(被测溶液一定要与标准溶液温度一致,防止因溶液温度不同产生测量误差)。

⑧电极洗净吸干后,插入酸性被测溶液,仪器的显示值即为被测液 pH 值。

⑨如测偏碱性溶液,则用硼砂标准缓冲溶液定位,调斜率,操作参照③ ~ ⑥步骤。

(3)电极电位值的测量

①将选择开关拨至“mV”挡。

②接上离子选择性电极,用蒸馏水冲洗干净,用滤纸吸干水珠后插入被测溶液内,即显示出相应的电极电位(mV 值),并自动显示正负极性。

(4)复合电极的特点及使用注意事项

①电极的易碎部分有塑料栅保护,预防碰击破碎。

②电极为全屏蔽式,防止了测量时的外电场干扰。

③电极塑料保护栅与电极杆外壳用螺丝连接,随时可取下保护栅,清楚连接螺丝中各种混合液残留的“死角”。

④塑料保护栅内的敏感玻璃泡不能与脏手指、硬物接触,任何破损和擦毛都会使电极

失效。

⑤电极反应速度快，pH 敏感部分到达平衡值的 95% 所需时间小于 1 min。

⑥电极在测量前必须用已知 pH 值的标准缓冲溶液进行定位校准。

⑦测量完毕，将电极泡在饱和 KCl 溶液内，以保持电极球泡的湿润和吸补外参比溶液，饱和 KCl 溶液内加 3 滴邻苯二甲酸氢钾，保证 pH 为 4.00 ~ 4.50。

⑧电极的引出端必须保持清洁和干燥，绝对防止输出两端短路，否则将导致测量结果失准或失效。

⑨电极避免长期浸泡蒸馏水中或蛋白质溶液和酸性氟化物溶液中，并防止和有机硅油脂接触。

第三章 定量分析基本操作实验

实验一 分析天平称量练习

一、实验目的

1. 了解分析天平的基本构造、称量原理；
2. 通过分析天平的称量练习，学会熟练地使用分析天平；
3. 掌握常见的几种称量方法，训练准确称取一定量的试样。

二、实验原理

分析用的光电天平是根据杠杆原理制造的，如图 3.1 所示。设有一杠杆 ABC，B 为支点，A，C 两点所受的力分别为 P，Q。当达到平衡时，支点两边的力矩相等，即

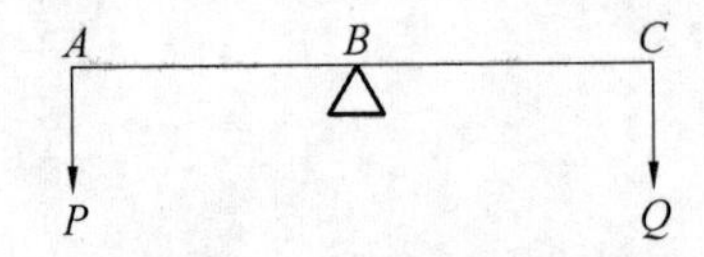

图 3.1 杠杆作用原理

如果 B 正好是 AC 的中点，则 $\overline{AB}=\overline{BC}$，即两臂长度相等。此时若 P 代表物体的重量，Q 代表砝码的重量，当天平达到平衡时，物体的重量即等于砝码的重量，$P=Q$。

电子天平的称量依据是电磁力平衡原理。电子天平的重要特点是在测量被测物体的质量时不用测量砝码的重力，而是采用电磁力与被测物体的重力相平衡的原理来测量的。秤盘通过支架连杆与线圈连接，线圈置于磁场内。在称量范围内时，被测重物的重力 m_g 通过连杆支架作用于线圈上，这时在磁场中若有电流通过，线圈将产生一个电磁力 F，方向向上，电磁力 F 和秤盘上被测物体重力 m_g 大小相等、方向相反而达到平衡，同时在弹性簧片的作用下，秤盘支架回复到原来的位置。即处在磁场中的通电线圈，流经其内部的电流 I 与被测物体的质量成正比，只要测出电流 I 即可知道物体的质量 m。

三、实验仪器及试剂

1. 主要试剂

(1) 石英砂；(2) 装有石英砂的称量瓶 1 个。

2. 主要仪器

(1) 半自动电光天平；(2) 洁净干燥的瓷坩埚 2 个；(3) 镊子和药勺各 1 把。

四、实验步骤

1. 天平的检查

检查天平是否保持水平，天平盘是否洁净，若不干净可用软毛刷刷净，天平各部件是否

在原位。

2. 天平零点的检查和调整

启动天平，检查投影屏上标尺的位置，如果零点与投影屏上的标线不重合，可拨动旋钮附近的扳手，挪动投影屏位置，使其重合。

3. 直接称量法

首先用铅笔在两个坩埚底部分别标上"1"和"2"，然后左手用镊子夹取1号瓷坩埚，置于天平左盘中央，右盘加砝码，1 g以下圈码用转动指数盘自动加取。

待天平平衡后，记下盘中砝码质量、指数盘的圈码质量，并从投影屏上直接读出10 mg以内的质量，即为1号坩埚的质量 W_1。再用药勺往坩埚内加石英砂0.900 0～1.100 0 g（注意：石英砂不要洒在天平盘上），称出其准确质量，记下 W_2。求出石英砂准确质量 W：

$$W = W_2 - W_1$$

用2号瓷坩埚重复一次。

4. 固定质量称量法

同步骤3称出1号瓷坩埚质量 W_1，在右盘加砝码0.500 0 g，然后往瓷坩埚内加入略小于0.5 g的石英砂，再轻轻振动药勺，使样品慢慢撒入瓷坩埚中，直到投影屏上的读数与称量坩埚时的读数一致。若不慎超过0.5 g，先关天平，再用药勺小心取出一点样品，重复前面的操作，直到所称质量为0.500 0 g为止。此时称取石英砂的质量与砝码的质量相等。

用2号瓷坩埚重复一次。

5. 差减法称量

（1）左手用镊子从干燥器中取出1号坩埚，置于天平左盘上，右盘上加砝码及圈码。称出1号坩埚的质量 W_0 g，同样称出2号坩埚的质量 W'_0 g。

（2）从干燥器中取出盛有石英砂的称量瓶一个，切勿用手拿取，用干净的纸条，套在称量瓶上，手拿取纸条放在天平盘上，称得称量瓶加石英砂的质量 W_1 g。

（3）用一干净的纸条，套在称量瓶上，用手拿取，再用一小块纸包住瓶盖，在坩埚上方打开称量瓶，用盖轻轻敲击称量瓶，转移石英砂0.3～0.4 g于1号坩埚内，然后准确称出称量瓶和剩余石英砂的质量 W_2 g。

以同样方法转移0.3～0.4 g石英砂于2号坩埚中，再准确称出称量瓶和剩余石英砂的质量 W_3 g。

（4）准确称出两个坩埚加石英砂的质量，分别记为 W_4 g和 W_5 g。

（5）数据记录。

五、注意事项

1. 称坩埚和量瓶之前均要检查天平零点；
2. 启动天平和旋转指数盘动作要轻；
3. 标尺向哪边移，说明哪边重；
4. 原始记录不得随意记在小纸片上，而应记在实验报告本上；
5. 称量瓶与小坩埚除放在干燥器内和天平盘上外，须放在洁净的纸上，不得随意乱放，以免沾污。

六、思考题

1. 什么情况下选用差减法称量？
2. 什么情况下选用固定法称量？

实验二　滴定分析操作练习

一、实验目的

1. 初步掌握滴定管、移液管、容量瓶的洗涤和正确使用方法；

2. 练习滴定操作，初步掌握准确确定滴定终点的方法；

3. 练习酸碱标准溶液的配制和浓度比较；

4. 熟悉甲基橙、酚酞指示剂的使用和终点颜色的变化，初步掌握酸碱指示剂的选择方法。

二、实验原理

滴定分析是将一种已知准确浓度的标准溶液滴加到被测试样溶液中，直到化学反应完全为止，然后根据标准溶液的浓度和消耗的体积求得被测组分含量的一种分析方法。因此，在滴定分析时，一是要学会配制标准溶液并能准确测定其浓度，二是能准确测量滴定中消耗的标准溶液的体积，为此安排了此实验，主要是以酸碱滴定法中酸碱标准溶液的配制和测量标准溶液消耗的体积为例，练习滴定分析的基本操作。

酸碱滴定中常用 HCl 和 NaOH 溶液作为滴定剂，由于浓 HCl 易挥发，固体 NaOH 易吸收空气中的水分和 CO_2，在此不能直接配制准确浓度的 HCl 和 NaOH 标准溶液，只能先配制近似浓度的溶液，然后再用基准物标定其准确浓度，或用另一种已知准确浓度的标准溶液滴定该溶液，再根据它们的体积比求得该溶液的浓度。

酸碱指示剂都具有一定的变色范围。0.1 $mol \cdot L^{-1}$ NaOH 和 HCl 溶液的滴定，其突跃范围 pH 为 4 ~ 10，可选用甲基橙（变色范围 pH 3.1 ~ 4.4）或酚酞（变色范围 pH 8.0 ~ 10.0）作指示剂。

三、实验仪器及试剂

1. 主要试剂

（1）浓盐酸（AR）配制时应在通风橱中操作；（2）NaOH（固体，AR）；（3）0.2% 甲基橙水溶液；（4）0.2% 酚酞乙醇溶液。

2. 主要仪器

（1）酸式滴定管（50 mL）1 支；（2）碱式滴定管（50 mL）1 支；（3）移液管（25 mL）1 支；（4）锥形瓶（250 mL）3 个；（5）白试剂瓶（1 000 mL）2 个；（6）烧杯（250 mL）；（7）量筒（10 mL）。

四、实验步骤

1. 配制 500 mL 0.1 $mol \cdot L^{-1}$ HCl 溶液

通过计算求出配制 500 mL 0.1 $mol \cdot L^{-1}$ HCl 溶液所需浓盐酸（相对密度为 1.19，约 12 $mol \cdot L^{-1}$）的体积，然后用小量筒量取此量的浓盐酸，倒入盛有半瓶水的试剂瓶中，加水稀释至 500 mL，盖上玻璃塞，摇匀。

2. 配制 500 mL 0.1 $mol \cdot L^{-1}$ NaOH 溶液

同样通过计算求出配制 500 mL 0.1 $mol \cdot L^{-1}$ NaOH 溶液所需的固体 NaOH 的量，在台

秤上迅速称出,置于 50 mL 烧杯中,立即用蒸馏水溶解,稍冷却后转入具有橡皮塞的试剂瓶中。加水稀释至 500 mL,盖好瓶塞,摇匀。

3. NaOH 溶液与 HCl 溶液的浓度比较

(1)准备酸、碱滴定管各 1 支,用少量 0.1 mol · L^{-1} NaOH 溶液将碱管润洗 3 遍,再用少量 0.1 mol · L^{-1} HCl 溶液将酸管润洗 3 遍,分别将 NaOH 溶液、HCl 溶液注入碱管、酸管中,并将液面调至 0.00 刻度。

(2)用移液管移取 25.00 mL 0.1 mol · L^{-1} NaOH 溶液于洗净的 250 mL 锥形瓶中,加入 1 滴 0.2% 甲基橙指示剂,用 0.1 mol · L^{-1} HCl 溶液滴定至溶液由黄色变为橙色为止,记下 HCl 溶液的精确读数。反复进行练习,直到所测 V_{NaOH}/V_{HCl} 体积比的 3 次测定结果的相对平均偏差在 0.1% 之内,取其平均值。(数据按表格记录)

(3)用移液管移取 25.00 mL 0.1 mol · L^{-1} HCl 溶液于 250 mL 锥形瓶中,加 2 ~ 3 滴 0.2% 酚酞指示剂,用 0.1 mol · L^{-1} NaOH 溶液滴定至溶液呈微红色保持 30 s 不褪色即为终点。如此平行测定 3 次,并分别计算 V_{NaOH}/V_{HCl} 体积比。

五、注意事项

1. 溶液配制好后,一定先摇匀,再使用;
2. 使用移液管移取溶液,往锥形瓶中放入时,一定让溶液自然下流,不能用吸耳球吹;
3. 用移液管移取溶液,用滴定管进行滴定注入溶液之前,一定用所用溶液润洗 2 ~ 3 次。

六、思考题

1. HCl 和 NaOH 标准溶液能否用直接配制法配制,为什么?

2. 配制酸碱标准溶液时,为何用量筒量取 HCl,用台秤称取 NaOH 而不用吸量管和分析天平?

3. 标准溶液装入滴定管之前,为什么要用该溶液润洗滴定管 2 ~ 3 次? 而锥形瓶是否也需用该溶液润洗或烘干,为什么?

4. 滴定至临近终点时加入半滴的操作是怎样进行的?

实验三　容量仪器的校准

一、实验目的

1. 了解容量仪器校准的意义;
2. 学习滴定管、容量瓶的校准及移液管和容量瓶的相对校准方法。

二、实验原理

在实验过程中,欲使分析结果准确,所用量具须有足够的准确度。但有些容量仪器达不到要求,故需校正。

滴定分析法主要的衡量器皿有三种:滴定管、移液管和容量瓶。校正量器常采用称量法,亦称衡量法,即在分析天平上称准容量仪器中水的质量,然后由公式 $V = m/\rho$(体积 = 质量/密度)换算成 20 ℃时的标准容积。容量器皿的容积随温度改变而有变化。我国生产的

容量器皿,其容积都是以 20 ℃为标准的。由质量换算成体积时,必须考虑三个因素:

(1)水的密度受温度的影响;

(2)温度对玻璃容量器皿胀缩的影响;

(3)在空气中称量所受空气浮力的影响。

其中(3)的因素影响甚小。把以上三个因素考虑在内,可得到一个总校正值,制得表 3.1。

表 3.1　20 ℃时体积为 1 L 的水在 t ℃时质量/g

t/℃	g	t/℃	g	t/℃	g	t/℃	g
10	998.39	16	997.78	22	996.80	28	995.44
11	998.32	17	997.64	23	996.60	29	995.18
12	998.23	18	997.51	24	996.38	30	994.91
13	998.15	19	997.34	25	996.17	31	994.64
14	998.04	20	997.18	26	995.93	32	994.34
15	997.92	21	997.00	27	995.69	33	994.06

故校准后的体积是指该容器在 20 ℃时的容积。

【例 1】　15 ℃时某 250 mL 容量瓶,以黄铜砝码称量其中的水重为 249.52 g,计算该容量瓶在 20 ℃时的容积是多少?

解　由表 3.1 查得,为使某容器在 20 ℃时的容积为 1 L,15 ℃时应称取的水重为 997.92 g,即水的密度(包括容器校正在内)为 0.997 92 g · mL^{-1}。

所以容量瓶在 20 ℃时的真正容积为

$$249.52\ g/0.997\ 92\ g\cdot mL^{-1} = 250.04\ mL$$

【例 2】　欲使容量瓶在 20 ℃时的容积为 500 mL,则 16 ℃时,在空气中以黄铜砝码称量时应称水多少克?

解　由表 3.1 查得,为使某容器在 20 ℃时的容积为 1 L,16 ℃时应称取的水重为 997.78 g。若容积为 500 mL,则应称取的水重为

$$(997.78\ g/1\ 000\ mL)\times 500\ mL = 498.9\ g$$

三、实验仪器及试剂

1. 主要试剂

水。

2. 主要仪器

(1)酸式滴定管 1 支;(2)25 mL 移液管 1 支;(3)50 mL,100 mL 容量瓶各 1 个;(4)50 mL碘量瓶 2 个。

四、实验步骤

1. 滴定管的校正

在洗净的滴定管中装满去离子水到刻度“0.00”处,放出一段水(约 10 mL)到已称重的碘量瓶中,称量,称准到 0.01 g。再放出一段水(约 10 mL)到同一碘量瓶中,再称量。如此逐段放出和称量,直到刻度“50”为止。由各段水重计算出滴定管每段的体积。例如:

水温 25 ℃,水密度 0.996 2 g·mL^{-1},瓶重 29.20 g,由滴定管放出 10.10 mL 水,其质量为 10.08 g,由此算出水的实际体积为:

$$10.08\ g/0.996\ 2\ g\cdot mL^{-1} = 10.12\ mL$$

故滴定管这段容积的误差为 10.12−10.10 = +0.02 mL。将此滴定管的校正实验数据列于表 3.2。

表 3.2 中最后一列为总校正值,例如,0 mL 与 10 mL 之间的校正值为+0.02 mL,而 10 mL与 20 mL 之间的校正值为−0.02 mL,则 0 mL 到 20 mL 的总校正值为+0.02 mL−0.02 mL=0.00 mL,据此即可校正滴定时所用去的毫升数。

表 3.2　滴定管校正实验数据(水温 25 ℃,水密度 0.996 2 g·mL^{-1})

滴定管读数/mL	放水后读数/mL	瓶加水的质量/g	水的质量/g	实际容积/mL	校正值/mL	总校正值/mL
0.03		29.20(空瓶)				
10.13	10.10	39.29	10.08	10.12	+0.02	+0.02
20.10	9.97	49.19	9.91	9.95	−0.02	0.00
30.17	10.07	59.27	10.09	10.12	+0.05	+0.05
40.20	10.03	69.24	9.97	10.01	−0.02	+0.03
49.99	9.79	79.97	9.83	9.86	+0.07	+0.10

2. 移液管的校正

将 25 mL 移液管洗净,移取去离子水到已称重的碘量瓶中,再称重,两次质量之差为移出水的质量,以实验温度时的密度来除,即得移液管的真实体积。重复一次,两次校正值之差不超过 0.02 mL。

3. 容量瓶的校正

将已洗净且晾干的容量瓶(100 mL)称重,注入去离子水到标线,附着在瓶颈内壁的水滴用滤纸吸干,再称重,两次质量之差为瓶中水的质量,以实验温度时的密度来除,即得该容量瓶的真实体积。

4. 移液管与容量瓶的相对校正

在多数分析工作中,移液管与容量瓶配合使用,以分取一定比例的溶液。这时,重要的不是知道移液管与容量瓶的绝对体积,而是它们之间的体积是否成一定的比例。

用已校正的 25 mL 移液管移取去离子水至洗净而干燥的容量瓶(100 mL)中,移取四次后,仔细观察溶液弯月面是否与标线相切,否则另作一新的标记,使用时以此标记为标线,用这一移液管吸取一管溶液,就是容量瓶中溶液体积的 1/4。

五、思考题

1. 滴定管校正时,若碘量瓶外壁有水珠,可能会造成什么问题?

2. 滴定管校正时,每次放出去离子水的速度太快,且立刻读数,可能会造成什么问题?

3. 移液管与容量瓶相对校正时,若移液管放出去离子水于容量瓶后没按要求停留约 15 s左右再取出移液管;或用外力(如吹等)使移液管最后一滴去离子水也流入容量瓶;或移液管移取去离子水后,没用滤纸将移液管外壁水分擦干就插入容量瓶。这三种情况对校正各会造成什么影响?

第四章　酸碱滴定实验

实验一　食用白醋中 HAc 含量的测定

一、实验目的

1. 学会用基准物质标定标准溶液的浓度；

2. 进一步掌握酸碱滴定法的基本原理；

3. 学会用已标定的标准溶液来测定未知物的含量；

4. 熟悉滴定管、移液管和容量瓶的使用，巩固滴定操作。

二、实验原理

醋酸的电离常数 $K_a = 1.76\times10^{-5} > 10^{-7}$，故可以用 NaOH 标准溶液进行直接滴定测量含量，它与氢氧化钠溶液的反应是：

$$HAc + NaOH = NaAc + H_2O$$

由于醋酸钠显碱性，使滴定突跃落在碱性范围内，可选用酚酞为指示剂。滴定溶液由无色变为微红色即为终点。根据 NaOH 标准溶液的浓度和滴定时消耗的体积，计算该醋酸的含量。食用白醋中醋酸含量大约在 30 ~ 50 mg · mL^{-1}。

NaOH 具有很强的吸湿性，易吸收 CO_2 和水分，而生成少量的 Na_2CO_3，且含少量的硅酸盐、硫酸盐和氯化物等，因此不能直接配制标准溶液，而只能先配制近似浓度的溶液，然后选用邻苯二甲酸氢钾 $KHC_8H_4O_4$(KHP)、二水合草酸 $H_2C_2O_4\cdot 2H_2O$ 等基准物质标定。本实验选用邻苯二甲酸氢钾为基准物质来标定氢氧化物的浓度。

邻苯二甲酸氢钾易提纯，因无结晶水，在空气中不吸湿，不风化，容易保存，摩尔质量大，是一种较好的基准物质。它与 NaOH 溶液的反应是：

$$C_6H_4(COOH)(COOK) + NaOH = C_6H_4(COONa)(COOK) + H_2O$$

由反应式可知，它们的摩尔比为 1 ∶ 1。由于反应产物是邻苯二甲酸钾钠盐，在水溶液中显弱碱性，故可选用酚酞为指示剂。

三、实验试剂及仪器

1. 主要试剂

(1)氢氧化钠；(2)酚酞指示剂：2 g · L^{-1} 乙醇溶液；(3)邻苯二甲酸氢钾($KHC_8H_4O_4$)基准物质：在 100 ~ 125 ℃干燥 1 h 后，置于干燥器中备用；(4)白醋。

2. 主要仪器

(1)电子天平;(2)分析天平;(3)碱式滴定管(50 mL)1 支;(4)移液管(25 mL)1 支;(5)锥形瓶(250 mL)3 个;(6)白试剂瓶(500 mL)1 个;(7)烧杯(250 mL)1 个;(8)量筒(10 mL)1 个;(9)容量瓶(250 mL)1 个。

四、实验步骤

1. 0.1 mol · L^{-1} NaOH 溶液的配制及标定

在电子台秤上粗称约 2.0 g NaOH 放入小烧杯,加水溶解,转移至 500 mL 试剂瓶中,稀释至 400 mL 摇匀,贴上标签,备用。

在电子天平上准确称取邻苯二甲酸氢钾 3 份,每份 0.4 ~0.6 g,分别倒入 250 mL 锥形瓶中,加入 40 ~50 mL 蒸馏水,待试样全部溶解后,加入 2 ~3 滴酚酞指示剂。用待标定的 NaOH 溶液滴定至溶液呈微红色并保持半分钟不褪色即为终点,平行 3 份,记录所消耗的氢氧化钠溶液的体积。

2. 食用白醋中醋酸含量的测定

用移液管准确移取食用白醋 25.00 mL,置于 250.0 mL 容量瓶中,定容,摇匀,备用。

用 25.00 mL 移液管分取 3 份上述溶液,分别置于 250 mL 锥形瓶中,加入酚酞指示剂 2 ~3滴。用氢氧化钠标准溶液滴定至溶液呈微红色并保持半分钟不褪色,记录所消耗的标准溶液体积,平行 3 份。计算每 100 mL 食用白醋中含醋酸的质量。

五、实验注意事项

1. 邻苯二甲酸氢钾通常在 100 ~125 ℃干燥 2 h 备用。干燥温度超过此温度时,则脱水而变为邻苯二甲酸酐,引起误差,无法准确标定 NaOH 溶液的浓度。

2. 邻苯二甲酸氢钾不易溶,必要时可稍微加热以促进其溶解。不要用玻璃棒在锥形瓶中搅拌。

3. 注意滴定终点颜色的观察,要求溶液呈现微红色,越浅越好,并保持半分钟不褪色。

六、思考题

1. 称取 NaOH 及 $KHC_8H_4O_4$各用什么天平,为什么?

2. 测定食用白醋含量时,为什么选用酚酞为指示剂? 能否选用甲基橙或甲基红为指示剂?

3. 酚酞指示剂由无色变为微红时,溶液的 pH 为多少? 变红的溶液在空气中放置后又会变为无色的原因是什么?

实验二　工业纯碱中总碱度测定

一、实验目的

1. 掌握 HCl 标准溶液的配制、标定过程;

2. 掌握强酸滴定二元弱碱的滴定过程,突跃范围及指示剂的选择;

3. 掌握定量转移操作的基本要点。

二、实验原理

工业纯碱的主要成分为碳酸钠,商品名为苏打,其中可能还含有少量 NaCl, Na_2SO_4, NaOH 及 $NaHCO_3$ 等成分。常以 HCl 标准溶液为滴定剂测定总碱度来衡量产品的质量。滴定反应为:

$$Na_2CO_3+2HCl=2NaCl+H_2CO_3$$

$$H_2CO_3=CO_2\uparrow+H_2O$$

反应产物 H_2CO_3 易形成过饱和溶液并分解为 CO_2 逸出。化学计量点时溶液 pH 为 3.8~3.9,可选用甲基橙为指示剂,用 HCl 标准溶液滴定,溶液由黄色转变为橙色即为终点。试样中的 $NaHCO_3$ 同时被中和。

由于试样易吸收水分和 CO_2,应在 270~300 ℃将试样烘干 2 h,除去吸附水并使 $NaHCO_3$全部转化为 Na_2CO_3,工业纯碱的总碱度通常以 $\omega_{N}a_2CO_3$ 或 $\omega_{N}a_2O$ 表示,由于试样均匀性较差,应称取较多试样,使其更具代表性。测定的允许误差可适当放宽一点。

稀盐酸是一种常用的滴定剂,盐酸标准溶液不能直接配制,而是先配成近似浓度,然后用基准物质标定。最常用的基准物质是无水碳酸钠和硼酸。本实验用无水碳酸钠做基准物质。无水碳酸钠用作基准物质的优点是易提纯,价格便宜。缺点是摩尔质量较小。碳酸钠具有吸湿性,故在使用前必须在270~300 ℃的电炉内加热1 h,然后置于干燥器中冷却后备用。

用盐酸滴定 Na_2CO_3 时,用甲基橙为指示剂。终点时溶液的颜色由黄色变为橙红色。

$$Na_2CO_3+2HCl=2NaCl+H_2O+CO_2\uparrow$$

由反应可知 Na_2CO_3 与 HCl 的摩尔比为 1∶1,可计算出盐酸的准确浓度。

三、主要试剂和仪器

1. 主要试剂

(1)浓盐酸;(2)无水 Na_2CO_3:于 180 ℃干燥 2~3 h,也可将 $NaHCO_3$置于瓷坩埚内,在 270~300 ℃的烘箱内干燥 1 h,使之转变为 Na_2CO_3,然后放入干燥器内冷却后备用;(3)甲基橙指示剂:1 g/L;(4)工业纯碱。

2. 主要仪器

(1)电子天平;(2)分析天平;(3)酸式滴定管(50 mL)1 支;(4)移液管(25 mL)1 支;(5)锥形瓶(250 mL)3 个;(6)白试剂瓶(500 mL)1 个;(7)烧杯(250 mL)1 个;(8)量筒(10 mL)1 个;(9)容量瓶(250 mL)2 个。

四、实验步骤

1. 0.1 mol·L^{-1} HCl 溶液的配制与标定

用量杯量取原装浓盐酸约 4.5 mL,倒入 500 mL 试剂瓶中,加水稀释至 500 mL,充分摇匀,贴上标签,备用。

用电子天平准确称取基准物 $Na_2CO_3$1.5~2.0 g,倒入烧杯中,加水溶解后转移到 250.0 mL 容量瓶,定容,摇匀,备用。用移液管准确移取 3 份 25.00 mL 上述溶液置于 250 mL 锥形瓶中,分别加入 2~3 滴甲基橙指示剂,用待标定的 HCl 滴定溶液由黄色变为橙色,即为终点。

2. 总碱度的测定

准确称取试样约 2 g 倾入烧杯中,加少量水使其溶解,必要时可稍加热促进溶解。冷却后,将溶液定量转入 250.0 mL 容量瓶中,加水定容,摇匀,备用。

用移液管平行移取试液 25.00 mL 3 份分别放入 250 mL 锥形瓶中,加入 2 ~3 滴甲基橙指示剂,用 HCl 标准溶液滴定溶液由黄色变为橙色即为终点。计算试样中 Na_2O 或Na_2CO_3含量,即为总碱度。测定的各次相对偏差应在±0.5% 以内。

五、实验注意事项

1. 注意准确判断滴定终点。

2. 大样称取原则,因工业纯碱均匀性较差,因此应称取较多试样,使之尽可能具有代表性。

六、思考题

1. 为什么配制 0.1 $mol \cdot L^{-1}$ HCl 溶液 500 mL 需要量取浓 HCl 溶液 4.5 mL? 写出计算式。

2. 无水 Na_2CO_3保存不当,吸收了 1% 的水分,用此基准物质标定 HCl 溶液浓度时,对其结果产生何种影响?

实验三　有机酸摩尔质量的测定

一、实验目的

1. 了解以滴定分析法测定酸碱物质摩尔质量的基本方法;

2. 巩固用误差理论处理分析结果的课堂理论知识。

二、实验原理

有机弱酸与 NaOH 反应方程式为

$$n\mathrm{NaOH}+\mathrm{H}_n\mathrm{A}=\mathrm{Na}_n\mathrm{A}+n\mathrm{H_2O}$$

当多元有机酸的逐级解离常数均符合准确滴定的要求时,可以用酸碱滴定法,用酚酞作指示剂进行滴定,根据下述公式计算其摩尔质量:

$$M_{\mathrm{A}}=\frac{\frac{a}{b}c_{\mathrm{B}}V_{\mathrm{B}}}{m_{\mathrm{A}}}$$

式中,a/b 为滴定反应的化学计量数比,本实验应为 $1/n$;c_{B}及 V_{B}分别为 NaOH 的物质的量浓度及滴定所消耗的体积;m_{A}为称取的有机酸的质量,测定时此值须为已知。

三、主要试剂和仪器

1. 主要试剂

(1) NaOH;(2) 酚酞指示剂:2 $g \cdot L^{-1}$ 乙醇溶液;(3) 有机酸试样:如草酸、酒石酸、柠檬酸、乙酰水杨酸、苯甲酸等。

2. 主要仪器

(1) 电子天平;(2) 分析天平;(3) 碱式滴定管(50 mL) 1 支;(4) 移液管(25 mL) 1 支;

(5)锥形瓶(250 mL)3 个;(6)白试剂瓶(500 mL)1 个;(7)烧杯(250 mL)1 个;(8)量筒(10 mL)1 个;(9)容量瓶(250 mL)1 个。

四、实验步骤

1.0.1 mol·L^{-1} NaOH 的标定

准确称取 0.4~0.6 g 邻苯二甲酸氢钾 3 份,分别放入 250 mL 锥形瓶中,加 20~30 mL 水溶解后,加入 2~3 滴 0.5% 酚酞指示剂,用 NaOH 标准溶液滴定至溶液呈现微红色即为终点,平行标定 3 份。计算 NaOH 标准溶液的平均浓度 c_{NaOH}。并计算各项分析结果的相对偏差及平均相对偏差,若平均相对偏差大于 0.2%,应征得教师同意并找出原因后,重新标定。

2. 有机酸摩尔质量的测定

用指定质量称量法准确称取有机酸试样 1 份于 50 mL 烧杯中,加水溶解,定量转入 250.0 mL 容量瓶中,用水稀释至刻度,摇匀。用 25.00 mL 移液管平行移取 3 份,分别放入 250 mL 锥形瓶中,加酚酞指示剂 2 滴,用 NaOH 标准溶液滴定至由无色变为微红色,30 s 内不褪即为终点。根据公式计算有机酸摩尔质量。

五、注意事项

1. 邻苯二甲酸氢钾(KHC_8HO_4)基准物质应在 105~110 ℃干燥 1 h 后,置干燥器中备用;

2. 注意终点变化情况,30 s 内不褪即为终点。

六、思考题

1. 在用 NaOH 滴定有机酸时能否使用甲基橙作为指示剂,为什么?

2. $Na_2C_2O_4$能否作为酸碱滴定的基准物质,为什么?

3. 称取 0.4 g $KHC_8H_4O_4$溶于 50 mL 水中,问此时溶液 pH 为多少?

实验四　蛋壳中碳酸钙含量的测定

一、实验目的

1. 对于实际试样的处理方法(如粉碎,过筛等)有所了解;

2. 掌握返滴定的方法原理。

二、实验原理

蛋壳的主要成分为 $CaCO_3$,将其研碎并加入已知浓度的过量 HCl 标准溶液,即发生下述反应:

$$CaCO_3 + 2HCl = CaCl_2 + CO_2 \uparrow + H_2O$$

过量的 HCl 溶液用 NaOH 标准溶液返滴定,由加入 HCl 的物质的量与返滴定所消耗的 NaOH 的物质的量之差,即可求得试样中 $CaCO_3$的含量。选择甲基橙作指示剂。

三、主要试剂和仪器

1. 主要试剂

(1)标准 HCl 溶液 0.1 mol·L^{-1};(2)标准 NaOH 溶液 0.1 mol·L^{-1};(3)甲基橙 1 g·L^{-1};(4)酚酞指示剂:2 g·L^{-1}乙醇溶液。

2. 主要仪器

(1)电子天平;(2)分析天平;(3)碱式滴定管(50 mL)1 支;(4)酸式滴定管(50 mL)1 支;(5)移液管(25 mL)1 支;(6)锥形瓶(250 mL)3 个;(7)白试剂瓶(500 mL)1 个;(8)烧杯(250 mL)1 个;(9)量筒(10 mL)1 个;(10)容量瓶(250 mL)1 个。

四、实验步骤

1. 0.1 mol·L^{-1} HCl 溶液和 0.1 mol·L^{-1} NaOH 溶液的配制与标定

分别见酸碱滴定分析实验一和实验二。

2. 样品测定

蛋壳去内膜并洗净,烘干后研碎,使其通过 80～100 目的标准筛。准确称取 3 份 0.1 g 此试样,分别置于 250 mL 锥形瓶中,用滴定管逐滴加入 0.1 mol·L^{-1} HCl 标准溶液 40.00 mL并放置 30 min,加入甲基橙指示剂。以 0.1 mol·L^{-1}NaOH 标准溶液返滴定其中的过量 HCl 至溶液由红色刚刚变为黄色即为终点。计算蛋壳试样中 $CaCO_3$的质量分数。

五、注意事项

1. 取浓盐酸时应在通风橱中进行,取于盛水的试剂瓶中避免浓盐酸挥发,污染教学环境;

2. 蛋壳去内膜并洗净后烘干,其温度应在 100～110 ℃左右;

3. 蛋壳中含有少量 $MgCO_3$,以酸碱滴定法测得的 $CaCO_3$含量为近似值。

六、思考题

1. 研碎后的蛋壳试样为什么要通过标准筛?通过 80～100 目标准筛后的试样粒度为多少?

2. 为什么向试样中加入 HCl 溶液时要逐滴加入?加入 HCl 溶液后为什么要放置30 min 后再以 NaOH 返滴定?本实验能否使用酚酞指示剂?

实验五　铵盐中氮含量的测定(甲醛法)

一、实验目的

1. 了解酸碱滴定法的应用,掌握甲醛法测定铵盐中氮含量的原理和方法;

2. 熟练置换滴定方式的操作技术。

二、实验原理

铵盐是一类常用的无机化肥。由于 NH_4^+的酸性太弱(K_a = 5.6×10^{-10}),故无法用 NaOH

标准溶液直接滴定,可用蒸馏法或甲醛法进行测定,常用的是甲醛法。

甲醛法是将铵盐与甲醛作用,可定量地生成六亚甲基四胺盐和 H^+:

$$4NH_4^+ + 6HCHO = (CH_2)_6N_4H^+ + 3H^+ + 6H_2O$$

由于生成的 $(CH_2)_6N_4H^+$($K_a = 7.1\times10^{-6}$)和 H^+ 可用 NaOH 标准溶液滴定,滴定终点生成弱碱 $(CH_2)_6N_4$,故突跃在弱碱性范围,应用酚酞作指示剂,溶液呈微红色即为终点。

由上述反应可知,1 mol NH_4^+ 相当于 1 mol H^+。

如果试样中含有游离酸,加甲醛之前应先以甲基橙为指示剂,用 NaOH 中和至溶液呈黄色。

甲醛法准确度差,但方法快速,故实际生产中应用较广,适用于强酸铵盐的测定。

三、主要试剂、仪器

1. 主要试剂

(1) NaOH 标准溶液:0.1 mol · L^{-1};(2) 酚酞指示剂:0.5% 乙醇溶液;(3) 甲醛溶液:20%;(4) 邻苯二甲酸氢钾:100 ~ 125 ℃下干燥备用。

2. 主要仪器

(1) 电子天平;(2) 分析天平;(3) 酸式滴定管(50 mL)1 支;(4) 移液管(25 mL)1 支;(5) 锥形瓶(250 mL)3 个;(6) 烧杯(100 mL)1 个;(7) 量筒(100 mL,10 mL)各 1 个;(8) 容量瓶(250 mL)1 个。

四、实验步骤

1. 0.1 mol · L^{-1} NaOH 的标定

准确称取 0.4 ~ 0.6 g 邻苯二甲酸氢钾 3 份,分别放入 250 mL 锥形瓶中,加 20 ~ 30 mL 水溶解后,加入 2 ~ 3 滴 0.5% 酚酞指示剂,用 NaOH 标准溶液滴定至溶液呈现微红色即为终点,平行标定 3 份。计算 NaOH 标准溶液的浓度。

2. 化肥试样中氮的测定

准确称取试样 3 ~ 4 g 于 100 mL 小烧杯中,加入少量水使之溶解,将溶液定量转移至 250.0 mL 容量瓶中,用水稀释至刻度,摇匀。平行移取 3 份 25.00 mL 试液于 250 mL 锥形瓶中,加入 10 mL 预先中和好的 20% 甲醛溶液,加酚酞指示剂 2 ~ 3 滴,充分摇匀。放置 1 min,用 NaOH 标准溶液滴定至溶液呈现微红色,且 30 s 不褪色,即为终点。计算氮的含量。

五、注意事项

1. 甲醛中含有微量酸,应事先除去,方法:取原瓶装甲醛上层清液于烧杯中,加水稀释 1 倍,加入 2 ~ 3 滴 0.5% 酚酞指示剂,用 NaOH 标准溶液滴定至甲醛溶液呈现微红色。加入甲醛的量要适当,否则会影响实验结果。

2. 中和甲醛时要控制好滴定终点,否则会直接影响后面的滴定体积大小。

六、思考题

1. 本法测定氮时,为什么不用碱标准溶液直接滴定?

2. 加入甲醛的作用是什么?

3. 试样 $(NH_4)_2SO_4$,NH_4NO_3,NHCl,NH_4HCO_3 是否都可用本法测定,为什么?

实验六　硼砂含量的测定

一、实验目的

1. 了解酸碱滴定法测定硼砂含量的原理和应用；
2. 巩固酸碱滴定中强碱弱酸盐的测定原理；
3. 掌握甲基红指示剂的滴定终点的判断。

二、实验原理

硼砂，或称四硼酸钠，分子式 $Na_2B_4O_7 \cdot 10H_2O$，是非常重要的含硼矿物及硼化合物。通常为含有无色晶体的白色粉末，易溶于水。硼砂有广泛的用途，可用作清洁剂、化妆品、杀虫剂，也可用于配置缓冲溶液和制取其他硼化合物等。硼砂是弱碱（$K_b = 1.6 \times 10^{-5}$），由于它的 pK_b较小，可以作为一元弱碱用 HCl 溶液直接滴定，它与盐酸溶液的反应：

$$Na_2B_4O_7 + HCl = 4H_3BO_3 + 2NaCl + 5H_2O$$

由于产物硼酸显酸性，使滴定突跃落在酸性范围，可以选甲基红为指示剂。

三、主要试剂和仪器

1. 主要试剂

（1）浓盐酸；（2）硼砂 $Na_2B_4O_7 \cdot 10H_2O$；（3）无水碳酸钠；（4）甲基红。

2. 主要仪器

（1）电子天平；（2）分析天平；（3）酸式滴定管（50 mL）1 支；（4）锥形瓶（250 mL）3 个；（5）烧杯（500 mL，100 mL）各 1 个；（6）量筒（100 mL，20 mL）各 1 个；（7）试剂瓶：500 mL 玻璃瓶、塑料瓶各 1 个。

四、实验步骤

1. 配制 0.1 mol·L^{-1}HCl 溶液 500 mL

标定方法见酸碱滴定分析实验二。

2. 配制 0.01 mol·$L^{-1}$$Na_2B_4O_7$溶液 500 mL

台秤称取 1.9 g 的硼砂 $Na_2B_4O_7 \cdot 10H_2O$ 置于 50 mL 的烧杯中，用蒸馏水溶解，然后转移至试剂瓶中，加水稀释制 500 mL，盖好瓶塞，摇匀。

3. 药用硼砂含量的测定

用 25.00 mL 移液管分取 3 份硼砂溶液，分别置于 250 mL 锥形瓶中，加入 2～3 滴甲基红指示剂。用盐酸标准溶液滴定至由黄色变为橙色即为终点，记录所消耗的标准溶液体积，平行 3 份。计算硼砂的质量分数。

五、实验注意事项

滴定终点应为橙色，若偏红，则滴定过量，结果偏高。

六、思考题

1. 用 0.1 mol/L 盐酸滴定硼砂中，可否使用甲基橙指示终点，为什么？

2. 若硼砂部分风化，则测定结果偏高还是偏低，为什么？

实验七　苯甲酸含量的测定

一、实验目的

1. 掌握用酸碱滴定法测定苯甲酸的原理和操作；
2. 掌握酚酞指示剂的用法。

二、实验原理

苯甲酸的 $K_a = 6.3\times10^{-5}$，可用 NaOH 标准溶液直接滴定，用酚酞作指示剂，计量点时苯甲酸钠水解，溶液呈微碱性使酚酞变红而指示终点。

$$C_6H_5COOH + NaOH = C_6H_5COONa + H_2O$$

三、主要试剂和仪器

1. 主要试剂

(1) NaOH 溶液；(2) 邻苯二甲酸氢钾；(3) 苯甲酸；(4) 酚酞(0.2% 乙醇溶液)；(5) 中性乙醇。

2. 主要仪器

(1) 电子天平；(2) 分析天平；(3) 碱式滴定管(50 mL) 1 支；(4) 锥形瓶(250 mL) 3 个；(5) 烧杯(500 mL,100 mL) 各 1 个；(6) 量筒(100 mL,20 mL) 各 1 个；(7) 试剂瓶：500 mL 玻璃瓶、塑料瓶各 1 个。

四、实验步骤

1. 0.1 $mol\cdot L^{-1}$ NaOH 溶液的配制和标定(参考酸碱滴定分析实验一)。

2. 苯甲酸含量的测定。

准确称取 0.25 g 苯甲酸，置于 250 mL 锥形瓶中，加入中性乙醇 20 mL 使其溶解，加 2 滴酚酞指示剂，用氢氧化钠溶液滴定至微红色，即为终点。记录所消耗的 NaOH 标准溶液体积，平行 3 份。计算苯甲酸的含量。

五、实验注意事项

苯甲酸要充分溶解。

六、思考题

1. 为什么苯甲酸要用中性乙醇溶解而不用水溶解？
2. 如果氢氧化钠溶液吸收了空气中二氧化碳，对苯甲酸含量的测定有何影响？

第五章　络合滴定实验

实验一　自来水总硬度的测定

一、实验目的

1. 了解 EDTA 标准溶液的配制和标定原理；

2. 掌握水硬度的测定方法，巩固学习络合滴定法的原理及其应用；

3. 掌握络合滴定法中的直接滴定法。

二、实验原理

水硬度的测定分为水的总硬度以及钙-镁硬度两种，前者是测定 Ca，Mg 总量，后者则是分别测定 Ca 和 Mg 的含量。

$$Ca^{2+}+Y=CaY$$

$$Mg^{2+}+Y=MgY$$

表示水硬度方法很多，其中以度数计，1 度表示十万份水中含 1 份 CaO。我国也采用 $mmol\cdot L^{-1}$或 $mg\cdot L^{-1}(CaCO_3)$为单位表示水的硬度。本实验用 EDTA 络合滴定法测定水的总硬度。在 pH=10 的缓冲溶液中，以铬黑 T 为指示剂，用三乙醇胺掩蔽 Fe^{3+}，Al^{3+}，Cu^{2+}，Pb^{2+}，Zn^{2+}等共存离子。如果 Mg^{2+}的浓度小于 Ca^{2+}浓度的 1/20，则需加入 5 mL Mg^{2+}- EDTA 溶液。

$$水的总硬度(°)=\frac{cV\times\frac{M_{Cao}}{1\ 000}}{水样体积}\times10^{5}$$

乙二胺四乙酸二钠盐（简称 EDTA）常作为络合滴定中的滴定剂，但应采取间接法配制标准溶液。标定 EDTA 溶液的基准物主要有 $CaCO_3$，ZnO 等，若用钙指示剂指示终点，要求 pH≥12，用氢氧化钠溶液控制酸度；若用铬黑 T 指示剂指示终点，则要求 pH=10，用氨性缓冲溶液控制酸度。标定的主要反应如下：

$$M+Y=MY$$

$$M+In=MIn$$

$$MIn+Y=MY+In$$

用铬黑 T 作指示剂，终点由紫红变为蓝紫色。

三、主要试剂和仪器

1. 主要试剂

（1）乙二胺四乙酸二钠；（2）NH_3-NH_4Cl 缓冲溶液；（3）Mg^{2+}-EDTA 溶液；（4）铬黑 T 指示剂；（5）三乙醇胺 200 $g\cdot L^{-1}$；（6）Na_2S 20 $g\cdot L^{-1}$；（7）HCl 溶液（1∶1）。

2. 主要仪器

(1)电子天平;(2)分析天平;(3)酸式滴定管(50 mL)1 支;(4)移液管(100 mL,25 mL)各1支;(5)锥形瓶(250 mL)3 个;(6)烧杯(150 mL)1 个;(7)量筒(100 mL,10 mL)各1个;(8)容量瓶(250 mL)1个。

四、操作步骤

1. 0.005 mol · L^{-1} EDTA 溶液的配制和标定

用电子台秤称取 1.0 g EDTA 二钠盐。EDTA 于 200 mL 温水中溶解,冷却后加水稀释至 500 mL 移入试剂瓶中。

准确称取基准 $CaCO_3$ 0.12～0.15 g 于 150 mL 烧杯中。先以少量水润湿,盖上表面皿,从烧杯嘴处往烧杯中滴加(1∶1)HCl 溶液,使 $CaCO_3$ 全部溶解。加水 50 mL,微沸几分钟以除去 CO_2。冷却后用水冲洗烧杯内壁和表面皿,定量转移 $CaCO_3$ 溶液于 250.0 mL 容量瓶中,用水稀释至刻度,摇匀,计算标准 $CaCO_3$ 的浓度。

用移液管吸取 25.00 mL $CaCO_3$ 标准溶液于锥形瓶中,加入 25 mL 去离子水,加入 2 mL Mg^{2+}-EDTA(是否需要准确加入?),然后加入 15 mL NH_3-NH_4Cl 缓冲溶液,再加 3 滴铬黑 T 指示剂,立即用 EDTA 滴定,当溶液由酒红色转变为紫蓝色即为终点。平行滴定 3 次,用平均值计算 EDTA 的准确浓度。

2. 水的总硬度的测定

用移液管移取 100.00 mL 自来水于 250 mL 锥形瓶中,加入 3 mL 三乙醇胺溶液,10 mL 氨性缓冲液,1 mL Na_2S 溶液以掩蔽重金属离子,再加入 3 滴铬黑 T 指示剂,立即用 EDTA 标液滴定,当溶液由红色变为蓝紫色即为终点。平行测定 3 份,计算水样的总硬度,以度表示结果。

五、注意事项

1. 用盐酸溶解 $CaCO_3$ 时应注意避免溅到外面使之丢失。

2. 加入三乙醇胺的目的是掩蔽 Al^{3+},Fe^{2+},否则对指示剂产生封闭现象。

六、思考题

1. 本实验所使用 EDTA,应该采用何种指示剂标定?最适当的基准物质是什么?

2. 写出以 $\rho_{Ca_2CO_3}$(单位为 mg · L^{-1})表示水总硬度的计算公式,并计算本实验中水样的总硬度。

实验二　铋、铅含量的连续测定

一、实验目的

1. 了解氧化锌标定 EDTA 的方法。

2. 掌握由调节酸度提高 EDTA 选择性进行连续滴定的方法和原理。

二、实验原理

混合离子的滴定常用控制酸度法、掩蔽法进行,可根据有关副反系数原理进行计算,论证对它们分别滴定的可能性。

Bi^{3+},Pb^{2+}均能与EDTA形成稳定的1∶1络合物,lg*K*分别为27.94和18.04。由于两者的lg*K*相差很大,故可利用酸效应,控制不同的酸度,进行分别滴定。

在pH≈1时滴定Bi^{3+},$Bi^{3+}+Y=BiY$

在pH≈5~6时滴定Pb^{2+},$Pb^{2+}+Y=PbY$

在Bi^{3+},Pb^{2+}混合溶液中,首先调节溶液的pH≈1,以二甲酚橙为指示剂,Bi^{3+}与指示剂形成紫红色络合物(Pb^{2+}在此条件下不会与二甲酚橙形成有色络合物),用EDTA标液滴定Bi^{3+},当溶液由紫红色恰变为黄色,即为滴定Bi^{3+}的终点。

在滴定Bi^{3+}后的溶液中,加入六亚甲基四胺溶液,调节溶液pH=5~6,此时Pb^{2+}与二甲酚橙形成紫红色络合物,溶液再次呈现紫红色,然后用EDTA标液继续滴定,当溶液由紫红色恰转变为黄色时,即为滴定Pb^{2+}的终点。

三、实验仪器及试剂

1. 主要试剂

(1)乙二胺四乙酸二钠;(2)二甲酚橙2 $g \cdot L^{-1}$;(3)六亚甲基四胺溶液200 $g \cdot L^{-1}$;(4)HCl溶液(1∶1);(5)Bi^{3+},Pb^{2+}混合液,含Bi^{3+},Pb^{2+}各约0.01 $mol \cdot L^{-1}$。

2. 主要仪器

(1)电子台秤;(2)分析天平;(3)酸式滴定管(50 mL)1支;(4)移液管(25 mL)1支;(5)锥形瓶(250 mL)3个;(6)烧杯(150 mL)1个;(7)量筒(100 mL,10 mL)各1个;(8)容量瓶(250 mL)1个。

四、实验步骤

1. 0.01 $mol \cdot L^{-1}$ EDTA溶液的配制和标定

用电子台秤称取2.0 g EDTA二钠盐于200 mL温水中溶解,冷却后加水稀释至500 mL移入试剂瓶中。

2. 锌标准溶液的配制与标定

准确称取基准物质氧化锌0.20~0.25 g,置于150 mL烧杯中,滴加6 mL(1∶1)HCl溶液,立即盖上表皿,待锌完全溶解,以少量水冲洗表皿和烧杯内壁,定量转移Zn^{2+}溶液于250.0 mL容量瓶中,用水稀释至刻度,摇匀,计算锌标准溶液的浓度。

3. EDTA的标定

用移液管吸取25.00 mL Zn^{2+}标准溶液于锥形瓶中,加入30 mL水,加2滴二甲酚橙指示剂,滴加200 $g \cdot L^{-1}$六亚甲基四胺至溶液呈现稳定的紫红色,再加5 mL六亚甲基四胺。用EDTA滴定,当溶液由紫红色恰转变为亮黄色时即为终点。平行滴定3次,取平均值,计算EDTA的准确浓度。

4. Bi^{3+},Pb^{2+}混合液的测定

用移液管移取25.00 mL Bi^{3+},Pb^{2+}混合溶液3份于250 mL锥形瓶中,加1~2滴二甲酚橙指示剂,用EDTA标液滴定,当溶液由紫红色恰变为黄色,即为Bi^{3+}的终点。根据消耗的EDTA体积,计算混合液中Bi^{3+}的含量(以$g \cdot L^{-1}$表示)。

在滴定Bi^{3+}后的溶液中,滴加六亚甲基四胺溶液,至呈现稳定的紫红色后,再过量加入5 mL,此时溶液的pH约5~6,补加2滴二甲酚橙指示剂。用EDTA标准溶液滴定,当溶液

由紫红色恰转变为黄色,即为终点。根据滴定结果,计算混合液中 Pb^{2+} 的含量(以 $g \cdot L^{-1}$ 表示)。

五、注意事项

1. 在溶解锌时应注意避免溅到外面造成损失;
2. 测定过程中一定要先测定铋后测定铅,并注意观察终点颜色变化;
3. 滴定 Bi^{3+} 后再滴 Pb^{2+} 时,滴定管应重新装满调零。

六、思考题

1. 描述连续滴定 Bi^{3+},Pb^{2+} 过程中,锥形瓶中颜色变化的情形,以及颜色变化的原因。
2. 为什么不用 NaOH,NaAc 或 $NH_3 \cdot H_2O$,而用六亚甲基四胺调节 pH 到 5~6?
3. 若在第一次终点到达之前的滴定中,不断地加入去离子水,可能会出现什么问题?

实验三　铝合金中铝含量的测定

一、实验目的

1. 熟悉置换滴定法的原理,了解其应用;
2. 了解返滴定与置换滴定在用法上的区别。

二、实验原理

Al^{3+}-EDTA 络合物的稳定常数较大,但 Al^{3+} 与 EDTA 作用缓慢(可能与易形成多核羟基络合物有关),因此不能直接用 EDTA 滴定。通常采用返滴定法或置换滴定法测定铝。用返滴定法测定时,先将溶液的 pH 调为 3~4,再向其中加入定量且过量的 EDTA 标准溶液,煮沸几分钟,使 Al^{3+} 与 EDTA 络合完全冷却后再将其调到 5~6,以二甲酚橙为指示剂,用 Zn^{2+} 标准溶液返滴定过量的 EDTA,根据所用 EDTA 与 Zn^{2+} 的量的差可求得 Al^{3+} 的浓度。但若溶液中存在有其他能与 EDTA 形成稳定络合物的离子,则测定结果会有较大误差。对于这种情况,采用置换滴定法较合适。即在用 Zn^{2+} 返滴定过量的 EDTA 后,加入过量的 NH_4F,并加热至沸,使 AlY^- 与 F^- 之间发生置换反应,释放出与 Al^{3+} 等量的 EDTA:

$$AlY^- + 6F^- + 2H^+ = AlF_6^{3-} + H_2Y^{2-}$$

再用 Zn^{2+} 标准溶液滴定释放出来的 EDTA,可得铝的含量。

由于 Ti^{4+},Zr^{4+},Sn^{4+} 等离子也像 Al^{3+} 一样可发生上述反应,因此,若溶液中含有这些离子,它们会干扰 Al^{3+} 的测定。要消除这些离子的干扰,需采用掩蔽等方法。

铝合金的主要成分为铝,还含有 Si,Mg,Cu,Mn,Fe,Zn 等元素,其中铝的含量可用置换滴定法测定。试样通常用 HNO_3-HCl 混合酸溶解,或在塑料烧杯中以 NaOH 溶液溶解后再用 HCl 溶液或 HNO_3 溶液酸化。

三、主要试剂和仪器

1. 主要试剂

(1)NaOH 溶液(200 $g \cdot L^{-1}$);(2)HCl 溶液(约 6 $mol \cdot L^{-1}$);(3)EDTA 溶液(0.02 $mol \cdot L^{-1}$);

(4)二甲酚橙指示剂($2\ g \cdot L^{-1}$);(5)氨水(约 $7\ mol \cdot L^{-1}$);(6)六亚甲基四胺溶液($200\ g \cdot L^{-1}$);(7)Zn^{2+}标准溶液(约 $0.02\ mol \cdot L^{-1}$);(8)NH_4F 溶液($200\ g \cdot L^{-1}$,储存于塑料瓶中);(9)铝合金试样。

2. 主要仪器

(1)电子台秤;(2)分析天平;(3)滴定管(50 mL)1 支;(4)移液管(25 mL)1 支;(5)锥形瓶(250 mL)3 个;(6)塑料烧杯(50 mL)1 个;(7)量筒(10 mL)1 个;(8)容量瓶(250 mL)1 个。

四、实验步骤

准确称取 0.10 ~ 0.11 g 铝合金于 50 mL 塑料烧杯中,加 10 mL $200\ g \cdot L^{-1}$ NaOH 溶液,盖上表面皿,水浴加热使其完全溶解。冲洗表面皿,然后滴加 $6\ mol \cdot L^{-1}$ HCl 溶液至有絮状沉淀产生,再多加 10 mL HCl 溶液。将试液定量转移到 250.0 mL 容量瓶中,加蒸馏水至刻度,摇匀。

移取上述试液 25.00 mL 于 250 mL 锥形瓶中,加 30 mL $0.02\ mol \cdot L^{-1}$ EDTA 溶液、2 滴 $2\ g \cdot L^{-1}$ 二甲酚橙指示剂,滴加 $7\ mol \cdot L^{-1}$ 氨水至溶液呈紫红色,再滴加 $6\ mol \cdot L^{-1}$ HCl 溶液使溶液再变为黄色,将溶液煮沸约 3 min。稍冷后,加 20 mL $200\ g \cdot L^{-1}$ 六亚甲基四胺溶液。此时溶液应为黄色,若呈红色,则滴加 HCl 溶液使其变为黄色。补加 2 滴 $2\ g \cdot L^{-1}$ 二甲酚橙,用 $0.02\ mol \cdot L^{-1}$ Zn^{2+} 标准溶液滴定至溶液从黄色刚好变为紫红色(这次滴定所消耗的 Zn^{2+} 标准溶液体积不需记录)。再向溶液中加入 10 mL $200\ g \cdot L^{-1}$ NH_4F 溶液,并将其加热至微沸。稍凉后,再补加 2 滴 $2\ g \cdot L^{-1}$ 二甲酚橙,此时溶液应为黄色,若为红色,应滴加 $6\ mol \cdot L^{-1}$ HCl 溶液使其变为黄色。再用 $0.02\ mol \cdot L^{-1}$ Zn^{2+} 标准溶液滴定至溶液由黄色变为紫红色,记下读数。平行滴定 3 ~ 4 份,根据所耗 Zn^{2+} 标准溶液的体积计算铝的质量分数。

五、注意事项

1. 溶解铜合金时,水浴加热应使其完全溶解;
2. 由于 NH_4F 会腐蚀玻璃,实验完毕应尽快弃去废液、清洗仪器。

六、思考题

1. 试述返滴定法和置换滴定法各适用于哪些 Al 试样的测定。
2. 对于复杂的铝合金试样,不用置换滴定法,而用返滴定法测定,所得结果是偏高还是偏低?
3. 置换滴定中所使用的 EDTA 为何不需标定?

实验四 胃舒平药片中 $Al(OH)_3$ 和 MgO 含量的测定

一、实验目的

熟悉返滴定法的原理与操作,学习试样的处理方法。

二、实验原理

胃舒平又称复方氢氧化铝,是一种常见的胃药。其主要成分为氢氧化铝、三硅酸镁

($2MgO \cdot 3SiO_2 \cdot xH_2O$)、颠茄浸膏及糊精。其主要有效成分氢氧化铝和三硅酸镁的含量可用 EDTA 络合滴定法测定。滴定前先用 HNO_3 溶液溶解药片，再取药片溶液，将溶液的 pH 调为 3～4，加入一定量且过量的 EDTA 溶液，加热煮沸数分钟，冷却后再将其 pH 调到 5～6，以二甲酚橙为指示剂，用 Zn^{2+} 标准溶液返滴定过量的 EDTA，求得氢氧化铝的含量。

测定镁含量时，先调节溶液的 pH，使 Al^{3+} 转变为 $Al(OH)_3$ 沉淀，过滤分离后，在 pH = 10 的条件下，以铬黑 T 为指示剂，用 EDTA 标准溶液滴定滤液中的 Mg^{2+}，求得氢氧化铝的含量。

三、主要试剂和仪器

1. 主要试剂

(1) EDTA 标准溶液($0.01\ mol \cdot L^{-1}$)；(2) Zn^{2+} 标准溶液($0.01\ mol \cdot L^{-1}$)；(3) 氨水(约 $7\ mol \cdot L^{-1}$)；(4) HNO_3 溶液(约 $6\ mol \cdot L^{-1}$)；(5) 六亚甲基四胺溶液($200\ g \cdot L^{-1}$)；(6) NH_3-NH_4Cl 缓冲溶液(pH≈10)；(7) 三乙醇胺溶液：1 体积三乙醇胺与 3 体积蒸馏水混合；(8) 甲基红指示剂($2\ g \cdot L^{-1}$，乙醇溶液)；(9) 二甲酚橙指示剂($2\ g \cdot L^{-1}$)；(10) 铬黑 T 指示剂($5\ g \cdot L^{-1}$)；(11) NH_4Cl 固体。

2. 主要仪器

(1) 电子台秤；(2) 分析天平；(3) 滴定管(50 mL) 1 支；(4) 移液管(25 mL) 1 支；(5) 锥形瓶(250 mL) 3 个；(6) 烧杯(100 mL) 1 个；(7) 量筒(10 mL) 1 个；(8) 容量瓶(250 mL) 1 个。

四、实验步骤

1. 药片的处理

准确称取研磨均匀的胃舒平药片粉末 0.7 g 左右于 100 mL 烧杯中，在搅拌下加入 20 mL $6\ mol \cdot L^{-1}$ HNO_3 溶液、25 mL 蒸馏水，加热煮沸 5 min，冷却后定量转入 250.0 mL 容量瓶中，加蒸馏水至刻度，摇匀。

2. $Al(OH)_3$ 含量的测定

摇匀容量瓶中的药片溶液(没有过滤，溶液中可能有胶状沉淀)，移取 5.00 mL 该溶液于 250 mL 锥形瓶中，加 1 滴 $2\ g \cdot L^{-1}$ 甲基红，再滴加 $7\ mol \cdot L^{-1}$ 氨水至溶液变黄，加 25 mL 蒸馏水，滴加 $6\ mol \cdot L^{-1}$ HCl 溶液至刚好变红，准确加入 25.00 mL $0.01\ mol \cdot L^{-1}$ EDTA 标准溶液，煮沸几分钟，冷却后，加 10 mL $200\ g \cdot L^{-1}$ 六亚甲基四胺溶液、2～3 滴 $2\ g \cdot L^{-1}$ 二甲酚橙指示剂，用 $0.01\ mol \cdot L^{-1}$ Zn^{2+} 的量，计算药片中 $Al(OH)_3$ 的质量分数。

3. MgO 含量的测定

移取 25.00 mL 试液于 250 mL 锥形瓶中，加 1 滴 $2\ g \cdot L^{-1}$ 甲基红，再滴加 $7\ mol \cdot L^{-1}$ 氨水至溶液变黄，滴加约 $6\ mol \cdot L^{-1}$ HCl 溶液至刚好变红，加 2 gNH_4Cl，滴加 $200\ g \cdot L^{-1}$ 六亚甲基四胺溶液至沉淀出现，再多加 15 mL，加热到约 80 ℃，并保持 10～15 min，冷却后过滤，用少量蒸馏水洗涤沉淀数次，将滤液收集于 250 mL 锥形瓶中，加入 10 mL 三乙醇胺、10 mL NH_3-NH_4Cl 缓冲溶液、3～5 滴 $5\ g \cdot L^{-1}$ 铬黑 T 指示剂，用 EDTA 标准溶液滴定至变为蓝绿色。平行 3 份，计算药片中 MgO 的质量分数。

五、注意事项

1. 胃舒平药片试样中铝、镁含量可能不均匀，为使测定结果具有代表性，本实验取较多样品，研细后再取部分进行分析；

2. 实验结果表明，用六亚甲基四胺溶液调节 pH 分离 $Al(OH)_3$，结果比用氨水好，可以减少 $Al(OH)_3$ 沉淀时 Mg^{2+} 的吸附；

3. 测定镁时，加入甲基红 1 滴，能使终点更为明显。

六、思考题

1. 能否采用掩蔽法将 Al^{3+} 掩蔽后再滴定 Mg^{2+}？若可以，试列举可用的掩蔽剂，并说明其适应的条件。

2. 本实验中测定 MgO 的误差来源有哪些？

3. 测定 $Al(OH)_3$ 含量时，加六亚甲基四胺溶液和二甲酚橙指示剂后，为什么有的溶液为黄色，有的则为红色？

实验五　工业级硫酸锌中锌含量的测定

一、实验目的

1. 了解配合滴定中缓冲溶液的作用；

2. 掌握二甲酚橙指示剂的使用条件及性质。

二、实验原理

硫酸锌（化学式：$ZnSO_4$）是最重要的锌盐，为无色斜方晶体或白色粉末，其七水合物（$ZnSO_4 \cdot 7H_2O$）俗称皓矾，是一种天然矿物。$ZnSO_4 \cdot 7H_2O$ 能溶于水，在空气中易风化。

工业硫酸锌，外观白色或微黄色的结晶或粉末，锌含量是其质量的最重要的指标之一。一般工业硫酸锌含 $ZnSO_4 \cdot 7H_2O$ 在 98% 以上，成分比较简单，可用 DETA 溶液直接滴定。其反应式：

$$Zn^{2+} + Y = ZnY$$

锌离子与 EDTA 的作用需在 pH = 5 ~ 6 的条件下进行，因此可以使用六亚甲基四胺缓冲溶液调节溶液的酸度，以二甲酚橙（XO）为指示剂。

三、主要试剂和仪器

1. 主要试剂

（1）乙二胺四乙酸二钠；（2）六亚甲基四胺缓冲溶液；（3）粗硫酸锌（可自制）；（4）二甲酚橙指示剂；（5）$CaCO_3$ 基准物质；（6）HCl 溶液（1 : 1）；（7）5% 柠檬酸钠溶液。

2. 主要仪器

（1）电子天平；（2）分析天平；（3）酸式滴定管（50 mL）1 支；（4）移液管（100 mL，25 mL）各 1 支；（5）锥形瓶（250 mL）3 个；（6）烧杯（150 mL）1 个；（7）量筒（100 mL，10 mL）各 1 个；（8）容量瓶（250 mL）1 个。

四、操作步骤

1. 0.005 $mol \cdot L^{-1}$ EDTA 溶液的配制和标定

用电子台秤称取 1.0 g EDTA 二钠盐。EDTA 于 200 mL 温水中溶解，冷却后加水稀释至 500 mL 移入试剂瓶中。

标定方法见络合滴定分析实验一。

2. 式样的测定

准确称取硫酸锌试样 0.35～0.42 g，置于 100 mL 烧杯中，加 5 mL(1∶1) HCl 溶液后加水溶解，再定量转移至 250.0 mL 容量瓶中，用水稀释至刻度，摇匀，备用。

用移液管移取 25.00 mL 上述溶液 3 份于 250 mL 锥形瓶中，加 2 滴二甲酚橙指示剂，加 10 mL 5% 柠檬酸钠溶液，滴加 200 $g \cdot L^{-1}$ 六亚甲基四胺至溶液呈现稳定的紫红色，再加 5 mL六亚甲基四胺。用 EDTA 标液滴定，当溶液由紫红色恰变为黄色即为终点，平行测定 3 份。根据消耗的 EDTA 体积，计算样品中锌的质量分数(%)。

五、注意事项

1. 配位反应比酸碱反应速度慢，所以邻终点时滴定速度不易过快，要充分摇匀。

2. 柠檬酸钠溶液的加入可以掩蔽少量 Fe^{3+}，Al^{3+}，避免指示剂封闭现象。

六、思考题

1. 若采用在 pH = 10 的缓冲溶液中测定锌含量，应如何消除 Fe^{3+}，Al^{3+} 干扰？

2. 在本实验所述的测定条件下，能否选用 NH_4F 或三乙醇胺掩蔽 Fe^{3+}，Al^{3+}，为什么？

实验六　EDTA 置换滴定法测定试样中的镍

一、实验目的

1. 掌握置换滴定测定试样中镍的方法；

2. 掌握选择标准溶液和掩蔽剂的原则。

二、实验原理

先将镍在 pH 为 5～6 的介质中与过量的 EDTA 反应，剩余的 EDTA 用 Pb^{2+} 滴定完全。再用 1∶1 盐酸调 pH 至 1～2，加一定量的邻菲啰啉溶液破坏 Ni-EDTA 螯合物，释放出来的 EDTA 用 Pb^{2+} 离子标准溶液来滴定：

$$Ni^{2+} + Y(过量) = NiY + Y(剩余)$$

$$Pb^{2+} + Y(剩余) = PbY$$

$$NiY + phen + H^{+} = Niphen^{2+} + Y$$

$$Pb^{2+} + Y = PbY$$

三、主要试剂和仪器

1. 主要试剂

(1) 乙二胺四乙酸二钠；(2) 六亚甲基四胺缓冲溶液；(3) 邻菲啰啉；(4) 二甲酚橙指示剂；(5) ZnO 基准物质；(6) HCl 溶液(1∶1)；(7) HNO_3 溶液(1∶3)；(8) 10% 氟化钠溶液。

2. 主要仪器

(1)电子天平;(2)分析天平;(3)酸式滴定管(50 mL)1 支;(4)移液管(100 mL,25 mL)各 1 支;(5)锥形瓶(250 mL)3 个;(6)烧杯(150 mL)1 个;(7)量筒(100 mL,10 mL)各 1 个;(8)容量瓶(250 mL)1 个。

四、操作步骤

1. 0.01 $mol \cdot L^{-1}$ EDTA 溶液的配制和标定

用电子台秤称取 2.0 g EDTA 二钠盐,EDTA 于 200 mL 温水中溶解,冷却后加水稀释至 500 mL 移入试剂瓶中。

标定方法见络合滴定分析实验一。

2. 0.01 mol/L Pb^{2+}标准溶液的配制

准确称取干燥的分析纯 $Pb(NO_3)_2$ 0.80 ~ 0.95 g 于 100 mL 烧杯中,加入 2 滴 1 : 3 HNO_3加水溶解后,定量转移至 250.0 mL 容量瓶中,用水稀释至刻度,摇匀,计算铅标准溶液的浓度(mol/L)。

3. 试样中镍的含量分析

准确称取硫酸镍试样 0.35 ~ 0.42 g,置于 250 mL 烧杯中,加入 10 mL(1 : 1)HCl 溶液、10 mL 1 : 3 HNO_3 溶液,在电热板进行加热溶解,滤去固体不溶物质,再定量转移至 250.0 mL容量瓶中,用水稀释至刻度,摇匀,备用。

用移液管移取 10.00 mL 上述溶液 3 份于 250 mL 锥形瓶中,加 5 mL 10 % NaF、加25 mL 0.01 mol/L EDTA、10 mL 六亚甲基四胺、加 2 滴二甲酚橙指示剂,用 Pb^{2+} 标液滴定至紫红色。用 1 : 1 盐酸调 pH 至 2 左右,加 4% 邻菲啰啉乙醇溶液 8 mL,放置 15 min,加 5 mL 六亚甲基四胺,用 Pb^{2+}标液滴定至紫红色即为终点,平行测定 3 份。根据消耗的 EDTA 体积,计算样品中镍的质量分数(%)。

五、注意事项

1. 若样品溶解后为澄清透明的溶液,可不过滤;
2. 若试样中含有 Fe^{2+},需先掩蔽,以免影响终点观察。

六、思考题

1. 本实验可否用硫酸来调节酸度? 加入邻菲啰啉的目的?
2. 置换滴定法有何优点?

第六章　氧化还原滴定实验

实验一　过氧化氢含量的测定

一、实验目的

1. 了解 $KMnO_4$ 自身指示剂的特点；

2. 学习 $KMnO_4$ 法测定 H_2O_2 的原理及方法；

3. 掌握 $KMnO_4$ 溶液的配制及标定过程，加深了解自动催化反应原理。

二、实验原理

过氧化氢在工业、生物、医药等方面应用很广泛。利用过氧化氢的氧化性漂白毛、丝织物；医药上用它消毒、杀菌；纯 H_2O_2 用作火箭燃料的氧化剂；工业上利用 H_2O_2 的还原性除去氯气。植物体内的过氧化氢酶也能催化过氧化氢的分解反应，故在生物上利用此性质测量过氧化氢分解所放出的氧气来测量过氧化氢酶的活性。由于过氧化氢有着广泛的应用，常需要测定它的含量。

H_2O_2 分子中有一个过氧键—O—O—，在酸性溶液中它是一个强氧化剂。但遇 $KMnO_4$ 时表现为还原剂。测定过氧化氢的含量时，在稀硫酸溶液中用高锰酸钾标准溶液滴定，其反应式为：

$$5H_2O_2+2MnO_4^-+6H^+=2Mn^{2+}+5O_2\uparrow+8H_2O$$

开始时反应速率缓慢，待 Mn^{2+} 生成后，由于 Mn^{2+} 的催化作用，加快了反应速率，故能顺利地滴定到呈现稳定的红色为终点。因而为自动催化反应。滴定速度：慢—快—慢，开始时反应速度缓慢，待 Mn^{2+} 生成后，滴定接近终点时滴定速度减慢。应用硫酸控制酸度。酸度应控制在 $0.5\sim1.0\ mol\cdot L^{-1}$。$KMnO_4$ 自身可以作为指示剂。终点溶液由无色变为浅红色。

标定高锰酸钾可选用草酸钠、二水合草酸、三氧化二砷、纯铁丝等。本实验选用草酸钠作为基准物质，反应方程式为：

$$5C_2O_4^{2-}+2MnO_4^-+16H^+=2Mn^{2+}+10CO_2\uparrow+8H_2O$$

滴定速度：开始时反应速率缓慢，待 Mn^{2+} 生成后，由于 Mn^{2+} 的催化作用，加快了反应速度，滴定接近终点时滴定速度减慢。酸度：酸度应控制在 $0.5\sim1.0\ mol\cdot L^{-1}$，应用硫酸控制酸度。温度：75～85 ℃。$KMnO_4$ 自身可以作为指示剂。终点溶液由无色变为浅红色。

三、主要试剂和仪器

1. 主要试剂

（1）$Na_2C_2O_4$ 基准物质于 105 ℃干燥 2 h 后备用；（2）H_2SO_4（1 ∶ 5）；（3）$KMnO_4$ 溶液 $0.02\ mol\cdot L^{-1}$；（4）$MnSO_4$（$1\ mol\cdot L^{-1}$）；（5）H_2O_2（30%）。

2. 主要仪器

(1)电子台秤;(2)分析天平;(3)滴定管(50 mL)1 支;(4)移液管(25 mL)1 支;(5)锥形瓶(250 mL)3 个;(6)烧杯(100 mL)1 个;(7)量筒(10 mL)1 个;(8)容量瓶(250 mL)1 个;(9)吸量管(1.0 mL)1 个。

四、实验步骤

1. $KMnO_4$溶液的配制

在台秤上称取 $KMnO_4$固体约1.6 g,置于1 000 mL 烧杯中,加500 mL 蒸馏水使其溶解,盖上表面皿,加热至沸并保持微沸状态约 1 h,中间可补加一定量的蒸馏水,以保持溶液的体积基本不变。冷却后被溶液转移至棕色瓶内,在暗处放置 2 ~3 天,然后用 G3 或 G4 砂芯漏斗过滤除去 MnO_2等杂质,滤液贮存在棕色瓶内备用。另外,也可将 $KMnO_4$固体溶于煮沸过的蒸馏水中,让该溶液再暗处放置6 ~10 天,用砂芯漏斗过滤备用。有时也可不经过滤而直接取上层清液进行实验。

2. $KMnO_4$溶液的标定

准确称取0.15 ~0.20 g $Na_2C_2O_4$基准物质3 份,分别置于250 mL 锥形瓶中,加入30 mL水使之溶解,加入 15 mL 3 mol · L^{-1} H_2SO_4,在水浴上加热到 75 ~85 ℃(刚好冒蒸汽)。趁热用高锰酸钾溶液滴定。开始滴定时反应速率慢,待溶液中产生了 Mn^{2+}后,滴定速度可加快,直到溶液呈现微红色并持续半分钟内不褪色即为终点。

3. H_2O_2含量的测定

用吸量管吸取 1.00 mL 原装 H_2O_2置于 250 mL 容量瓶中,加水稀释至刻度,充分摇匀。用移液管移取25.00 mL 溶液置于250 mL 锥形瓶中,加 60 mL 水,30 mL 3 mol · $L^{-1}H_2SO_4$,用 $KMnO_4$标准溶液滴定至微红色在半分钟内不消失即为终点。如此平行滴定 3 份,根据 $KMnO_4$标准溶液的浓度和滴定消耗的体积计算 H_2O_2试样的质量浓度。

五、注意事项

1. 因 H_2O_2与 $KMnO_4$溶液开始反应速率很慢,可加入 2 ~3 滴 $MnSO_4$溶液(相当于10 ~13 mgMn^{2+})为催化剂,以加快反应速率。

2. 配制 $KMnO_4$时,将其溶液加热至沸并保持微沸状态 1 h,冷却后,用微孔玻璃漏斗(3 号或4 号)过滤。滤液贮存于棕色试剂瓶中。将溶液在室温条件下静置 2 ~3 天后过滤备用。

六、思考题

1. $KMnO_4$溶液的配制过程中要用微孔玻璃漏斗过滤,试问能否用定量滤纸过滤,为什么?

2. 配制 $KMnO_4$溶液应注意些什么? 用 $Na_2C_2O_4$标定 $KMnO_4$溶液时,为什么开始滴入的 $KMnO_4$紫色消失缓慢,后来却会消失得越来越快,直至滴定终点出现稳定的紫红色?

3. 用 $KMnO_4$法测定 H_2O_2时,能否用 HNO_3,HCl 和 HAc 控制酸度,为什么?

4. 配制 $KMnO_4$溶液时,过滤后的滤器上黏附的物质是什么? 应选用什么物质清洗干净?

5. 用 $KMnO_4$法测定 H_2O_2含量时，能否在加热条件下滴定，为什么？

6. H_2O_2有些什么重要性质？使用时应注意什么？

实验二　水果中抗坏血酸（Vc）含量的测定（直接碘量法）

一、实验目的

1. 掌握碘标准溶液的配制及标定；

2. 了解直接碘量法测定 Vc 的原理及操作过程。

二、实验原理

维生素 C 在医药和化学上应用非常广泛。在分析化学中常用在光度法和络合滴定法中作为还原剂，如使 Fe^{3+}还原为 Fe^{2+}，Cu^{2+}还原为 Cu^{+}，硒（Ⅲ）还原为硒等。

抗坏血酸又称维生素 C（Vc），分子式为 $C_6H_8O_6$，由于分子中的烯二醇基具有还原性，能被 I_2氧化成二酮基：

```
  ┌───O────────┐      H   OH            ┌───O─────────┐      H   OH
  │            │      │   │             │             │      │   │
  C─C══C──C──C──C──CH+ I₂  ⇌  C──C──C──C──C──CH+ 2HI
  ‖   │   │   │   │   │                 ‖   ‖   ‖   │   │   │
  O  OH  OH   H  OH   H                 O   O   O   H  OH   H
```

可用淀粉作指示剂。

1 mol 维生素 C 与 1 mol I_2定量反应，维生素 C 的摩尔质量为 176.12 $g \cdot mol^{-1}$。该反应可以用于测定药片、注射液及果蔬中的 Vc 含量。

由于维生素 C 的还原性很强，在空气中极易被氧化，尤其是在碱性介质中，测定时加入 HAc 使溶液呈弱酸性，减少维生素 C 的副反应。

I_2溶液可用已标定好的硫代硫酸钠标定，也可用三氧化二砷标定。三氧化二砷难溶于水，但可溶于碱溶液中：

$$As_2O_3 + 6OH^- = 2AsO_3^{3-} + 3H_2O$$

As_2O_3与 I_2的反应式如下：

$$AsO_3^{3-} + I_2 + H_2O = AsO_4^{3-} + 2I^- + 2H^+$$

这个反应是可逆的。在中性或弱碱性溶液中加入 $NaHCO_3$使溶液的 pH＝8，反应能定量地向右进行。

用硫代硫酸钠标定 I_2的反应为：

$$2S_2O_3^{2-} + I_2 = S_4O_6^{2-} + 2I^-$$

以上标定均可用淀粉作指示剂。

三、实验仪器及试剂

1. 主要试剂

（1）I_2溶液（0.05 $mol \cdot L^{-1}$）称取 3.3 g I_2和 5 g KI，置于研钵中，（通风橱中操作）加入少量水研磨，待 I_2全部溶解后，将溶液转入棕色试剂瓶中，加水稀释至 250 mL，充分摇匀，放暗处保存；（2）$Na_2S_2O_3$标准溶液 0.01 $mol \cdot L^{-1}$：称取 25 g $Na_2S_2O_3 \cdot 5H_2O$，溶于刚煮沸并冷

却后的 1 L 水中,再加入 Na_2CO_3 约 0.2 g,将溶液保存在棕色瓶中,于暗处放几天后标定;(3)淀粉溶液 5 g · L^{-1};(4)醋酸 2 mol · L^{-1};(5)取水果可食部分捣碎为果浆;(6)NaOH 溶液 6 mol · L^{-1}。

2. 主要仪器

(1)电子台秤;(2)分析天平;(3)酸式、碱式滴定管(50 mL)各 1 支;(4)移液管(25 mL)1 支;(5)锥形瓶(250 mL)3 个;(6)烧杯(100 mL)1 个;(7)量筒(10 mL)1 个;(8)容量瓶(250 mL)1 个。

四、实验步骤

1. 碘溶液的标定

用 $Na_2S_2O_3$ 标准溶液标定 I_2 溶液。吸取 25.00 mL $Na_2S_2O_3$ 标准溶液 3 份,分别置于 250 mL锥形瓶中,加 50 mL 水,2 mL 淀粉溶液,用 I_2 溶液滴定至稳定的蓝色,半分钟内不褪色即为终点。计算 I_2 溶液的浓度。

2. 水果中 Vc 含量的测定

用 100 mL 小烧杯准确称取新捣碎的果浆 30 ~ 50 g,立即加入 10 mL 2 mol · L^{-1}HAC,定量转入 250 mL 锥形瓶中,加入 2 mL 淀粉溶液,立刻用 I_2 标准溶液滴定至呈现稳定的蓝色。计算果浆中 Vc 的含量。

五、注意事项

1. $Na_2S_2O_3$ 应装入碱管;
2. I_2 溶液应装入酸管;
3. 配制 I_2 溶液时,应在 KI 中多研一会;
4. 淀粉溶液中应在接近终点时加入,否则易引起凝聚,而且吸附在淀粉上的 I_2 不易释出,影响测定结果。

六、思考题

1. 配制 I_2 溶液时加入 KI 的目的是什么?
2. 碘量法的误差来源有哪些?

实验三 化学需氧量的测定

一、实验目的

1. 初步了解环境分析的重要性及水样的采集和保存方法;
2. 掌握高锰酸钾法测定化学需氧量的原理及方法;
3. 了解水样的化学需氧量与水体污染的关系。

二、实验原理

水样的需氧量是水质污染程度的主要指标之一,它分为生物需氧量(简称 BOD)和化学需氧量(简称 COD)两种。BOD 是指水中有机物质发生生物过程时所需要氧的量;COD 是指在特定条件下，用强氧化剂处理水样时水样所消耗的氧化剂的量，常用每升水消耗 O_2 的量来表示（$mg \cdot L^{-1}$）。水样的化学需氧量与测试条件有关，应严格控制反应条件，按规定操作步骤进行测定。

测定化学需氧量的方法有重铬酸钾法、酸性高锰酸钾法和碱性高锰酸钾法。重铬酸钾法是指在酸性条件下，向水样中加入过量的 $K_2Cr_2O_7$，让其与水样中的还原性物质充分反应，剩余的 $K_2Cr_2O_7$ 以邻二氮菲为指示剂，用硫酸亚铁铵标准溶液返滴定。根据消耗的 $K_2Cr_2O_7$ 溶液的体积和浓度，计算水样的需氧量。氯离子干扰测定，可在回流前加硫酸银除去。该方法适用于工业污水及生活污水等含有较多复杂污染物的水样的测定。其返滴定反应式为：

$$Cr_2O_7^{2-}+6Fe^{2+}+14H^+ = 2Cr^{3+}+6Fe^{3+}+7H_2O$$

酸性高锰酸钾法测定水样的化学需氧量是指在酸性条件下，向水样中加入过量的 $KMnO_4$ 溶液，并加热溶液让其充分反应，然后再向溶液中加入过量的 $Na_2C_2O_4$ 标准溶液还原多余的 $KMnO_4$，剩余的 $Na_2C_2O_4$ 再用 $KMnO_4$ 溶液返滴定。根据 $KMnO_4$ 的浓度和水所消耗的 $KMnO_4$ 溶液体积，计算水样的需氧量。该法使用于污染不十分严重的地面水和河水等的化学需氧量的测定。若水样中 Cl^- 含量较高，可加入 Ag_2SO_4 消除干扰，也可改用碱性高锰酸钾进行测定。有关反应为：

$$4MnO_4^{2-}+5C+12H^+ = 4Mn^{2+}+5CO_2\uparrow+6H_2O$$

$$2MnO_4^{2-}+5C_2O_4^{2-}+16H^+ = 2Mn^{2+}+10CO_2\uparrow+8H_2O$$

这里，C 泛指水中的还原性物质或需氧物质，主要为有机物。

根据反应的计量关系，可知需氧量的计算式为：

$$COD=\frac{\left[\frac{5}{4}c_{MnO_4^-}(V_1+V_2)_{MnO_4^-}-\frac{1}{2}(cV)_{C_2O_4^{2-}}\right]M_{O_2}}{V_{水}}$$

式中，V_1 为第一次加入 $KMnO_4$ 溶液的体积；V_2 为第二次加入 $KMnO_4$ 溶液的体积。

三、主要试剂和仪器

1. 主要试剂

（1）$KMnO_4$ 溶液（$0.02\ mol \cdot L^{-1}$），配制及标定方法见氧化还原滴定实验一；（2）$KMnO_4$ 溶液（$0.002\ mol \cdot L^{-1}$）：移取 25.00 mL 约 $0.02\ mol \cdot L^{-1}$ $KMnO_4$ 标准溶液于 250 mL 容量瓶中，加蒸馏水稀释至刻度，摇匀即可；（3）$Na_2C_2O_4$ 标准溶液（约 $0.005\ mol \cdot L^{-1}$）：准确称取 0.16～0.18 g 在 105 ℃烘干 2 h 并冷却的 $Na_2C_2O_4$ 基准物质，置于小烧杯中，用适量蒸馏水溶解后，定量转移至 250 mL 容量瓶中，加蒸馏水稀释至刻度，摇匀，按实际称取质量计算其准确浓度；（4）H_2SO_4 溶液（$6\ mol \cdot L^{-1}$）。

2. 主要仪器

（1）分析天平；（2）酸式滴定管（50 mL）1 支；（3）移液管（25 mL）1 支；（4）锥形瓶（250 mL）3 个；（5）烧杯（100 mL）1 个；（6）量筒（10 mL）1 个；（7）容量瓶（250 mL）1 个。

四、实验步骤

视水质污染程度取水样 10.00 mL 于 250 mL 锥形瓶中，加入 5 mL $6\ mol \cdot L^{-1}$ H_2SO_4 溶液，再用滴定管或移液管准确加入 10.00 mL $0.002\ mol \cdot L^{-1}$ $KMnO_4$ 标准溶液，然后尽快加

热溶液至沸,并准确煮沸 10 min(紫红色不应褪去,否则应增加 $KMnO_4$溶液的体积)。取下锥形瓶,冷却 1 min 后,准确加入 10.00 mL 0.005 mol · L^{-1} $Na_2C_2O_4$标准溶液,充分摇匀(此时溶液应为无色,否则应增加 $Na_2C_2O_4$的用量),趁热用 0.002 mol · L^{-1} $KMnO_4$标准溶液滴定至溶液呈微红色,记下 $KMnO_4$溶液的体积,如此平行滴定 3 份。

另取 10.00 mL 蒸馏水代替水样进行实验,同样操作,求空白值,计算需氧量时将空白值减去。

五、注意事项

1. 取水样时,要注意所取水所在的位置和深度等,以确保水样具有代表性;
2. 滴加浓硫酸时,要注意慢慢滴加,并充分摇动溶液;
3. 滴定后,废液(沉淀物)要专门处理,不要倒入水池。

六、思考题

1. 水样的采集及保存应当注意哪些事项?
2. 水样中加入 $KMnO_4$溶液煮沸后,若紫红色褪去,说明什么? 应怎样处理?
3. 水样中氯离子的含量高时,为什么对测定有干扰? 如何消除?
4. 水样的化学需氧量的测定有何意义? 有哪些方法测定 COD?

实验四　铁矿石中全铁含量的测定

一、实验目的

1. 学习 $K_2Cr_2O_7$法测定铁矿石中铁的原理和操作步骤;
2. 了解无汞定铁法,增强环保意识;
3. 熟悉二苯胺磺酸钠指示剂的作用原理。

二、实验原理

铁矿石的种类很多,用于炼铁的主要有磁矿石(Fe_3O_4)、赤矿石(Fe_2O_3)和菱铁矿($FeCO_3$)等。铁矿石试样经 HCl 溶液溶解后,其中的铁转化为 Fe^{3+}。在强酸性条件下,Fe^{3+}可通过 $SnCl_2$还原为 Fe^{2+}。Sn^{2+}将 Fe^{3+}还原完后,甲基橙也可被 Sn^{2+}还原成氢化甲基橙而褪色,因而甲基橙可指示 Fe^{3+}还原终点。Sn^{2+}还能继续使氢化甲基橙还原成 N,N-二甲基对苯二胺和对氨基苯磺酸钠。有关反应式为:

$$(CH_3)_2NC_6H_4N{=}NC_6H_4SO_3Na+2e^-+2H^+ \rightarrow (CH_3)_2NC_6H_4NH{-}NHC_6H_4SO_3Na$$

$$(CH_3)_2NC_6H_4NH{-}NHC_6H_4SO_3Na+2e^-+2H^+ \rightarrow (CH_3)_2NC_6H_4NH_2+NH_2C_6H_4SO_3Na$$

这样一来,略为过量的 Sn^{2+}也被消除。由于这些反应是不可逆的,因此甲基橙的还原产物不消耗 $K_2Cr_2O_7$。

反应在 HCl 介质中进行,还原 Fe^{3+}时 HCl 浓度以 4 mol · L^{-1}左右为好,大于 6 mol · L^{-1}时 Sn^{2+}则先还原甲基橙为无色,使其无法指示 Fe^{3+}的还原,同时 Cl^-浓度过高也可能消耗 $K_2Cr_2O_7$;HCl 浓度低于 2 mol · L^{-1}则甲基橙褪色缓慢。反应完后,以二苯胺磺酸钠为指示剂，用 $K_2Cr_2O_7$ 标准溶液滴定至溶液呈紫色即为终点，主要反应式为：

$$2FeCl_4^- + SnCl_4^{2-} + 2Cl^- = 2FeCl_4^{2-} + SnCl_6^{2-}$$

$$6Fe^{2+} + Cr_2O_7^{2-} + 14H^+ = 6Fe^{3+} + 2Cr^{3+} + 7H_2O$$

滴定过程中生成的 Fe^{3+} 呈黄色，影响终点的观察，若在溶液中加入 H_3PO_4，H_3PO_4 与 Fe^{3+} 生成无色的 $Fe(HPO_4)_2^-$，可掩蔽 Fe^{3+}。同时由于 $Fe(HPO_4)_2^-$ 的生成，使得 Fe^{3+}/Fe^{2+} 电对的条件电位降低，滴定突跃增大，指示剂可在突跃范围内变色，从而减少滴定误差。Cu^{2+}，As(Ⅴ)，Ti(Ⅳ)，Mo(Ⅵ)等离子存在时，可被 $SnCl_2$ 还原，同时又能被 $K_2Cr_2O_7$ 氧化，Sb(Ⅴ)和 Sb(Ⅲ)也干扰铁的测定。

三、主要试剂和仪器

1. 主要试剂

(1) $SnCl_2$ 溶液(100 $g \cdot L^{-1}$)：称取 10 g $SnCl_2 \cdot 2H_2O$ 溶于 40 mL 浓热 HCl 溶液中，加蒸馏水稀释至 100 mL；(2) $SnCl_2$ 溶液(50 $g \cdot L^{-1}$)：将 100 $g \cdot L^{-1}$ 的 $SnCl_2$ 溶液稀释 1 倍；(3)浓 HCl 溶液；(4)硫磷混酸：将 15 mL 浓硫酸缓缓加入 70 mL 蒸馏水中，冷却后加入 15 mL H_3PO_4，摇匀；(5)甲基橙水溶液(1 $g \cdot L^{-1}$)；(6)二苯胺磺酸钠水溶液(2 $g \cdot L^{-1}$)；(7) $KMnO_4$ 标准溶液：将 $KMnO_4$ 在 150～180 ℃烘干 2 h，放入干燥器冷却至室温，准确称取 0.6～0.7 g $K_2Cr_2O_7$ 于小烧杯中，加蒸馏水溶解后转移至 250 mL 容量瓶中，用蒸馏水稀释至刻度，摇匀，计算 $K_2Cr_2O_7$ 的浓度。

2. 主要仪器

(1)分析天平；(2)酸式滴定管(50 mL) 1 支；(3)移液管(25 mL) 1 支；(4)锥形瓶(250 mL) 3 个；(5)烧杯(100 mL) 1 个；(6)量筒(10 mL) 1 个；(7)容量瓶(250 mL) 1 个。

四、实验步骤

准确称铁矿石粉 1.0～1.5 g 于烧杯中，用少量蒸馏水润湿后，加 20 mL 浓 HCl 溶液，盖上表面皿，在沙浴上加热 20～30 min，并不时摇动，避免沸腾。如有带色不溶残渣，可滴加 100 $g \cdot L^{-1}$ $SnCl_2$ 溶液 20～30 滴助溶，试样分解完全时，剩余残渣应为白色或非常接近白色(即 SiO_2)，此时可用少量蒸馏水吹洗表面皿及杯壁，冷却后将溶液移到 250 mL 容量瓶中，加蒸馏水稀释至刻度，摇匀。

移取试样溶液 25.00 mL 于 250 mL 锥形瓶中，加 8 mL 浓 HCl 溶液，加热至近沸，加入 6 滴 1 $g \cdot L^{-1}$ 甲基橙，边摇动锥形瓶边慢慢滴加 100 $g \cdot L^{-1}$ $SnCl_2$ 溶液还原 Fe^{3+}，溶液由橙红色变为红色，再慢慢滴加 50 $g \cdot L^{-1}$ $SnCl_2$ 溶液至溶液为淡红色，若摇动后粉色褪去，说明 $SnCl_2$ 已过量，可补加 1 滴 1 $g \cdot L^{-1}$ 甲基橙，以除去稍微过量的 $SnCl_2$，此时溶液如呈浅粉色最好，不影响滴定终点，$SnCl_2$ 切不可过量。然后，迅速用流水冷却，加 50 mL 蒸馏水，20 mL 硫磷混酸，4 滴 2 $g \cdot L^{-1}$ 二苯胺磺酸钠。并立即用上述 $K_2Cr_2O_7$ 标准溶液滴定至出现稳定的紫红色。平行测定 3 次，计算试样中 Fe 的含量。

五、注意事项

1. 铁还原完全后，溶液要立即冷却，及时滴定，久置会使 Fe^{2+} 被空气中的氧氧化；

2. 滴定接近终点时，$K_2Cr_2O_7$ 要慢慢地加入，过量的 $K_2Cr_2O_7$ 会使指示剂的氧化型破坏；

3. 试样若不能被盐酸分解完全，则可用硫磷混酸分解，溶样时须加热至水分完全蒸发出三氧化硫白烟，白烟脱离液面 3 ~ 4 cm。但应注意加热时间不能过长，以防止生成焦磷酸盐。

六、思考题

1. $K_2Cr_2O_7$为什么可以直接配制准确浓度的溶液？

2. $K_2Cr_2O_7$法测定铁矿石中的铁时，滴定前为何要加入 H_3PO_4？加入 H_3PO_4后为何要立即滴定？

3. 用 $SnCl_2$还原 Fe^{3+}时，为何要在加热条件下进行？加入的 $SnCl_2$量不足或过量会给测试结果带来什么影响？

4. 分解铁矿石时，如果加热至沸会对结果产生什么影响？

5. 本实验中甲基橙起什么作用？

实验五　碘量法测定葡萄糖的含量

一、实验目的

1. 掌握间接碘量法测定葡萄糖含量的方法原理；

2. 进一步练习返滴定法技能。

二、实验原理

将一定量过量的 I_2在碱性条件下加入葡萄糖溶液中，I_2与 OH^- 作用可以生成 IO^-，而葡萄糖分子中的醛基能够定量地被 IO^- 氧化为羧基，反应为：

$$I_2+2OH^-=IO^-+I^-+H_2O$$

$$CH_2OH(CHOH)_4CHO+IO^-+OH^-=CH_2OH(CHOH)_4COO^-+I^-+H_2O$$

过量的未与葡萄糖作用的 IO^- 在碱性介质中进一步歧化为 IO_3^-和 I^-，它们在酸化时又反应生成 I_2：

$$3IO^-=IO_3^-+I^-$$

$$IO_3^-+5I^-+6H^+=3I_2+3H_2O$$

再用 $Na_2S_2O_3$标准溶液滴定析出 I_2：

$$2S_2O_3^{2-}+I_2=2I^-+S_4O_6^{2-}$$

根据所加入的 I_2标准溶液的物质的量和滴定所消耗的 $Na_2S_2O_3$标准溶液的物质的量，以及各物质之间的计量关系，可计算出葡萄糖的含量。

三、主要试剂和仪器

1. 主要试剂

(1)0.025 mol/L 的 I_2标准溶液；(2)0.05 mol/L 的 $Na_2S_2O_3$标准溶液；(3)1 mol · L^{-1} NaOH 溶液；(4)HCl 溶液(1 : 1)；(5)5 g/L 淀粉溶液；(6)分析纯的 KIO_3；(7)KI 溶液；(8)1 mol/L硫酸；(9)葡萄糖试样。

2. 主要仪器

(1)电子台秤;(2)分析天平;(3)滴定管(50 mL)1 支;(4)移液管(25 mL)1 支;(5)锥形瓶(250 mL)3 个;(6)烧杯(100 mL)1 个;(7)量筒(10 mL)1 个;(8)容量瓶(250 mL)1 个;(9)吸量管(1.0 mL)1 个。

四、实验步骤

1. $Na_2S_2O_3$标准溶液的标定

准确称取0.400 0 g KIO_3于100 mL 的小烧杯中,加水溶解,转移至250.0 mL 的容量瓶中,定容,备用。

准确移取25.00 mL KIO_3溶液于250 mL 锥形瓶中,加20 mL KI 溶液,加5 mL1 mol/L 硫酸放置5 min,加水稀释至60 mL,立即用$Na_2S_2O_3$溶液滴定至浅黄色,加入5 mL 淀粉溶液(蓝色),继续用$Na_2S_2O_3$溶液滴定至无色,记$Na_2S_2O_3$溶液消耗的体积,平行3 份,计算出$Na_2S_2O_3$标准溶液的浓度。

2. I_2标准溶液的标定

准确移取I_2标准溶液25.00 mL 于250 mL 锥形瓶中,加水50 mL,用$Na_2S_2O_3$溶液滴定至浅黄色,加2 mL 淀粉溶液,继续滴定至蓝色消失即为终点。平行3 份,计算出I_2标准溶液的标准浓度。

3. 葡萄糖试液的配制

准确称取0.500 0 g 葡萄糖试样于100 mL 烧杯中,加入少量水溶解后定量转移至100.0 mL的容量瓶中,加水定容,摇匀。

4. 葡萄糖含量的测定

准确移取上述葡萄糖试液25.00 mL 于250 mL 锥形瓶中,准确加入25.00 mL I_2标准溶液。在摇动中缓慢滴加1 $mol \cdot L^{-1}$ NaOH 溶液,直至溶液变为浅黄色。盖好瓶塞于暗处放置15 min,使之反应完全。加入2 mL HCl 溶液(1∶1),立即用$Na_2S_2O_3$溶液滴定至浅黄色。加2 mL 淀粉溶液,继续滴定至蓝色消失即为终点。平行3 份,计算出试样中葡萄糖的质量分数。

五、注意事项

氧化葡萄糖时滴加氢氧化钠的速度要慢,使葡萄糖全部氧化。

六、思考题

为什么在氧化葡萄糖时滴加氢氧化钠的速度要慢,且加完后要放置一段时间?而在酸化后则要立即用硫代硫酸钠标准溶液滴定?

实验六　重铬酸钾法测定土壤中腐殖质的含量

一、实验目的

1. 了解重铬酸钾法的基本原理和方法;

2. 用重铬酸钾法测定土壤中腐殖质的含量。

二、实验原理

腐殖质是土壤中结构复杂的有机物,其含量与土壤的肥力有密切的关系。

重铬酸钾法测定土壤中腐殖质是基于在浓硫酸的条件下,用已知过量的重铬酸钾溶液与土壤共热,使其中的碳被氧化,而多余的重铬酸钾以邻菲啰啉为指示剂,用标准的硫酸亚铁铵溶液滴定,以所消耗的重铬酸钾计算有机碳含量。其反应式如下:

$$2K_2Cr_2O_7+8H_2SO_4+3C=2Cr_2(SO_4)_3+2K_2SO_4+CO_2\uparrow+8H_2O$$

$$K_2Cr_2O_7+6(NH_4)Fe(SO_4)_2+7H_2SO_4=Cr_2(SO_4)_3+3Fe(SO_4)_3+6(NH_4)_2SO_4+K_2SO_4+7H_2O$$

三、主要试剂和仪器

1. 主要试剂

(1)0.017 mol/L 重铬酸钾标准溶液;(2)0.10 mol/L 的 $(NH_4)_2Fe(SO_4)_2$ 标准溶液;(3)邻菲啰啉指示剂;(4)2 mol/L 硫酸;(5)土壤样品。

2. 主要仪器

(1)电子台秤;(2)分析天平;(3)滴定管(50 mL)1 支;(4)移液管(25 mL)1 支;(5)锥形瓶(250 mL)3 个;(6)烧杯(100 mL)1 个;(7)量筒(10 mL)1 个;(8)容量瓶(250 mL)1 个;(9)吸量管(1.0 mL)1 个。

四、实验步骤

1. 0.017 mol/L 重铬酸钾标准溶液

准确称取 $K_2Cr_2O_7$ 基准试剂 5 g 左右于烧杯中,加适量的水溶解后转入 1 L 容量瓶中,用水稀释至刻度,充分摇匀,计算其浓度。

2. 0.10 mol/L $(NH_4)_2Fe(SO_4)_2$ 标准溶液的配制和标定

称取 40 g $(NH_4)_2Fe(SO_4)_2\cdot6H_2O$ 溶于 2 mol/L 120 mL 硫酸中,加水稀释至 1 L。

准确移取 25.00 mL $K_2Cr_2O_7$ 溶液于 250 mL 锥形瓶中,加 25 mL 2 mol/L 硫酸溶液,加 3 滴邻菲啰啉指示剂,用 $(NH_4)_2Fe(SO_4)_2$ 标准溶液滴定至绿色变为砖红色即为终点。平行 3 份,计算 $(NH_4)_2Fe(SO_4)_2$ 溶液的准确浓度。

3. 试样的测定

准确称取通过 100 目筛子的风干土样 0.1～0.5 g。准确加入 10 mL 0.017 mol/L $K_2Cr_2O_7$ 的 H_2SO_4 溶液,在试管口加一小漏斗,以冷凝煮沸时蒸出的水汽。将试管放在 170～180 ℃ 的油浴中加热,使溶液沸腾 5 min。取出试管,擦净管外油质,加少许水稀释管内物质,并将其仔细地洗入 250 mL 锥形瓶中。反复洗涤试管和漏斗。加 3 滴邻菲啰啉指示剂,用 $(NH_4)_2Fe(SO_4)_2$ 标准溶液滴定至绿色变为砖红色即为终点。平行 3 份,计算出土壤中有机碳的质量分数。

五、注意事项

反复洗涤试管和漏斗确保所有样品转移至锥形瓶中,但控制溶液总量不超过 70 mL,以保持溶液的酸度。

六、思考题

试与高锰酸钾法比较,说明重铬酸钾法的特点。

实验七 溴酸钾法测定异烟肼

一、实验目的

了解溴酸钾法测定异烟肼的原理与操作。

二、实验原理

溴酸钾（$KBrO_3$）是强氧化剂，容易提纯，在180 ℃烘干后，可以直接配制标准溶液。

异烟肼片是一种具有杀菌作用的合成抗菌药，用于肺结核等。异烟肼在强酸性介质中可被溴酸钾氧化为异烟酸和氮气，溴酸钾被还原为溴化钾，终点时微过量的溴酸钾可将甲基橙指示剂氧化，使粉红色消失而指示终点。

$$3\,C_5H_4N\text{-}CONHNH_2 + 2KBrO_2 \xrightarrow{HCl} 3\,C_5H_4N\text{-}COOH + 3N_2\uparrow + 3H_2O + 2KBr$$

三、主要试剂和仪器

1. 主要试剂

（1）盐酸；（2）甲基橙指示剂；（3）0.016 67 mol/L溴酸钾标准溶液；（4）异烟肼片。

2. 主要仪器

（1）电子台秤；（2）分析天平；（3）酸式滴定管（50 mL）1支；（4）移液管（25 mL）1支；（5）锥形瓶（250 mL）3个；（6）烧杯（100 mL）1个；（7）量筒（10 mL）1个；（8）容量瓶（500 mL）1个；（9）吸量管（1.0 mL）1个。

四、实验步骤

1. 0.016 67 mol/L溴酸钾标准溶液的配制

准确称取$KBrO_3$基准试剂1.392 g于烧杯中，加适量的水溶解后转入500.0 mL容量瓶中，用水稀释至刻度，充分摇匀，计算其浓度。

2. 异烟肼含量的测定

取异烟肼片20片，研细，准确称取0.20 g，置于100.0 mL容量瓶中，加水适量，使异烟肼片溶解并稀释至刻度，摇匀，用干燥滤纸过滤，备用。

准确移取上述滤液25.00 mL于250 mL锥形瓶中，加20 mL盐酸，再加水至60 mL，甲基橙指示剂2滴，用溴酸钾滴定液（0.016 67mol/L）缓缓滴定（温度保持在18～25 ℃）至粉红色消失即为终点。

五、注意事项

1. 指示剂褪色是不可逆的，滴定过程中必须充分振摇，以避免滴定剂局部过浓而引起指示剂提前褪色，可补加1滴指示剂以验证终点是否真正到达；

2. 过滤前必须充分振摇，使异烟肼完全溶解；

3. 过滤用漏斗、烧杯必须干燥，弃去初滤液。

六、思考题

本实验所用的溴酸滴定液若不知道准确浓度,可以选用何种基准物质去标定?

第七章　沉淀滴定实验

实验一　莫尔法测定可溶性氯化物中氯的含量

一、实验目的

1. 学习配制和标定 $AgNO_3$ 标准溶液；

2. 掌握莫尔法滴定的原理和实验操作。

二、实验原理

某些可溶性氯化物中氯含量的测定可采用莫尔法。此法是在中性或弱碱性溶液中，以 K_2CrO_4 为指示剂，用 $AgNO_3$ 标准溶液进行滴定。由于 AgCl 沉淀的溶解度比 Ag_2CrO_4 小，因此，溶液中首先析出 AgCl 沉淀。当 AgCl 定量沉淀后，过量的 $AgNO_3$ 溶液即与 CrO_4^{2-} 生成砖红色 Ag_2CrO_4 沉淀，指示剂达到终点。反应式如下：

$$Ag^+ + Cl^- = AgCl\downarrow（白色）\qquad K_{sp} = 1.8\times10^{-10}$$

$$2Ag^+ + CrO_4^{2-} = Ag_2CrO_4\downarrow（砖红色）\qquad K_{sp} = 2.0\times10^{-12}$$

滴定必须在中性或弱碱性溶液中进行，最适宜的 pH 范围为 6.5～10.5。如果有铵盐存在，溶液的 pH 需控制在 6.5～7.2。

指示剂的用量对滴定有影响，一般以 5×10^{-3} mol · L^{-1} 为宜（指示剂必须定量加入）。溶液较稀时，须做指示剂的空白校正。凡是能与 Ag^+ 生成难溶性化合物或络合物的阴离子都干扰测定，如 PO_4^{3-}，AsO_4^{3-}，SO_3^{2-}，S^{2-}，CO_3^{2-}，$C_2O_4^{2-}$ 等。其中 H_2S 可加热煮沸除去，将 SO_3^{2-} 氧化成 SO_4^{2-} 后就不再干扰测定。大量 Cu^{2+}，Ni^{2+}，Co^{2+} 等有色离子将影响终点观察。凡能与 CrO_4^{2-} 生成难溶化合物的阳离子也干扰测定，如 Ba^{2+}，Pb^{2+} 等。Ba^{2+} 的干扰可通过加入过量的 Na_2SO_4 消除。Al^{3+}，Fe^{3+}，Bi^{3+}，Sn^{4+} 等高价金属离子因在中性或弱碱性溶液中易水解产生沉淀，也会干扰测定。

三、主要试剂和仪器

1. 主要试剂

（1）NaCl 基准试剂：在 500～600 ℃高温炉中灼烧 0.5 h 后，置于干燥器中冷却，也可将 NaCl 置于带盖的瓷坩埚中，加热，并不断搅拌，待爆炸声停止后，继续加热 15 min，将坩埚放入干燥器中冷却后使用；（2）$AgNO_3$ 溶液（0.1 mol · L^{-1}）：称取 8.5 g $AgNO_3$ 溶解于 500 mL 不含 Cl^- 的蒸馏水中，将溶液转入棕色试剂瓶中，置暗处保存，以防止光照分解；（3）K_2CrO_4 溶液（50 g · L^{-1}）；（4）NaCl 试样。

2. 主要仪器

（1）分析天平；（2）棕色滴定管（50 mL）1 支；（3）移液管（25 mL）1 支；（4）锥形瓶

(250 mL)3个;(5)烧杯(100 mL)1个;(6)量筒(25 mL,10 mL)各1个;(7)容量瓶(250 mL,100 mL)各1个;(8)棕色试剂瓶(500 mL)1个。

四、实验步骤

1. $AgNO_3$溶液的标定

准确称取0.5~0.65 g NaCl基准物于小烧杯中,用蒸馏水溶解后,定量转入100 mL容量瓶中,以蒸馏水稀释至刻度,摇匀。

用移液管移取25.00 mL NaCl溶液于250 mL锥形瓶中,加入25 mL蒸馏水(沉淀滴定中,为减少沉淀对被测离子的吸附,一般滴定的体积以大些为好,故需加蒸馏水稀释试液),用吸量管加入1 mL 50 g·L^{-1} K_2CrO_4溶液,在不断摇动条件下,用待标定的$AgNO_3$溶液滴定至呈现砖红色即为终点(银为贵金属,含AgCl的废液应回收处理)。平行标定3份,根据$AgNO_3$溶液的体积和NaCl的质量,计算$AgNO_3$溶液的浓度。

2. 试样分析

准确称取2 g NaCl试样于烧杯中,加蒸馏水溶解后,定量转入250 mL容量瓶中,用蒸馏水稀释至刻度,摇匀。用移液管移取25.00 mL试液于250 mL锥形瓶中,加入25 mL蒸馏水,用1 mL吸量管加入1 mL 50 g·L^{-1} K_2CrO_4溶液,在不断摇动条件下,用$AgNO_3$标准溶液滴定至溶液出现砖红色即为终点。平行测定3份,计算试样中氯的含量。

3. 空白试验

取1 mL K_2CrO_4指示剂溶液,加入适量蒸馏水,然后加入无Cl^-的$CaCO_3$固体(相当于滴定时AgCl的沉淀量),制成相似于实际滴定的混浊溶液。逐渐滴入$AgNO_3$标准溶液,至与终点颜色相同为止,记录读数,从滴定试液所消耗的$AgNO_3$体积中扣除此读数。实验完毕后,将装$AgNO_3$溶液的滴定管先用蒸馏水冲洗2~3次后,再用自来水洗净,以免AgCl残留于管内。

五、注意事项

1. 滴定至快到终点时,要充分摇动溶液,以确保终点的观察;
2. 因加入指示剂量较小,故需注意控制,防止标定和滴定指示剂量差别较大而影响滴定结果。

六、思考题

1. 莫尔法测氯时,为什么溶液的pH需控制在6.5~10.5?
2. 以K_2CrO_4作指示剂时,指示剂浓度过大或过小对测定有何影响?
3. 用莫尔法测定"酸性光亮镀铜液"(主要成分为$CuSO_4$和H_2SO_4)中的氯含量时,试液应作哪些预处理?

实验二　佛尔哈德法测定可溶性氯化物中氯含量

一、实验目的

1. 学习NH_4SCN标准溶液的配制和标定;

2. 掌握用佛尔哈德法测定可溶性氯化物中氯含量的原理。

二、实验原理

在含 Cl^- 的酸性试液中，加入一定量且过量的 Ag^+ 标准溶液，定量生成 AgCl 沉淀后，过量 Ag^+ 以铁铵矾作指示剂，用 NH_4SCN 标准溶液返滴定，由 $Fe(SCN)^{2+}$ 络离子的红色来指示滴定终点。反应如下：

$$NaCl+2AgNO_3=AgCl\downarrow+NaNO_3+AgNO_3(\text{剩余})$$

$$AgNO_3(\text{剩余})+NH_4SCN=AgSCN\downarrow+NH_4NO_3$$

$$3NH_4SCN+FeNH_4(SO_4)_2=Fe(SCN)_3+2(NH_4)_2SO_4$$

指示剂用量大小对滴定有影响，一般控制 Fe^{3+} 浓度为 0.015 $mol\cdot L^{-1}$ 为宜。滴定时，控制氢离子浓度为 0.1～1 $mol\cdot L^{-1}$，剧烈摇动溶液，并加入硝基苯（有毒）或石油醚保护 AgCl 沉淀使其与溶液隔开，防止 AgCl 沉淀与 SCN^- 发生置换反应而消耗滴定剂。

能与 SCN^- 生成沉淀或生成络合物，或能氧化 SCN^- 的物质均有干扰。PO_4^{3-}，AsO_4^{3-}，CrO_4^{2-} 等离子，由于酸效应的作用不影响测定。佛尔哈德法常用于直接测定银合金和矿石中的银的含量。

三、主要试剂和仪器

1. 主要试剂

(1) $AgNO_3$ 溶液（0.1 $mol\cdot L^{-1}$，见沉淀滴定法实验一）；(2) NH_4SCN 溶液（0.1 $mol\cdot L^{-1}$）：称取 3.8 g NH_4SCN，用 500 mL 蒸馏水溶解后转入试剂瓶中；(3) 铁铵矾指示剂（400 $g\cdot L^{-1}$）；(4) HNO_3 溶液：（8 $mol\cdot L^{-1}$）若含有氮的氧化物而呈黄色时，应煮沸去除氮化物；(5) 硝基苯；(6) NaCl 试样（见沉淀滴定法实验一）。

2. 主要仪器

(1) 分析天平；(2) 棕色滴定管（50 mL）1 支；(3) 移液管（25 mL）1 支；(4) 具塞锥形瓶（250 mL）3 个；(5) 烧杯（100 mL）1 个；(6) 量筒（25 mL，10 mL）各 1 个；(7) 容量瓶（250 mL，100 mL）各 1 个；(8) 棕色试剂瓶（500 mL）1 个；(9) 吸量管（5 mL，1 mL）各 1 个。

四、实验步骤

1. 0.1 $mol\cdot L^{-1}$ $AgNO_3$ 溶液的标定（参考沉淀滴定法实验一）。

2. NH_4SCN 溶液的标定。用移液管移取 25.00 mL 0.1 $mol\cdot L^{-1}$ $AgNO_3$ 标准溶液于 250 mL 锥形瓶中，加入 5 mL 8 $mol\cdot L^{-1}$ HNO_3 溶液、1.0 mL 400 $g\cdot L^{-1}$ 铁铵矾指示剂，然后用待标定的 NH_4SCN 溶液滴定。滴定时，激烈振荡溶液，当滴至溶液颜色稳定为淡红色时即为终点。平行标定 3 份，计算 NH_4SCN 溶液的浓度。

3. 试样分析。准确称取约 2 g NaCl 试样于 50 mL 烧杯中，加蒸馏水溶解后，定量转入 250.0 mL 容量瓶中，稀释至刻度，摇匀。

用移液管移取 25.00 mL 试样于 250 mL 锥形瓶中，加入 25 mL 蒸馏水，5 mL 8 $mol\cdot L^{-1}$ HNO_3 溶液，用滴定管加入 0.1 $mol\cdot L^{-1}$ $AgNO_3$ 标准溶液至过量 5～10 mL（加入 $AgNO_3$ 溶液时，生成白色 AgCl 沉淀，接近计量点时，AgCl 要凝聚，振荡溶液，再让其静置片刻，使沉淀沉降，然后加入几滴 $AgNO_3$ 到清液层。如不生成沉淀，说明 $AgNO_3$ 已过量，这时，再适当过量

5～10 mL $AgNO_3$溶液即可）。然后，加入 2 mL 硝基苯，用橡胶塞塞住瓶口，剧烈振荡 30 s，使 AgCl 沉淀进入硝基苯层而与溶液隔开。再加入 1.0 mL 400 g·L^{-1}铁铵矾指示剂，用 NH_4SCN标准溶液滴至出现 $Fe(SCN)^{2+}$络离子的淡红色稳定不变时即为终点。平行测定 3 份，计算 NaCl 试样中的氯的含量。

五、注意事项

1. 加入硝基苯后，要用力摇动溶液，以使硝基苯能充分覆盖在沉淀表面；
2. 硝基苯有毒，使用时注意。

六、思考题

1. 佛尔哈德法测氯时，为什么要加入石油醚或硝基苯？当用此法测定 Br^-，I^-时，还需加入石油醚或硝基苯吗？
2. 试讨论酸度对佛尔哈德法测定卤素离子含量的影响。
3. 本实验溶液为什么用 HNO_3酸化？可否用 HCl 溶液或 H_2SO_4酸化，为什么？

实验三　银合金中银含量的测定

一、实验目的

1. 练习 NH_4SCN 标准溶液的配制和标定；
2. 熟悉佛尔哈德法判断终点的方法。

二、实验原理

银合金用硝酸溶解后，以铁铵矾为指示剂，用标准 NH_4SCN 溶液滴定，由 $Fe(SCN)_3$络合物的红色来指示滴定终点。

反应如下：

$$AgNO_3 + NH_4SCN = AgSCN \downarrow + NH_4NO_3$$

$$3NH_4SCN + FeNH_4(SO_4)_2 = Fe(SCN)_3 + 2(NH_4)_2SO_4$$

三、主要试剂和仪器

1. 主要试剂

(1)0.1 mol·L^{-1} $AgNO_3$溶液：称取 8.5 g $AgNO_3$溶解于 500 mL 不含 Cl^-的蒸馏水中，将溶液转入棕色试剂瓶中，置暗处保存，以防止光照分解；(2)NH_4SCN 标准溶液；(3)50 g·L^{-1} K_2CrO_4溶液；(4)NaCl 基准物质；(5)8 mol·L^{-1} HNO_3溶液；(6)400 g·L^{-1}铁铵矾指示剂；(7)银合金试样。

2. 主要仪器

(1)分析天平；(2)酸式滴定管(50 mL)1 支；(3)移液管(25 mL)1 支；(4)锥形瓶(250 mL)3 个；(5)烧杯(100 mL)1 个；(6)量筒(25 mL，10 mL)各 1 个；(7)容量瓶(250 mL，100 mL)各 1 个；(8)棕色试剂瓶(500 mL)1 个。

四、实验步骤

1. $AgNO_3$溶液的标定，标定方法见沉淀滴定分析实验一。

2. NH_4SCN 标准溶液配制及标定（参考沉淀滴定法实验二）。

3. 银合金中银含量的测定。

准确称取银合金试样 0.3 g 于 250 mL 锥形瓶中，加入 10 mL 8 mol · L^{-1} HNO_3溶液，慢慢加热溶解。加水 50 mL 煮沸除去氮的氧化物，冷却。加 2.0 mL 400 g · L^{-1}铁铵矾指示剂，在剧烈的摇动下，用标定的 NH_4SCN 溶液滴定至稳定淡红色即为终点。平行标定 3 份，计算试样中银的含量。

五、注意事项

1. 滴定反应要在 HNO_3介质中进行，以防止 Fe^{3+}水解；

2. 滴定至快到终点时，要充分摇动溶液，以确保终点的观察。

六、思考题

1. 用佛尔哈德法测定 Ag^+，滴定时为什么要剧烈摇动？

2. 试样用硝酸溶液溶解后，为什么要加水稀释？

第八章　重量分析实验

实验一　二水合氯化钡中钡含量的测定

一、实验目的

1. 了解测定二水合氯化钡中钡含量的原理和方法；

2. 掌握晶形沉淀的制备、过滤、洗涤、灼烧及恒重等基本操作。

二、实验原理

重量分析法通过直接沉淀和称量得到分析结果，不需要基准物质（或标准试样）进行比较，其测定结果准确度高，相对误差一般为 0.1% ~0.2%。尽管重量分析法操作烦琐且过程较长，但由于它有着不可替代的特点，目前在常量的硅、硫、磷、镍等元素或其化合物的定量分析中仍采用重量分析法。

在含有钡离子的试液中加入稀盐酸，一方面是为了防止产生碳酸钡、磷酸钡、砷酸钡沉淀以及氢氧化钡的共沉淀，另一方面适当提高酸度，增加硫酸钡在沉淀过程中的溶解度，以降低其相对过饱和度，有利于获得较粗大的晶形沉淀。加热至近沸，在不断搅拌下滴加热的稀硫酸溶液，形成微溶于水的硫酸钡沉淀。

$$Ba^{2+}+SO_4^{2-}=BaSO_4\downarrow$$

所得沉淀经陈化、过滤、洗涤、烘干、炭化、灰化和灼烧后以硫酸钡形式称重，即可求得二水合氯化钡中钡的含量。

$$Ba\%=\frac{m_{BaSO_4}\times\frac{M_{Ba}}{M_{BaSO_4}}}{m_s}\times 100$$

为了获得颗粒较大、纯净的结晶形沉淀，应在酸性、较稀的热溶液中缓慢地加入沉淀剂，以降低过饱和度，沉淀完成后还需陈化；为保证硫酸钡沉淀完全，沉淀剂硫酸必须过量，并在自然冷却后再过滤。由于硫酸在高温下可挥发除去，沉淀带来的硫酸不致引起误差，因此沉淀剂可过量 50% ~100%。

硫酸铅、硫酸锶的溶解度均较小，对钡的测定有干扰。

三、主要试剂和仪器

1. 主要试剂

(1) H_2SO_4 ($1\ mol\cdot L^{-1}$)；(2) HCl ($2\ mol\cdot L^{-1}$)；(3) $AgNO_3$ ($0.1\ mol\cdot L^{-1}$)；(4) $BaCl_2\cdot 2H_2O$ 基准试剂。

2. 主要仪器

(1) 分析天平；(2) 瓷坩埚 25 mL 2 ~3 个；(3) 定量滤纸：慢速或中速；(4) 玻璃漏斗

1 个;(5)马弗炉;(6)表面皿;(7)烧杯(250 mL,100 mL)各 2 个;(8)玻璃棒 2 根;(9)电炉 1 个;(10)石棉网 2 个;(11)干燥器。

四、实验步骤

1. 瓷坩埚的准备

洗净一个瓷坩埚,在电炉上烘干,冷却后粗称其质量。放入 800 ~ 820 ℃的马弗炉中灼烧。第一次灼烧 30 min,取出稍冷片刻后,转入干燥器中冷至室温后称重。第二次灼烧 15 min,取出稍冷片刻后,转入干燥器中冷至室温,再称重。如此同样操作,直至恒重为止。注意每次灼烧时,应尽可能使坩埚放在马弗炉的同一位置。

2. 沉淀的制备

准确称取 0.4 ~ 0.6 g 二水合氯化钡试样 1 份,置于 250 mL 烧杯中,加入约 100 mL 水,3 mL 2 mol · L^{-1}盐酸溶液,盖上表面皿,加热至近沸,溶解,但勿使试液沸腾,以免溅失。与此同时,另取 4 mL 1 mol · L^{-1}硫酸溶液于 100 mL 烧杯中,加水稀释至 30 mL,加热至近沸,趁热将硫酸溶液用小滴管逐滴地加入到热的钡盐溶液中,并用玻璃棒不断搅拌(搅拌时,玻璃棒不要碰烧杯内壁和底部,以免划损烧杯致使沉淀黏附在烧杯上难于洗下),直至硫酸溶液全部加入为止。待沉淀下降溶液变清时,于上层清液中加入 1 ~ 2 滴 1 mol · L^{-1}硫酸溶液,仔细观察沉淀是否完全,若清液变为浑浊,则应补加沉淀剂。如已沉淀完全,盖上表面皿,将玻璃棒靠在烧杯嘴边(切勿将玻璃棒拿出杯外,以免损失沉淀),置于水浴上加热,陈化0.5 ~ 1 h,并不时搅动。也可将沉淀在室温下放置过夜,陈化。

3. 称量型的获得

溶液冷却后,用慢速或中速定量滤纸过滤。先将上层清液倾注在滤纸上,再以稀 H_2SO_4(用 1 mL 1 mol · L^{-1} H_2SO_4稀释至 100 mL 配成)洗涤沉淀 3 ~ 4 次,每次约用 10 mL,洗涤时均用倾泻法过滤。然后,将沉淀小心转移到滤纸上,用折叠滤纸时撕下的小片滤纸擦拭玻璃棒和杯壁,并将此小片滤纸放于漏斗中,再用稀 H_2SO_4洗涤 4 ~ 6 次,直至洗涤液中不含氯离子为止(用硝酸银溶液检查,检查方法是:用表面皿收集约 2 mL 滤液,加入 2 滴 0.1 mol · L^{-1}硝酸银溶液,混匀后放置 1 min,若无白色浑浊产生,表示氯离子已洗净)。

将滤纸取出并包好,置于已恒重的瓷坩埚中,经烘干、炭化、灰化后,在 800 ~ 820 ℃马弗炉中灼烧至恒重。计算二水合氯化钡中钡的含量。

五、注意事项

1. 每次称量要准确;
2. 沉淀要沉淀完全,洗涤要洗得干净;
3. 灰化,避免起火,一旦着火马上用盖子隔绝空气;
4. 灼烧温度不能太高,若超过 950 ℃,可能有部分硫酸钡分解。

六、思考题

1. 为什么要在稀热 HCl 溶液中且不断搅拌下逐滴加入沉淀剂沉淀 $BaSO_4$? HCl 加入太多有何影响?

2. 为什么要在热溶液中沉淀 $BaSO_4$,但要冷却后过滤? 晶形沉淀为何要陈化?

3. 什么叫倾泻法过滤? 洗涤沉淀时,为什么用洗涤液或水都要少量、多次?

4. 什么叫灼烧至恒重?

实验二　沉淀重量法测定硫酸钠的含量

一、实验目的

1. 了解晶形沉淀的沉淀条件;
2. 熟悉沉淀重量法的基本操作。

二、实验原理

在酸性溶液中,以 $BaCl_2$ 做沉淀剂使硫酸盐成为晶形沉淀析出,经陈化、过滤、洗涤、灼烧后,以 $BaSO_4$ 沉淀形式称量,即可计算样品中 Na_2SO_4 的含量。

$$Ba^{2+} + SO_4^{2-} = BaSO_4 \downarrow$$

在 HCl 酸性溶液中进行沉淀,可防止 CO_3^{2-},$C_2O_4^{2-}$ 等离子与 Ba^{2+} 沉淀,但酸度可增加 $BaSO_4$ 的溶解度,降低其相对过饱和度,有利于获得较好的晶形沉淀。由于过量 Ba^{2+} 的同离子效应存在,所以溶解度损失可忽略不计。

Cl^-,NO_3^-,ClO_3^- 等阴离子和 K^+,Na^+,Ca^{2+} 等阳离子均可参与共沉淀,故应在热稀溶液中进行沉淀,以减少共沉淀的发生。因 $BaSO_4$ 的溶解度受温度影响较小,可用热水洗涤沉淀。

三、仪器与试剂

1. 主要试剂

(1)硫酸钠样品($Na_2SO_4 \cdot 10H_2O$);(2)稀盐酸(6 mol·L^{-1});(3)$BaCl_2$ 溶液(0.1 mol·L^{-1});(4)$AgNO_3$ 溶液(0.1 mol·L^{-1})。

2. 主要仪器

(1)分析天平;(2)瓷坩埚(25 mL 2~3 个);(3)定量滤纸:慢速或中速;(4)玻璃漏斗 1 个;(5)马弗炉;(6)表面皿;(7)烧杯(250 mL,100 mL)各 2 个;(8)玻璃棒 2 根;(9)电炉 1 个;(10)石棉网 2 个;(11)干燥器。

四、实验步骤

1. 样品的称取与溶解

准确称取 Na_2SO_4 样品约 0.4 g(或其他可溶性硫酸盐,含硫量约 90 mg),置于 400 mL 烧杯中,加 25 mL 蒸馏水使其溶解,稀释至 200 mL。

2. 沉淀的制备

在上述溶液中加稀 HCl 1 mL,盖上表面皿,置于电炉石棉网上,加热至近沸。取 $BaCl_2$ 溶液 30~35 mL 于小烧杯中,加热至近沸,然后用滴管将热 $BaCl_2$ 溶液逐滴加入样品溶液中,同时不断搅拌溶液。当 $BaCl_2$ 溶液即将加完时,静置,于 $BaSO_4$ 上清液中加入 1~2 滴 $BaCl_2$ 溶液,观察是否有白色浑浊出现,用以检验沉淀是否已完全。盖上表面皿,置于电炉(或水浴)上,在搅拌下继续加热,陈化约半小时,然后冷却至室温。

3. 沉淀的过滤和洗涤

将上清液用倾注法倒入漏斗中的滤纸上，用一洁净烧杯收集滤液（检查有无沉淀穿滤现象。若有，应重新换滤纸）。用少量热蒸馏水洗涤沉淀3～4次（每次加入热水10～15 mL），然后将沉淀小心地转移至滤纸上。用洗瓶吹洗烧杯内壁，洗涤液并入漏斗中，并用撕下的滤纸角擦拭玻璃棒和烧杯内壁，将滤纸角放入漏斗中，再用少量蒸馏水洗涤滤纸上的沉淀（约10次），至滤液不显Cl^-离子反应为止（用$AgNO_3$溶液检查）。

4. 沉淀的干燥和灼烧

取下滤纸，将沉淀包好，置于已恒重的坩埚中，先用小火烘干炭化，再用大火灼烧至滤纸灰化。然后将坩埚转入马弗炉中，在800～850 ℃灼烧约30 min。取出坩埚，待红热退去，置于干燥器中，冷却30 min后称量。再重复灼烧20 min，冷却，取出，称量，直至恒重。

取平行操作3份的数据，根据$BaSO_4$重量计算Na_2SO_4的百分含量。

五、注意事项

1. 溶液加热近沸，但不应煮沸，防止溶液溅失；
2. $BaSO_4$沉淀的灼烧温度应控制在800～850 ℃，否则，$BaSO_4$将与碳作用而被还原；
3. 检查滤液中的Cl^-时，用小表面皿收集10～15滴滤液，加2滴$AgNO_3$溶液，观察是否出现浑浊，若有浑浊则需继续洗涤。

六、思考题

1. 结合实验说明晶形沉淀最适条件有哪些？
2. 使沉淀完全和沉淀纯净的措施？

实验三　直接干燥法测定淀粉中水分含量

一、实验目的

1. 学习重量分析法测定高分子原材料水分含量；
2. 明确恒重的概念。

二、实验原理

淀粉中的水分一般是指在100 ℃左右直接干燥的情况下，所失去物质的总量。淀粉中的水分受热以后，产生的蒸汽压高于空气在电热干燥箱中的分压，使淀粉中的水分蒸发出来，同时，由于不断地加热和排走水蒸气，而达到完全干燥的目的，淀粉干燥的速度取决于这个压差的大小。直接干燥法适用于在95～105 ℃下，不含或含其他挥发性物质甚微的淀粉。

三、试剂及器材

1. 主要试剂

淀粉。

2. 主要仪器

（1）恒温干燥箱；（2）分析天平；（3）扁形称量瓶；（4）干燥器。

四、实验步骤

取洁净铝制或玻璃制的扁形称量瓶，置于 95 ~ 105 ℃干燥箱中，瓶盖斜支于瓶边，加热 0.5 ~ 1.0 h，取出盖好，置干燥器内冷却 0.5 h，称量，并重复干燥至恒量。

称取 2.00 ~ 10.0 g 淀粉样品，放入此称量瓶中，样品厚度约为 5 mm。加盖，精密称量后，置 95 ~ 105 ℃干燥箱中，瓶盖斜支于瓶边，干燥 2 ~ 4 h 后，盖好取出，放入干燥器内冷却 0.5 h 后称量。然后再放入 95 ~ 105 ℃干燥箱中干燥 1 h 左右，取出，放干燥器内冷却 0.5 h 后再称量。至前后两次质量差不超过 0.2 mg，即为恒量。

五、结果计算

$$X=\frac{m_1-m_2}{m_1-m_3}\times 100$$

式中，X 为样品中水分的含量，%；m_1 为称量瓶和样品的质量，g；m_2 为称量瓶和样品干燥后的质量，g；m_3 为称量瓶的质量，g。

六、注意事项

1. 本法设备操作简单，但时间较长；

2. 水分蒸净与否，无直观指标，只能依靠恒量来判断。恒量是指两次烘烤称量的质量差不超过规定的毫克数，一般不超过 0.4 mg。

七、思考题

1. 哪些样品可以使用直接干燥法测定水分含量?

2. 如何操作确定样品恒量? 本方法中规定恒量的范围是什么?

实验四　葡萄糖干燥失重的测定

一、实验目的

1. 掌握干燥失重的测定方法；

2. 明确恒重的意义。

二、实验原理

运用挥发重量法，将样品加热，使其中水分及挥发性物质逸出后，根据样品所减失的重量计算干燥失重。恒重是指试样连续两次干燥或灼烧后称得的重量差在 0.3 mg 以下。

三、仪器与试剂

1. 主要试剂

葡萄糖。

2. 主要仪器

(1)分析天平；(2)称量瓶；(3)干燥箱。

四、实验步骤

1. 称量瓶的干燥恒重

将洗净的称量瓶置于恒温干燥箱中，打开瓶盖，放于称量瓶旁，于 105 ℃干燥。取出称量瓶，加盖，置于干燥器中冷却（约 20 min）至室温，精密度称定重量。按上述方法操作，再干燥，冷却，称量，直到恒重。

2. 葡萄糖干燥失重的测定

取混合均匀的，研细的葡萄糖试样约 1 g，精确称重，平铺在已恒重的称量瓶中，厚度不可超过 5 mm，加盖，精确称重。置于干燥箱中，打开瓶盖，先于 60 ℃加热 30 min，再于 105 ℃干燥，至恒重。平行测定 3 份，根据减失的重量即可计算样品的干燥失重。

$$\text{葡萄糖干燥失重\%} = \frac{W_{\text{试样+称量瓶}} - W_{\text{干燥后试样+称量瓶}}}{W_{\text{试样}}} \times 100$$

五、注意事项

1. 试样在干燥器中每次冷却的时间应相同；

2. 称量应迅速，以免试样或称量瓶在空气中露置久后吸潮而不易恒重。

六、思考题

什么叫干燥失重？

第九章　分光光度法实验

实验一　邻二氮菲分光光度法测定铁

一、实验目的

1. 学会吸收曲线及标准曲线的绘制，了解分光光度法的基本原理；
2. 掌握用邻二氮菲分光光度法测定微量铁的方法原理；
3. 学会722型分光光度计的正确使用，了解其工作原理；
4. 学会数据处理的基本方法；
5. 掌握比色皿的正确使用。

二、实验原理

根据朗伯-比耳定律：

$$A=\varepsilon bc$$

当入射光波长 λ 及光程 b 一定时，在一定浓度范围内，有色物质的吸光度 A 与该物质的浓度 c 成正比。只要绘出以吸光度 A 为纵坐标，浓度 c 为横坐标的标准曲线，测出试液的吸光度，就可以由标准曲线查得对应的浓度值，即未知样的含量。同时，还可应用相关的回归分析软件，将数据输入计算机，得到相应的分析结果。

用分光光度法测定试样中的微量铁，可选用的显色剂有邻二氮菲（又称邻菲罗啉）及其衍生物、磺基水杨酸、硫氰酸盐等。而目前一般采用邻二氮菲法，该法具有高灵敏度、高选择性，且稳定性好，干扰易消除等优点。

在 pH=2～9 的溶液中，Fe^{2+} 与邻二氮菲（phen）生成稳定的橘红色配合物 $Fe(phen)_3^{2+}$ 此配合物的 $\lg K_{稳}=21.3$，摩尔吸光系数 $\varepsilon_{510}=1.1\times10^4\ L\cdot mol^{-1}\cdot cm^{-1}$，而 Fe^{3+} 能与邻二氮菲生成3∶1配合物，呈淡蓝色，$\lg K_{稳}=14.1$。所以在加入显色剂之前，应用盐酸羟胺（$NH_2OH\cdot HCl$）将 Fe^{3+} 还原为 Fe^{2+}，其反应式如下：

$$2Fe^{3+}+2NH_2OH\cdot HCl=2Fe^{2+}+N_2\uparrow+4H^++2H_2O+2Cl^-$$

测定时控制溶液的酸度为 pH≈5 较为适宜。

三、仪器与试剂

1. 主要试剂

（1）硫酸铁铵 $FeNH_4(SO_4)_2\cdot 12H_2O(s)$（AR）；（2）硫酸（3 $mol\cdot L^{-1}$）；（3）盐酸羟胺（10%）；（4）NaAc（1 $mol\cdot L^{-1}$）；（5）邻二氮菲（0.15%）。

2. 主要仪器

（1）722S型分光光度计；（2）容量瓶（100 mL）1个；（3）比色管（50 mL）8个；（4）吸量管（1 mL，2 mL，5 mL，10 mL）各1个。

四、实验步骤

1. 标准溶液配制

(1) 10 μg·mL^{-1}铁标准溶液配制。

准确称取0.863 4 g硫酸铁铵$NH_4Fe(SO_4)_2 \cdot 12H_2O$于100 mL烧杯中，加60 mL 3 mol·$L^{-1}$ H_2SO_4溶液，溶解后定容至1 L，摇匀，得100 μg·mL^{-1}储备液（可由实验室提供）。用时吸取10.00 mL稀释至100 mL，得10 μg·mL^{-1}工作液。

(2) 系列标准溶液配制。

取6个50 mL容量瓶，分别加入铁标准溶液0.00，2.00，4.00，6.00，8.00，10.00 mL，然后加入1 mL盐酸羟胺，2.00 mL邻二氮菲，5 mL NaAc溶液（为什么?），每加入一种试剂都应初步混匀。用去离子水定容至刻度，充分摇匀，放置10 min。

2. 条件实验

(1) 吸收曲线的绘制。

选用1 cm比色皿，以试剂空白为参比溶液（为什么?），取4号容量瓶试液，选择440～560 nm波长，每隔10 nm测一次吸光度，其中500～520 nm之间，每隔5 nm测定一次吸光度。以所得吸光度A为纵坐标，以相应波长λ为横坐标，在坐标纸上绘制A与λ的吸收曲线。从吸收曲线上选择测定Fe的适宜波长，一般选用最大吸收波长λ_{max}为测定波长。

(2) 溶液酸度的选择。

取8个50 mL容量瓶（或比色管），用吸量管分别加入1 mL铁标准溶液，1 mL盐酸羟胺，摇匀，再加入2 mL phen，摇匀。用5 mL吸量管分别加入0.0 mL，0.2 mL，0.5mL，1.0 mL，1.5 mL，2.0 mL，2.5 mL和3.0 mL 1 mol·L^{-1} NaOH溶液，用水稀释至刻度，摇匀。放置10 min。用1 cm比色皿，以蒸馏水为参比溶液，在选择的波长下测定各溶液的吸光度。同时，用pH计测量各溶液的pH。以pH为横坐标，吸光度A为纵坐标，绘制A与pH关系的酸度影响曲线，得出测定铁的适宜酸度范围。

(3) 显色剂用量的选择。

取7个50 mL容量瓶（或比色管），用吸量管各加入1 mL铁标准溶液，1 mL盐酸羟胺，摇匀。再分别加入0.1 mL，0.3 mL，0.5 mL，0.8 mL，1.0 mL，2.0 mL，4.0 mL phen和5 mL NaAc溶液，以水稀释至刻度，摇匀。放置10 min。用1 cm比色皿，以蒸馏水为参比溶液，在选择的波长下测定各溶液的吸光度。以所取phen溶液体积v为横坐标，吸光度A为纵坐标，绘制A与v关系的显色剂用量影响曲线。得出测定铁时显色剂的最适宜用量。

(4) 显色时间。

在一个50 mL容量瓶（或比色管）中，用吸量管加入1 mL铁标准溶液，1 mL盐酸羟胺溶液，摇匀。再加入2 mL phen，5 mL NaAc，以水稀释至刻度，摇匀。立刻用1 cm比色皿，以蒸馏水为参比溶液，在选定的波长下测量吸光度。然后依次测量放置5 min，10 min，30 min，60 min，120 min，…后的吸光度。以时间为横坐标，吸光度A为纵坐标，绘制A与显色时间影响曲线。得出铁与邻二氮菲显色反应完全所需要的适宜时间。

3. 标准曲线（工作曲线）的绘制

用1 cm比色皿，以试剂空白为参比溶液，在选定波长下，测定各溶液的吸光度。在坐标纸上，以铁含量为横坐标，吸光度A为纵坐标，绘制标准曲线。

4. 试样中铁含量的测定

从实验教师处领取含铁未知液1份，放入50 mL容量瓶中，按以上方法显色，并测其吸光度。此步操作应与系列标准溶液显色、测定同时进行。

依据试液的A值，从标准曲线上即可查得其浓度，最后计算出原试液中含铁量（以$\mu g \cdot mL^{-1}$表示）。并选择相应的回归分析软件，将所得的各次测定结果输入计算机，得出相应的分析结果。

五、注意事项

1. 本法设备操作简单，但时间较长；
2. 水分蒸净与否，无直观指标，只能依靠恒量来判断。恒量是指两次烘烤称量的质量差不超过0.4 mg；
3. 注意溶液的添加顺序，不能随意颠倒，加入盐酸羟胺后反应5 min，再加NaAc和邻二氮菲。

六、思考题

1. 本实验中哪些试剂应准确加入，哪些不必严格准确加入，为什么？
2. 加入盐酸羟胺的目的是什么？
3. 配制$NH_4Fe(SO_4)_2 \cdot 12H_2O$溶液时，能否直接用水溶解，为什么？
4. 如何正确使用比色皿？
5. 何谓“吸收曲线”“工作曲线”？绘制及目的各有什么不同？

实验二　水样中六价铬的测定

一、实验目的

1. 学习用二苯碳酰二肼光度法测定水中六价铬的方法；
2. 进一步熟悉722S分光光度计和吸量管的使用方法。

二、实验原理

铬能以六价和三价两种形式存在于水中。

吸光光度法测定六价铬，国家标准（GB）采用二苯碳酰二肼[$CO(NH \cdot NH \cdot C_6H_5)_2$]（DPCI）作显色剂。在酸性条件下，六价铬与DPCI反应生成紫红色化合物，可以直接用吸光光度法测定，也可以用萃取光度法测定，最大吸收波长为540 nm左右，摩尔吸光系数ε为$2.6\times10^4 \sim 4.17\times10^4\ L \cdot mol^{-1} \cdot cm^{-1}$。

用此法测定水中六价铬，当取样体积为50 mL，使用3 cm比色皿，方法的最小检出量为0.2 μg，最低检出浓度为$0.004\ mg \cdot L^{-1}$。

三、主要仪器和试剂

1. 主要试剂

（1）铬标准储备液；（2）铬标准操作溶液；（3）DPCI溶液；（4）H_2SO_4（1∶1）。

2. 主要仪器

(1)722S 型分光光度计;(2)容量瓶(100 mL)1 个;(3)比色管(50 mL)7 个;(4)吸量管(1 mL,2 mL,5 mL,10 mL)各 1 个。

四、实验步骤

1. 标准曲线的制作

在 7 支 50 mL 比色管中,用吸量管分别加入 0.0, 0.5,1.0,2.0,4.0,7.0 和 10.0 mL 的 1.00 μg · mL^{-1} 铬标准溶液,用水稀释至刻度,加入 0.6 mL(1 ∶ 1) H_2SO_4,摇匀。再加入 2 mL DPCI 溶液,立即摇匀。静置 5 min,用 3 cm 比色皿,以试剂空白为参比溶液,在 540 nm 下测量各溶液的吸光度。绘制吸光度 A 对六价铬含量的标准曲线。

2. 水样中铬含量的测定

取适量水样于 50 mL 比色管中,用水稀释至标线,然后按“1”的步骤,测量吸光度,从标准曲线上查得六价铬含量,计算水样中六价铬的含量(mg · L^{-1})。

五、注意事项

1. 用于测定铬的玻璃器皿不应用重铬酸钾洗液洗涤;

2. Cr^{6+} 与二苯碳酰二肼反应时,硫酸浓度一般控制在 0.05 ~ 0.3 mol · L^{-1},以 0.2 mol · L^{-1} 时显色最好,显色前,水样应调至中性;

3. 显色温度和放置时间对显色有影响,在 15 ℃时,5 ~ 15 min 颜色即可稳定。

六、思考题

1. 如果实验中水样所测得的吸光度值不在标准曲线的范围内,怎么办?

2. 怎样测定水样中六价铬和三价铬的含量?

实验三　吸光度的加和性试验及水中微量 Cr(Ⅵ)和 Mn(Ⅶ)的同时测定

一、实验目的

1. 了解吸光度的加和性;

2. 掌握用分光光度法测定混合组分的原理和方法。

二、实验原理

试液中含有数种吸光物质时,在一定条件下可以采用分光光度法同时进行测定而无须分离。例如,在 H_2SO_4 溶液中 $Cr_2O_7^{2-}$ 和 MnO_4^- 的吸收曲线相互重叠。根据吸光度的加和性原理,在 $Cr_2O_7^{2-}$ 和 MnO_4^- 的最大吸收波长 440 nm 和 545 nm 处测定混合溶液的总吸收度。然后用解联立方程式的方法,即可分别求出试液中 Cr(Ⅵ)和 Mn(Ⅶ)的含量。

因为

$$A_{440}^{总} = A_{440}^{Cr} + A_{440}^{Mn} \tag{9.1}$$

$$A_{545}^{总} = A_{545}^{Cr} + A_{545}^{Mn} \tag{9.2}$$

得

$$A_{440}^{总} = \kappa_{440}^{Cr} \cdot c^{Cr} \cdot b + \kappa_{440}^{Mn} \cdot c^{Mn} \cdot b \tag{9.3}$$

$$A_{545}^{总} = \kappa_{545}^{Cr} \cdot c^{Cr} \cdot b + \kappa_{545}^{Mn} \cdot c^{Mn} \cdot b \tag{9.4}$$

若 $b=1$ cm。

由式(9.3),(9.4)可得

$$c^{Cr} = \frac{A_{440}^{总} \cdot \kappa_{545}^{Mn} - A_{545}^{总} \cdot \kappa_{440}^{Mn}}{\kappa_{440}^{Cr} \cdot \kappa_{545}^{Mn} - \kappa_{545}^{Cr} \cdot \kappa_{440}^{Mn}} \tag{9.5}$$

$$c^{Cr} = \frac{A_{545}^{总} - \kappa_{545}^{Cr} \cdot c^{Cr}}{\kappa_{545}^{Mn}} \tag{9.6}$$

式(9.5),(9.6)中的摩尔吸收系数 κ,可分别用已知浓度的 $Cr_2O_7^{2-}$ 和 MnO_4^- 在波长为 440 nm 和 545 nm 时的标准曲线求得(标准曲线的斜率即为 κ_b)。

三、主要仪器和试剂

1. 主要试剂

(1) $KMnO_4$ 标准溶液(浓度约为 1.0×10^{-3} mol · L^{-1},已用 $Na_2C_2O_4$ 为基准物标定的准确浓度);(2) $K_2Cr_2O_7$ 标准溶液(浓度约为 4.0×10^{-3} mol · L^{-1});(3) 2×10^{-1} mol · L^{-1} H_2SO_4 溶液。

2. 主要仪器

(1)722S 型分光光度计;(2)50 mL 容量瓶 3 只;(3)微量进样器(10 μL 或 50 μL)1 支。

四、实验步骤

1. $KMnO_4$ 和 $K_2Cr_2O_7$ 吸收曲线及吸光度的加和性试验

(1)配制三种标准溶液:取 3 只 50 mL 容量瓶,各加下列溶液后,以水稀释至刻度,摇匀:

①10 mL 1.0×10^{-3} mol · L^{-1} $KMnO_4$ 和 5 mL 2×10^{-1} mol · L^{-1} H_2SO_4;

②10 mL 4.0×10^{-3} mol · L^{-1} $K_2Cr_2O_7$ 和 5 mL 2×10^{-1} mol · L^{-1} H_2SO_4;

③10 mL 1.0×10^{-3} mol · L^{-1} $KMnO_4$ 和 10 mL 4.0×10^{-3} mol · L^{-1} $K_2Cr_2O_7$ 及5 mL 2×10^{-1} mol · L^{-1} H_2SO_4。

(2)测定吸光度:以水为参比,用 1 cm 比色皿,测定波长为 600 nm,580 nm,…,400 nm 时溶液①,②,③的吸光度,记录如表 9.1:

表 9.1　测定吸光度

λ/nm	A①	A②	A③
600			
580			
560			
550			
545			
540			
535			

续表 9.1

λ/nm	A①	A②	A③
530			
520			
500			
480			
460			
450			
440			
430			
420			
400			

(3)在同一张坐标纸上绘制 MnO_4^-，$Cr_2O_7^{2-}$ 和混合溶液的吸光曲线，验证吸光度的加和性。

2. $KMnO_4$在 λ=545 nm 和 440 nm 时的摩尔吸收系数的测定(用累加法)

(1)测定 κ_{545}^{Mn}：于 50 mL 容量瓶中加入 5 mL 2×10^{-1} mol · L^{-1} H_2SO_4溶液，以水稀释至刻度，摇匀，吸出 10 mL 于 3 cm 比色皿中，在 λ=545 nm 处，以此溶液为参比，调吸光度为“0”，然后用微量进样器，吸取 1.0×10^{-3} mol · L^{-1} $KMnO_4$标准溶液 10 μL 于比色皿中，用小搅棒搅匀后测定其吸光度。再用同样方法累加 1.0×10^{-3} mol · L^{-1} $KMnO_4$标准溶液于比色皿中，每次 10 μL，并测定吸光度。以比色皿中 $KMnO_4$溶液浓度为横坐标，相应的吸光度为纵坐标绘制标准曲线图，求出 κ_{545}^{Mn}。

(2)测定 κ_{440}^{Mn}：以 440 nm 波长的光为入射光，其余操作步骤同上。

3. $K_2Cr_2O_7$在 λ =545 nm 和 440 nm 时摩尔吸收系数 κ 的测定(用累加法)

(1)测定 κ_{545}^{Cr}：方法同 κ_{545}^{Mn}的测定，只是标准溶液改用 4.0×10^{-3} mol · L^{-1} $K_2Cr_2O_7$溶液；

(2)测定 κ_{440}^{Cr}：方法同 κ_{545}^{Cr}的测定，只是入射光波长采用 440 nm。

4. 测定未知液中 MnO_4^- 和 $Cr_2O_7^{2-}$ 的含量

用累加法。在 50 mL 容量瓶中加 2 mol · L^{-1} H_2SO_4溶液 5 mL，以水稀释至刻度，吸出此溶液两份，每份 10 mL，置于 2 个 3 cm 比色皿，以此液为参比。一个在 λ =545 nm 时调吸光度为“0”，用 10 μL 或 50 μL 微量进样器移取未知液 10 μL 于比色皿中，搅拌均匀，测定吸光度。如吸光度数值太小，可再移取适量未知液累加于比色皿中，再测定其吸光度。另一装空白溶液的比色皿，在 λ =440 nm 时调吸光度为零。用同样方法测出在 440 nm 时的吸光度。

由 A_{440}，A_{545}，κ_{440}^{Mn}，κ_{545}^{Mn}，κ_{440}^{Cr}及 κ_{545}^{Cr}计算出未知液中 MnO_4^- 和 $Cr_2O_7^{2-}$ 的含量。

五、注意事项

1. 测吸光度时由稀到浓溶液测定。

2. 绘制 $Cr_2O_7^{2-}$ 和 MnO_4^- 在波长为 440 nm 和 545 nm 时的标准曲线时，注意坐标分度的

选择应使标准曲线的倾斜度在45°左右（此时曲线的斜率最大），且每种物质的标准溶液在不同波长处的工作曲线不得画在同一坐标系内。

六、思考题

1. 设某溶液中含有吸光物质X，Y，Z。根据吸光度加和性规律，总吸光度$A_{总}$与X，Y，Z总组分的吸光度的关系式应为什么？

2. 今欲对上题溶液中的吸光物质X，Y，Z，不预先加以分离而同时进行测定。已知X，Y，Z在λ_X，λ_Y，λ_Z处各有一最大吸收峰，相应的摩尔吸收系数为κ_X，κ_Y和κ_Z，则$A_{总}$与c_X，c_Y，c_Z，κ_X，κ_Y，κ_Z的关系式应怎样？

3. 何谓累加法？它和标准系列法比较各有什么优、缺点？

实验四　土壤中有效磷的光度测定

一、实验目的

1. 学习光度法测定土壤中有效磷的原理及方法；
2. 掌握分光光度计的使用方法。

二、实验原理

土壤中的磷绝大部分不能为植物直接吸收利用，易被吸收利用的有效磷通常含量很低。土壤中有效磷含量是指能为当季作为吸收的磷量。了解土壤中有效磷的供应状况，对施肥有直接的指导意义。

土壤中有效磷的测定方法很多，有生物方法、同位素方法、阴离子交换树脂方法及化学方法等。用的最普通的则是化学方法。化学方法是用浸提剂提取土壤中一部分有效磷，它在数量上并不等于作物吸收的磷量，但彼此应有较好的相关性。浸提剂种类很多，浸提剂的选择主要根据各自土壤的性质而定。酸性土壤一般采用HCl（0.05 mol·L^{-1}）－H_2SO_4（0.012 5 mol·L^{-1}）或NH_4F（0.03 mol·L^{-1}）－HCl（0.025 mol·L^{-1}）；石灰性土壤采用0.5 mol·L^{-1} $NaHCO_3$。

于含磷的溶液中，加入钼酸胺，在一定酸度条件下，溶液中的正磷酸与钼酸络合形成黄色的磷钼杂多酸—酸钼黄。

$$H_3PO_4+12H_2MoO_4=H_3[PMo_{12}O_{40}]+12H_2O$$

在适宜试剂浓度下，加入适当的还原剂（$SnCl_2$或抗坏血酸），使磷钼酸中的一部分Mo（Ⅵ）离子还原为Mo（Ⅴ），生成一种叫作“钼蓝”（磷钼杂多蓝）的物质，这是钼蓝比色法的基础。一般认为钼蓝的组成可能为$H_3PO_4\cdot10MoO_3\cdot Mo_2O_5$或$H_3PO_4\cdot8MoO_3\cdot2Mo_2O_5$。

H_3PO_4，H_3AsO_4和H_4SiO_4都能与钼酸结合生成杂多酸。在磷的测定中，硅的干扰可以控制酸度抑制。磷钼黄形成酸度为2～2.6 mol·L^{-1} H^+，硅钼黄的形成酸度为0.1～0.6 mol·L^{-1} H^+。而还原酸度，前者为0.5 mol·L^{-1} H^+左右，后者为1.6～3.2 mol·L^{-1} H^+。所以，控制在较强酸度下（2 mol·L^{-1} H^+）使磷钼黄定量形成，然后在较低酸度下（0.5 mol·L^{-1} H^+）还原，这样就可以消除硅的干扰。土壤中砷的含量很低，而且砷钼酸还原速度较慢，灵敏度磷低，在一般情况下，不致影响磷的测定结果。但是在使用含砷农药时，要注意砷的干扰影响,在这种情况下,可在未加钼试剂之前将砷还原成亚砷酸而克服。

三、主要试剂和仪器

1. 主要试剂

(1)浸提剂(0.05 mol·L^{-1} HCl-0.012 5 mol·L^{-1} H_2SO_4),用吸量管吸取 4 mL 浓 HCl 和0.7 mL 浓 H_2SO_4,放入预先装有几十毫升水的1 000 mL 容量瓶中,加水至刻度,摇匀。

(2)Na_2HPO_4标准溶液(含 P_2O_5 0.01 mg·mL^{-1}),称取分析纯的 $Na_2HPO_4·12H_2O$ 0.504 0 g溶于适量水中,定量转移至1 000 mL 容量瓶中稀释至刻度,摇匀。再取此溶液25.00 mL于250 mL 容量瓶中,稀释至刻度,摇匀备用。

(3)5% 的钼酸胺,称 5 g 钼酸胺溶于 20 mL 水中,另取烧杯盛 70 mL 浓盐酸,加水90 mL,然后将钼酸铵溶液徐徐倒入 HCl 溶液中,不断搅拌至澄清为止。

(4)0.2% $SnCl_2$溶液,称取 0.2 g $SnCl_2$,加入 10 mL 浓 HCl 使溶解,然后加水 90 mL,摇匀。

(5)0.04% 2,4-二硝基酚,0.04 g 试剂溶于 100 mL 水中。

(6)1% 的 H_2SO_4溶液。

2. 主要仪器

(1)722S 型分光光度计;(2)比色管(50 mL)7 个;(3)移液管(10 mL,5 mL,2 mL,1 mL)各1支;(4)吸量管(2 mL,5 mL,10 mL)各1支;(5)比色皿(1 cm)5个。

四、实验步骤

1. 工作曲线的制作

用吸量管吸取每 mL 含 P_2O_5 0.01 mg 的 Na_2HPO_4标准溶液 0.0,2.0,4.0,6.0,8.0,10.0 mL分别置于50 mL 比色管中,加水至约10 mL。各加入3滴2,4-二硝基酚指示剂(其变色范围为 pH 4.0~2.6,由黄色—无色),然后滴加1%的 H_2SO_4至溶液呈无色,再用吸量管加入3 mL 钼酸铵试剂,摇匀,放置5 min。加入约30 mL 蒸馏水,再加2 mL $SnCl_2$溶液,最后用蒸馏水稀释至刻度,摇匀,放置5 min。

用1 cm 的比色皿,以试剂空白作参比,对上述标准系列中加入 4.0 mL Na_2HPO_4的溶液,于分光光度计上测绘在620~700 nm 钼蓝的吸收曲线,确定进行测定的适宜波长。

在选定的波长处测出以上标准系列的吸光度。以吸光度为纵坐标,对应的 P_2O_5浓度为横坐标,绘制工作曲线。

2. 土壤中有效磷的测定

称取通过1 mm 筛孔的风干土样5 g,放入50 mL 三角瓶中,加入25 mL 浸提剂,在震荡机上震荡5 min,用干燥漏斗和无磷滤纸过滤。

吸取浸提液10 mL(视磷的含量适当增减)于50 mL 容量瓶中,加入3滴2,4-二硝基酚指示剂,按“1”步骤操作,测出其吸光度。通过工作曲线查得相当于该吸光度时的 P_2O_5浓度,计算土壤中 P_2O_5百分含量(本实验浸提液由准备室统一提供,仅要求计算每升浸提液含多少 mg P_2O_5)。

注释

目前国产滤纸,标有蓝色带的不含磷。如果没有这种滤纸,可以自行制备,方法是:取9 cm或7 cm 的定性滤纸200 张置于大烧杯中,加4 mol·L^{-1} HCl 溶液 300 mL,浸泡3 h,取出后分2份,分别用蒸馏水漂洗3～5次,再用4 mol·L^{-1}HCl溶液300 mL浸泡3 h,然后贴放在平瓷漏斗上,用蒸馏水冲洗至中性,取出晾干备用。

五、思考题

1. 试述本实验测定磷的基本原理。
2. 计算加钼酸铵后与加$SnCl_2$后溶液的大约酸度。这样控制酸度有何意义?
3. 测定吸光度为什么一般选择在最大吸收波长下进行?

实验五　茜素红S催化动力学光度法测定微量铜

一、实验目的

1. 学习催化动力学光度法测定微量铜的原理和方法;
2. 进一步熟悉分光光度计的操作。

二、实验原理

铜是人体必需微量元素之一,对维持正常生命活动发挥重要作用。正常成人体内含铜总量约为100～200 mg,主要存在于肌肉、骨骼、肝脏和血液中。当人体铜摄入量不足时可引起铜缺乏病症,如白癜风、少白头等。但铜摄入量多却又会造成中毒,包括急性铜中毒、肝豆状核变性等病症。由于催化动力学光度法具有灵敏度高,检出限低,选择性好,方法简单等优点,因此近年来采用催化动力学光度法测定痕量铜的研究颇为活跃,国内外已有不少报道。但应用茜素红S作指示剂测定铜的催化动力学光度法报道不多。

在无催化剂的条件下,茜素红S与H_2O_2发生的氧化还原反应进行缓慢,茜素红S溶液褪色不明显。当加入微量Cu(Ⅱ)后,茜素红S溶液的褪色加快,催化体系和非催化体系的吸光度差异明显。进一步加入邻二氮菲作活化剂后,催化体系和非催化体系的吸光度对比更加明显。因此,在pH为5.0的柠檬酸-柠檬酸钠缓冲介质中,以邻二氮菲为活化剂,由微量Cu(Ⅱ)对H_2O_2氧化茜素红S褪色反应的催化作用而建立的测定微量Cu(Ⅱ)的催化动力学光度法,能应用于废水及茶叶中微量铜的测定。

当允许相对误差在±5%以内时,下列共存离子(倍量)不干扰测定:K^+,Na^+,Ca^{2+},NO_3^-,F^-,Cl^-,NH_4^+(1 000);Mg^{2+}(500);I^-,Al^{3+}(250),Pb^{2+},Ba^{2+},Ni^{2+},Cd^{2+},Cr^{3+}(100);Mo^{6+},$Cr_2O_7^{2-}$(50);Fe^{3+}(10)。其中,Fe^{3+}存在较大的干扰,通过加入少量磷酸钠,100倍量的Fe^{3+}则不干扰。

三、主要试剂和仪器

1. 主要试剂

(1)Cu(Ⅱ)标准溶液:先配置100 μg·mL^{-1}的储备液,使用时再稀释成10 μg·mL^{-1}的工作液;(2)茜素红S溶液(2.0×10^{-3} mol·L^{-1});(3)H_2O_2溶液(90 g·L^{-1}):即配即用;(4)邻二氮菲溶液(3.0×10^{-3} mol·L^{-1});(5)柠檬酸-柠檬酸钠缓冲溶液(pH 5.0);(6)EDTA溶液(0.05 mol·L^{-1})。

2. 主要仪器

(1)722S 型分光光度计;(2)容量瓶(100 mL) 1 个;(3)比色管(50 mL)7 个;(4)吸量管(1 mL,2 mL,5 mL,10 mL)各 1 个;(5)电热恒温水槽。

四、实验步骤

1. 标准曲线的制作

于 6 支 10 mL 比色管中分别依次加入 0.6 mL 2.0×10^{-3} mol · L^{-1} 茜素红 S 溶液、2.2 mL pH 5.0 的柠檬酸-柠檬酸钠缓冲溶液、0.8 mL 3.0×10^{-3} mol · L^{-1} 邻二氮菲溶液、0.9 mL 90 g · L^{-1} H_2O_2 溶液,然后再分别加入 0.00 mL,0.20 mL,0.40 mL,0.80 mL,1.00 mL,1.20 mL的 10 μg · mL^{-1} Cu(Ⅱ)工作液,摇匀,稀释至刻度。于 90 ℃恒温水浴加热 15 min。取出,用冰水冷却 10 min 后,向每支比色管中加入 0.2 mL 0.05 mol · L^{-1} EDTA 溶液。用 1 cm比色皿,于 423 nm 处,以蒸馏水比作参比溶液,分别测定催化反应溶液和非催化反应溶液的吸光度 A 和 A_0,计算 $\lg(A_0/A)$ 值。绘制 $\lg(A_0/A)$ 与 Cu(Ⅱ)浓度的工作曲线。

2. 废水中铜的测定

取一定量水样(含铜小于 8 μg)分别于 6 支 10 mL 比色管中,各依次加入 0.6 mL 2.0×10^{-3} mol · L^{-1} 茜素红 S 溶液、2.2 mL pH 5.0 的柠檬酸-柠檬酸钠缓冲溶液、0.8 mL 3.0×10^{-3} mol · L^{-1} 邻二氮菲溶液、0.9 mL 90 g · L^{-1} H_2O_2 溶液,摇匀,用蒸馏水稀释至刻度。于 90 ℃中恒温水浴加热 15 min。取出,用冰水冷却 10 min 后,(向每支比色管中)加入 0.2 mL 0.05 mol · L^{-1} EDTA 溶液。用 1 cm 比色皿,于 423 nm 处,以蒸馏水比作参比溶液,分别测定催化反应溶液和非催化反应溶液的吸光度 A 和 A_0,计算 $\lg(A_0/A)$ 值。通过制作的工作曲线,计算废水中铜的含量(以 mg · L^{-1} 表示)。

五、注意事项

1. 分光光度计在使用前,需预热半小时;
2. 作吸收曲线时,每改变一次波长,都必须重调参比溶液 $T=100\%$,$A=0$。

六、思考题

1. 试述本实验测定铜的基本原理。
2. 吸光光度法中测定波长的选取原则是什么? 本实验中,如何选择测定波长?
3. 本实验中,各种试剂的加入顺序是否可以任意改变,如何确定?

实验六　Al^{3+}-CAS-TPB 三元配合物吸光光度法测定 Al^{3+} 的含量

一、实验目的

1. 了解三元配合物光吸收性质;
2. 掌握利用三元配合物比色法测定 Al^{3+} 的含量的原理和方法。

二、实验原理

吸光光度法测定微量铝常用的显色剂有铬天青 S、铬天青 R、氯代磺酚 S、硝代磺酚 M 及铝试剂灯,其中铬天青 S(chrome azurol S,简写为 CAS)最佳。铬天青 S 吸光光度法测定铝,灵敏度高、重现性好,是测定微量铝的常用方法,但它存在着选择性较差的主要缺点。

铬天青 S 为一种棕色粉末状的酸性染料,易溶于水,其结构式为:

COOH　COOH
HO　O
CH_3　C　CH_3
Cl　Cl
SO_3H

市售的铬天青 S 产品通常为三钠盐。它在水溶液中的存在形式与溶液的 pH 有关,并呈现不同的颜色,如表 9.2 所示:

表 9.2　铬天青 S 存在形式

	H_5CAS^+	H_4CAS	H_3CAS^-	H_2CAS^{2-}	$HCAS^{3-}$	CAS^{4-}
λ_{max}/ nm	540	542	462	492	427	598
颜色	粉红	粉红	橙红	红	黄	蓝

在微酸性溶液中,铝与 CAS 生成红色的二元配合物,其组成随着显色剂的浓度、溶液酸度的不同而有所不同,在 pH=5 时,配位比为 2。Fe^{3+},Ti^{4+},Cu^{2+},Cr^{3+}等离子干扰测定,干扰离子量较多时,可用铜铁试剂等沉淀分离,一般情况下,铁可加入抗坏血酸或盐酸羟胺掩蔽,钛可用甘露醇掩蔽,铜可用硫脲掩蔽。在测定时,还应注意试剂的加入顺序、缓冲剂的性质及加入量对测定的影响,本实验采用二乙烯三胺-盐酸缓冲溶液。

本实验室在金属-有机试剂显色体系中添加阳离子表面活性剂,利用阳离子表面活性剂具有胶束增溶作用,形成阳离子表面活性剂-显色剂-金属离子的三元胶束配合物。三元配合物与二元配合物相比,具有灵敏度高、选择性好、对光吸收强、水溶性小和可萃取性强等更为优越的分析特性,因此,发展新的三元或多元配合物体系,是化学分析的发展方向之一,近年来利用三元配合物进行吸光光度法测定已得到了迅速发展。

常用的表面活性剂如氯化十六烷基三甲胺(CTMAC)、溴化十四烷基吡啶(TPB)、氯化十六烷基吡啶(CPC)、溴化十六烷基吡啶(CPB)等都是长碳链季铵盐或长碳链烷基吡啶。在铝与 CAS 生成二元配合物之后加入上述表面活性剂,生成三元胶束配合物,此时配合物的最大吸收峰一般是向长波方向移动,称为"红移",溶液的颜色也随之发生变化,使测定的灵敏度显著提高,摩尔吸收系数 ε 可提高到 105 $L \cdot mol^{-1} \cdot cm^{-1}$,影响三元胶束配合物 ε 的因素有表面活性剂的种类、溶液的酸度、缓冲溶液的性质、显色剂的浓度与质量、分光光度计的灵敏度等。

本实验选用溴化十四烷基吡啶为表面活性剂,生成紫色红色的三元配合物,其摩尔吸收系数为 $\varepsilon=1.13\times10^{-5}\ L \cdot mol^{-1} \cdot cm^{-1}$,最大吸收波长为 615 nm。

为了获得重现性好的吸光度值,比色时所加入的各种试剂都要准确计量,还要同时做空白实验。

三、实验仪器及试剂

1. 主要试剂

(1)铝标准溶液(0.1 $mg \cdot mL^{-1}$):准确称取硫酸铝钾($KAl(SO_4)_2 \cdot 12H_2O$)1.758 g,溶于水后,加入 2 mL 6 $mol \cdot L^{-1}$ HCl 溶液,以水稀释至 1 L;(2)铬天青 S 溶液($10^{-3}\ mol \cdot L^{-1}$的乙醇(1 : 1)溶液);(3)溴化十四烷基吡啶($10^{-2}\ mol \cdot L^{-1}$的水溶液);(4)二乙烯三胺-盐

酸缓冲溶液（1 mol · L^{-1}，二乙烯三胺溶液与 1 mol · L^{-1} HCl 溶液等体积混匀，在酸度计上调至 pH=6.3）；（5）百里酚蓝指示剂（0.1% 的乙醇（1 : 1）溶液）；（6）氨水（0.1 mol · L^{-1}）；（7）HCl 溶液（0.1 mol · L^{-1}）。

2. 主要仪器

（1）722S 型分光光度计；（2）容量瓶（100 mL 7 个）；（3）移液管（10 mL，5 mL，2 mL，1 mL）各 1 支；（3）吸量管（10 mL）1 支。

四、实验步骤

1. 铝标准溶液（2 μg · mL^{-1}）的配制

准确移取 10.0 mL 铝标准溶液于 500 mL 容量瓶中，用水稀释至标线，摇匀。

2. 铝三元配合物标准系列的配制

于 50 mL 容量瓶中，分别加入 0.0 mL，2.0 mL，4.0 mL，6.0 mL，8.0 mL，10.0 mL 2 μg · mL^{-1} 铝标准溶液，加水稀释至 30 mL，然后再加入 2 滴百里酚蓝指示剂，以氨水或 HCl 溶液调溶液颜色为橙红，用移液管准确加入 1 mL CAS 溶液，10 mL TPB 溶液和 5 mL 二乙烯三胺-盐酸缓冲溶液，用水稀释至标准线，摇匀。

3. 铝三元配合物标准曲线的测绘

将配制好的铝三元配合物标准系列静置 5 min，在 722S 型分光光度计上，以试剂空白为参比，使用 1 cm 比色皿，在 615 nm 处测定溶液的吸光度。以吸光度值为纵坐标，以铝含量（μg · mL^{-1}）为横坐标，绘制标准曲线。

4. CAS 试样的测定

移取含铝试样 5 mL 于 50 mL 容量瓶中，以下操作同标准系列配制的步骤，测定出吸光度值。根据标准曲线，求出试样溶液中铝的含量，以 μg · mL^{-1} 表示。

五、注意事项

1. 试验中加入的缓冲溶液的性质影响测定。使用二乙烯三胺-盐酸缓冲体系，测定的灵敏度高；使用六亚甲基四胺缓冲溶液灵敏度稍逊，显色液的稳定性不理想；使用乙酸-乙酸盐缓冲体系，由于乙酸根能与铝配位，使测定的灵敏度有所降低。

2. 如果待测试样中含有较低量的铁，因 Fe^{3+} 与 CAS 形成蓝色配合物干扰铝的测定，故应用抗坏血酸将 Fe^{3+} 还原为 Fe^{2+}，然后再加入邻二氮菲掩蔽剂。

3. 本实验对玻璃器皿的洁净要求特别高，测定前应认真洗涤玻璃器皿。测定过程中，在加入试剂时，尽量勿使黏附管口附近，每加一次试剂都应摇动。加入 TPB 时，应使溶液沿器壁流下并轻摇，以免产生过多气泡，影响以后操作。

4. 二乙烯三胺-盐酸缓冲溶液放置后逐渐变黄，但仍可继续使用。CAS 试剂的质量对测定的灵敏度有影响，最好选用分析纯试剂。指示剂级的 CAS 一般也可使用。如果试剂纯度太低影响测定，可以将 CAS 加以纯化。

5. 因市售氨水含有杂质铝，所以试剂空白与配制标准系列时氨水的用量应一致。

六、思考题

1. 试述酸度对铝三元配合物测定的影响（铝离子的存在形式、显色剂在溶液中的平衡、配合物的生成等）。

2. 求出铝三元配合物的摩尔吸收系数。

第十章　综合实验

实验一　工业硫酸铜的提纯及其分析

一、实验目的

1. 了解粗硫酸铜提纯及产品纯度检验的原理和方法；
2. 学习加热、溶解、过滤、蒸发、结晶等基本操作；
3. 学会722S分光光度计的正确使用；
4. 学习如何选择吸光光度分析的实验条件，掌握光度法测定铁的原理；
5. 掌握间接碘量法测定铜的原理。

二、实验原理

粗硫酸铜中含有不溶性杂质和可溶性杂质 Fe^{2+}，Fe^{3+} 等。不溶性杂质可用过滤法除去，可溶性杂质离子 Fe^{2+} 可用氧化剂 H_2O_2 氧化成 Fe^{3+}，然后调节溶液的pH近似为4，使 Fe^{3+} 水解成为 $Fe(OH)_3$ 沉淀而除去。反应如下：

$$2Fe^{2+}+H_2O_2+2H^+=2Fe^{3+}+2H_2O$$

$$Fe^{3+}+3H_2O=Fe(OH)_3\downarrow+3H^+$$

除去 Fe^{3+} 后的滤液经蒸发、浓缩，即可制得 $CuSO_4\cdot5H_2O$。其他微量杂质在硫酸铜结晶析出时留在母液中，经过滤即可与硫酸铜分离。提纯后的 $CuSO_4\cdot5H_2O$ 中仍含有微量铁离子，其测定可通过光度分析来完成。

测定微量铁时首先用盐酸羟胺将 Fe^{3+} 还原为 Fe^{2+}。还原反应如下：

$$2Fe^{3+}+2NH_2OH\cdot HCl=2Fe^{2+}+N_2\uparrow+4H^++2H_2O+2Cl^-$$

选择邻二氮菲试剂作为显色剂，此试剂与 Fe^{2+} 生成稳定的红色配合物，其 $\lg K_{稳}=21.3$，摩尔吸光系数 $\varepsilon=1.1\times10^4\ L\cdot mol^{-1}\cdot cm^{-1}$。显色反应为：

$$Fe^{2+}+3(phen)=[Fe(phen)_3]^{2+}$$

显色反应的适宜条件是：适宜酸度为pH约在2～9的溶液中，最大吸收波长为510 nm，测定过程中 Cu^{2+}，Co^{2+}，Ni^{3+}，Cd^{2+}，Hg^{2+}，Mn^{2+}，Zn^{2+} 等离子也能与邻二氮菲形成稳定络合物，在量少时均不干扰测定，量大时可用EDTA掩蔽或预先分离。

提纯后 $CuSO_4$ 中Cu含量的测定，一般采用碘量法。在弱酸溶液中，Cu^{2+} 与过量的KI作用，生成CuI沉淀，同时析出 I_2，反应式如下：

$$2Cu^{2+}+4I^-=2CuI\downarrow+I_2$$

析出的 I_2 以淀粉为指示剂，用 $Na_2S_2O_3$ 标准溶液滴定：

$$I_2+2S_2O_3^{2-}=2I^-+S_4O_6^{2-}$$

Cu^{2+} 与 I^- 之间的反应是可逆的，任何引起 Cu^{2+} 浓度减小（如形成络合物等）或引起CuI

溶解度增加的因素均使反应不完全。加入过量 KI，可使 CuI 的还原趋于完全，但是，CuI 沉淀强烈吸附 I_2 又会使结果偏低。通常的办法是近终点时加入硫氰酸盐，将 CuI（$K_{sp}=1.1\times10^{-12}$）转化为溶解度更小的 CuSCN 沉淀（$K_{sp}=4.8\times10^{-15}$），把吸附的碘释放出来，使反应更为完全。即

$$CuI+SCN^-=CuSCN+I^-$$

KSCN 应在接近终点时加入，否则 SCN^-会还原大量存在的 I_2，致使测定结果偏低。溶液的 pH 一般应控制在 3.0 ~ 4.0 之间。酸度过低，Cu^{2+}易水解，使反应不完全，结果偏低，而且反应速率慢，终点拖长；酸度过高，则 I^-被空气中的氧氧化为 I_2（Cu^{2+}催化此反应），使结果偏高。Fe^{3+}能氧化 I^-，对测定有干扰，但可加入 NH_4HF_2掩蔽。NH_4HF_2是一种很好的缓冲溶液，因 HF 的 $K_a=6.6\times10^{-4}$，故能使溶液的 pH 控制在 3.0 ~ 4.0 之间。

三、主要试剂和仪器

1. 主要试剂

（1）粗 $CuSO_4$；（2）NaOH（0.5 $mol\cdot L^{-1}$，1 $mol\cdot L^{-1}$）；（3）$NH_3\cdot H_2O$（6 $mol\cdot L^{-1}$）；（4）H_2SO_4（1 $mol\cdot L^{-1}$）；（5）HCl（2 $mol\cdot L^{-1}$）；（6）H_2O_2（30 $g\cdot L^{-1}$）；（7）KSCN（0.1 $mol\cdot L^{-1}$）；（8）铁标准溶液（含铁 100 μg/mL），准确称取 0.863 4 g 的 $NH_4Fe(SO_4)_2\cdot 12H_2O$，置于烧杯中，加入 20 mL 1∶1HCl 和少量水，溶解后，定量地转移至 1 L 容量瓶中，以水稀释至刻度，摇匀；（9）邻二氮菲（1.5 g/L）；（10）盐酸羟胺（100 g/L，用时配制）；（11）NaAc（1 mol/L）；（12）HCl（6 $mol\cdot L^{-1}$）；（13）KI（100 $g\cdot L^{-1}$）；（14）$Na_2S_2O_3$（0.1 $mol\cdot L^{-1}$）；（15）淀粉指示剂（5 $g\cdot L^{-1}$）；（16）NH_4SCN（100 $g\cdot L^{-1}$）；（17）KIO_3基准物质。

2. 主要仪器

（1）台秤；（2）漏斗；（3）漏斗架；（4）布氏漏斗；（5）吸滤瓶；（6）蒸发皿；（7）真空泵；（8）比色管（50 mL）8 个；（9）滤纸；（10）分光光度计；（11）分析天平；（12）碱式滴定管（50 mL）1 支；（13）移液管（25 mL）1 支；（14）锥形瓶（250 mL）3 个；（15）烧杯（100 mL）1 个；（16）量筒（10 mL）1 个；（17）容量瓶（250 mL）1 个。

四、实验步骤

1. 粗硫酸铜的提纯

（1）溶解　称取已研细的粗硫酸铜 10 g 放入 100 mL 小烧杯中，加入 20 mL 去离子水，搅拌、加热，使其溶解。

（2）氧化及水解　在溶液中滴加 4 mL 30 $g\cdot L^{-1}$ H_2O_2（操作时应将小烧杯从火焰上拿下来，为什么？）不断搅拌。继续加热，逐滴加入 0.5 $mol\cdot L^{-1}$ NaOH 溶液并不断搅拌，直至 pH≈4。再加热片刻，静置，使 $Fe(OH)_3$沉淀（注意沉淀的颜色，若有 $Cu(OH)_2$的浅蓝色出现时，表明 pH 过高）。

（3）常压过滤　用倾析法进行过滤，将滤液接收在蒸发皿中。

（4）蒸发、结晶、抽滤　在滤液中滴加 1 $mol\cdot L^{-1}$ H_2SO_4溶液，搅拌，至 pH 为 1 ~ 2。加热蒸发到溶液表面出现极薄一层结晶膜时，停止加热。冷却至室温，然后抽滤。用滤纸将硫酸铜晶体表面的水分吸干，称量并计算产率（实验完毕后将产品交给老师进行考核）。

2. 提纯后 $CuSO_4$ 中微量 Fe 的测定

(1)预处理。

①将 Fe^{2+} 氧化成 Fe^{3+}。称取产品0.5 g,加入3 mL去离子水溶解,加入0.3 mL 1 mol·L^{-1} H_2SO_4 酸化,再加入数滴 30 g·L^{-1} H_2O_2,加热煮沸,将 Fe^{2+} 氧化成 Fe^{3+},冷却。

②除 $Fe(OH)_3$。溶液中加入6 mol·L^{-1}的 $NH_3\cdot H_2O$ 并不断搅拌,至碱式硫酸铜全部转化成铜氨配离子,主要反应如下:

$$Fe^{3+}+3NH_3\cdot H_2O=Fe(OH)_3\downarrow+3NH_4^+$$

$$2Cu^{2+}+SO_4^{2-}+2NH_3\cdot H_2O=Cu_2(OH)_2SO_4+2NH_4^+$$

$$Cu_2(OH)_2SO_4+2NH_4^++6NH\cdot H_2O=2[Cu(NH_3)_4]^{2+}+SO_4^{2-}+8H_2O$$

常压过滤后,用 6 mol·L^{-1} $NH_3\cdot H_2O$ 洗涤滤纸至蓝色消失。滤纸上留下黄色的$Fe(OH)_3$。

③溶解 $Fe(OH)_3$沉淀。将1.5 mL 2 mol·L^{-1}的 HCl 溶液逐滴滴在滤纸上(滤液接收在比色管中),至 $Fe(OH)_3$全部溶解,若不能全部溶解,可将滤液再滴在滤纸上,反复操作至 $Fe(OH)_3$全部溶解为止。加去离子水将滤液冲稀至5.0 mL。

(2)铁含量的测定。

①标准曲线的制作 。用移液管吸取10 mL 100 μg·mL^{-1}铁标准溶液于100 mL容量瓶中,加入2 mL 6 mol·L^{-1}HCl 溶液,用水稀释至刻度,摇匀。此溶液 Fe^{3+}的浓度为10 μg·mL^{-1}。

在6个50 mL容量瓶(或比色管)中,用吸量管分别加入0 mL,2 mL,4 mL,6 mL,8 mL,10 mL 10μg·mL^{-1}铁标准溶液,均加入1 mL盐酸羟胺,摇匀。再加入2 mL phen,5 mL NaAc 溶液,摇匀。用水稀释至刻度,摇匀后放置10 min。用1 cm比色皿,以试剂空白(即0 mL铁标准溶液)为参比溶液,在所选择的波长下,测量各溶液的吸光度。以含铁量为横坐标,吸光度 A 为纵坐标,绘制标准曲线。

②试样中铁含量的测定。准确吸取适量待测试液于50 mL容量瓶(或比色管)中,按标准曲线的制作步骤,加入各种试剂,测量吸光度。从标准曲线上查出和计算试液中铁的含量(单位为 μg·mL^{-1})。

3. 提纯后 $CuSO_4$中铜含量的测定

(1)$Na_2S_2O_3$的标定。准确称取0.891 7 g KIO_3于烧杯中,加水溶解后,定量转入250.0 mL容量瓶中,加水稀释至刻度,充分摇匀。吸取25.00 mL KIO_3标准溶液3份,分别置于250 mL锥形瓶中,加入20 mL 100 g·L^{-1}KI 溶液,5 mL 1 mol·$L^{-1}$$H_2SO_4$,加水稀释至约200 mL,立即用待标定的 $Na_2S_2O_3$滴定至浅黄色,加入5 mL淀粉溶液,继续滴定至蓝色消失即为终点。

(2)铜含量的测定。准确称取提纯后硫酸铜试样2~3 g于烧杯中,先加30 mL 1 mol·L^{-1} H_2SO_4,再加水溶解后定量转入250 mL容量瓶中。加水稀释至刻度,充分摇匀。吸取25.00 mL上述稀释后溶液置于250 mL锥形瓶中,加入20 mL O_2,加10 mL KI 溶液,用0.1 mol·L^{-1} $Na_2S_2O_3$溶液滴定至浅黄色。再加入3 mL 5 g·L^{-1}淀粉指示剂,滴定至浅蓝色,最后加入5 mL NH_4SCN 溶液,继续滴定至米色。根据滴定时所消耗的 $Na_2S_2O_3$的体积计算 Cu 的含量。

五、注意事项

1. 移取各试液时注意吸量管的正确使用;

2. 测量时从浅色向深色测定，可以不用蒸馏水洗比色皿；

3. 摇匀，放置10 min，再测A；

4. 加淀粉不能太早，因滴定反应中产生大量CuI沉淀，若淀粉与I_2过早形成蓝色络合物，大量I_2被CuI沉淀吸附，终点呈较深的灰色，不好观察；

5. 加入NH_4SCN不能过早，而且加入后要剧烈摇动，有利于沉淀的转化和释放出吸附的I_2。

六、思考题

1. 粗硫酸铜中的可溶性和不溶性杂质如何除去？

2. 粗硫酸铜中的杂质Fe^{2+}为什么要氧化成Fe^{3+}后再除去？

3. $KMnO_4$，$K_2Cr_2O_7$，H_2O_2等都可将Fe^{2+}氧化为Fe^{3+}，你认为选用哪一种氧化剂较为合适？

4. 精制后的硫酸铜溶液为什么要加几滴稀H_2SO_4溶液调节pH至1～2，然后再加热蒸发？

5. 抽滤时蒸发皿中的少量晶体，怎样转移到漏斗中？能否用去离子水冲洗？

6. 产品纯度检验时应分别采用何种量器较为合适，为什么？

7. 试对所做条件试验进行讨论并选择适宜的测量条件。

8. 碘量法测定铜时，为什么常要加入NH_4HF_2？为什么临近终点时加入NH_4SCN（或KSCN）？

9. 已知$E^{\theta}_{Cu^{2+}/Cu}=0.159$ V，$E^{\theta}_{I_2/I^-}=0.545$ V，为何本实验中Cu^{2+}却能使I^-离子氧化为I_2？

10. 碘量法测定铜为什么要在弱酸性介质中进行？

11. 标定$Na_2S_2O_3$溶液的基准物质有哪些？以$K_2Cr_2O_7$标定$Na_2S_2O_3$时，终点的亮绿色是什么物质的颜色？

实验二 硫酸亚铁铵的制备及产品中Fe^{2+}含量的测定

一、实验目的

1. 了解复盐的制备方法、掌握水浴加热、减压过滤、蒸发结晶等基本操作；

2. 学会检验产品质量的方法，掌握$KMnO_4$溶液的配制及标定；

3. 掌握$KMnO_4$法测定Fe^{2+}的原理与方法；

4. 了解自身指示剂在$KMnO_4$法中的应用，对自动催化反应有所了解。

二、实验原理

硫酸亚铁铵（$(NH_4)_2SO_4 \cdot FeSO_4 \cdot 6H_2O$）商品名为莫尔盐，为浅蓝绿色单斜晶体。一般亚铁盐在空气中易被氧化，而硫酸亚铁铵在空气中比一般亚铁盐要稳定，不易被氧化，并且价格低，制造工艺简单，容易得到较纯净的晶体，因此应用广泛，在定量分析中常用来配制亚铁离子标准溶液。

和其他复盐一样，$(NH_4)_2SO_4 \cdot FeSO_4 \cdot 6H_2O$在水中的溶解度比组成它的每一组分$FeSO_4$或$(NH_4)_2SO_4$的溶解度都要小。利用这一特点，可通过蒸发浓缩$FeSO_4$与$(NH_4)_2SO_4$

溶于水所制得的浓混合溶液制取硫酸亚铁铵晶体。三种盐的溶解度数据列于表 10.1。

表 10.1　三种盐的溶解度(单位为 g/100 g H_2O)

温度/℃	$FeSO_4$	$(NH_4)_2SO_4$	$(NH_4)_2SO_4 \cdot FeSO_4 \cdot 6H_2O$
10	20.0	73.0	17.2
20	26.5	75.4	21.6
30	32.9	78.0	28.1

本实验先将铁屑溶于稀硫酸制成硫酸亚铁溶液:

$$Fe+H_2SO_4=FeSO_4+H_2\uparrow$$

硫酸亚铁铵中 Fe^{2+}含量的测定可采用氧化还原滴定中的 $KMnO_4$法。

$$5Fe^{2+}+MnO_4^-+8H^+=5Fe^{3+}+Mn^{2+}+4H_2O$$

再往硫酸亚铁溶液中加入硫酸铵并使其全部溶解,加热浓缩制得的混合溶液,再冷却即可得到溶解度较小的硫酸亚铁铵晶体。

$$FeSO_4+(NH_4)_2SO_4+6H_2O \rightarrow FeSO_4 \cdot (NH_4)_2SO_4 \cdot 6H_2O$$

在稀硫酸溶液中,高锰酸钾能定量地把亚铁氧化成三价铁,因此可以用 $KMnO_4$法测定上述制备所得硫酸亚铁铵中 Fe^{2+}的含量。滴定反应式为:

$$5Fe^{2+}+MnO_4^-+8H^+=5Fe^{3+}+Mn^{2+}+4H_2O$$

市售的高锰酸钾常含有少量杂质,如硫酸盐、氯化物及硝酸盐等,因此不能用直接法配制准确浓度的标准溶液。$KMnO_4$氧化能力强,还能自行分解,因此 $KMnO_4$溶液的浓度容易改变。为了配制较稳定的 $KMnO_4$溶液可称取稍多于理论量的 $KMnO_4$固体,溶于一定体积的蒸馏水中,加热煮沸,冷却后贮于棕色瓶中,于暗处放置数天,使溶液中可能存在的还原性物质完全氧化,然后过滤除去析出的 MnO_2沉淀,再进行标定。使用经久放置后的 $KMnO_4$溶液时应重新标定其浓度。

$KMnO_4$溶液可用还原剂作基准物质来标定。$H_2C_2O_4 \cdot 2H_2O$ 和 $Na_2C_2O_4$是较易纯化的还原剂,也是标定 $KMnO_4$常用的基准物质。其反应如下:

$$5C_2O_4^{2-}+2MnO_4^-+16H^+=10CO_2\uparrow+2Mn^{2+}+8H_2O$$

反应要在酸性、较高温度和有 Mn^{2+}作催化剂的条件下进行。$KMnO_4$氧化性强,在强酸性溶液中可直接滴定一些还原性物质,如 Fe^{2+},AsO_3^{3-},NO_2^-,Sb^{3+},H_2O_2,$C_2O_4^{2-}$,甲醛、葡萄糖和水杨酸等。因为 $KMnO_4$溶液本身具有特殊的紫红色,因此可利用 $KMnO_4$本身的颜色指示滴定终点。

三、主要试剂和仪器

1. 主要试剂

(1)固体 $FeSO_4$;(2)HCl(1 : 1);(3)H_2SO_4(1 : 5);(4)KSCN(1 $mol \cdot L^{-1}$);(5)固体$(NH_4)_2SO_4$;(6)10% Na_2CO_3;(7)铁屑;(8)95% 乙醇;(9)pH 试纸;(10)$BaCl_2$(1 $mol \cdot L^{-1}$);(11)$K_3[Fe(CN)_6]$(0.1 $mol \cdot L^{-1}$);(12)$KMnO_4$(0.01 $mol \cdot L^{-1}$)标准溶液。

2. 主要仪器

(1)台秤;(2)漏斗;(3)漏斗架;(4)布氏漏斗;(5)吸滤瓶;(6)蒸发皿;(7)真空泵;(8)酸式滴定管(50 mL)1 支;(9)移液管(25 mL)1 支;(10)锥形瓶(250 mL)3 个;(11)烧

杯(100 mL)1个;(12)量筒(10 mL)1个;(13)容量瓶(250 mL)1个。

四、实验步骤

1. Fe屑的净化

用台式天平称取2.0 g Fe屑,放入锥形瓶中,加入15 mL 10% Na_2CO_3溶液,小火加热煮沸约10 min以除去Fe屑上油污,倾去Na_2CO_3碱液,用自来水冲洗后,再用去离子水把Fe屑冲洗干净。

2. $FeSO_4$的制备

往盛有Fe屑的锥形瓶中加入15 mL 3 mol·L^{-1} H_2SO_4,水浴加热至不再有气泡放出,趁热减压过滤,用少量热水洗涤锥形瓶及漏斗上的残渣,抽干。将滤液转移至洁净的蒸发皿中,将留在锥形瓶内和滤纸上的残渣收集在一起用滤纸片吸干后称重,由已作用的Fe屑质量算出溶液中生成的$FeSO_4$的量。

3. $(NH_4)_2SO_4 \cdot FeSO_4 \cdot 6H_2O$的制备

根据上面计算出来的硫酸亚铁的理论产量,大约按照$FeSO_4$与$(NH_4)_2SO_4$的质量比为1∶0.75,称取所需$(NH_4)_2SO_4$固体,溶于装有10 mL微热蒸馏水的小烧杯中,再将此溶液转移至蒸发皿中。用(1∶5)H_2SO_4溶液调节至pH为1~2,继续在水浴上蒸发、浓缩至表面出现结晶薄膜为止(蒸发过程不宜搅动溶液)。静置,使之缓慢冷却,$(NH_4)_2SO_4 \cdot FeSO_4 \cdot 6H_2O$晶体析出,减压过滤除去母液,并用少量95%乙醇洗涤晶体,抽干。将晶体取出,摊在两张吸水纸之间,轻压吸干。

观察晶体的颜色和形状。称重,计算产率。

$$m[(NH_4)_2SO_4] = \frac{m(Fe)M[(NH_4)_2SO_4]}{M(Fe)}$$

数据处理:

$$m(\text{实际}) = m(\text{样品+表面皿}) - m(\text{表面皿})$$

$$\text{产率} = \frac{\text{实际产量(g)}}{\text{理论产量(g)}} \times 100\%$$

$$m(\text{理论}) = \frac{M[(NH_4)_2SO_4 \cdot FeSO_4 \cdot 6H_2O]}{M[(NH_4)_2SO_4]} \times m[(NH_4)_2SO_4]$$

4. 产品定性检验

取少量产品溶于水,配成溶液用以定性检验NH_4^+,Fe^{2+}和SO_4^{2-}离子。

(1)NH_4^+,取10滴试液于试管中,加入1 mol·L^{-1} NaOH溶液碱化,微热,并用润湿的红色石蕊试纸(或用pH试纸)检验逸出的气体,如试纸显蓝色,表示有NH_4^+存在。

(2)Fe^{2+},取1滴试液于点滴板上,加1滴1∶1 mol·L^{-1} HCl溶液酸化,加1滴0.1 mol·L^{-1} $K_3[Fe(CN)_6]$溶液,如出现蓝色沉淀,表示有Fe^{2+}存在。

(3)SO_4^{2-},取5滴试液于试管中,加6 mol·L^{-1} HCl溶液至无气泡产生,再多加1~2滴。加入1~2滴1 mol·L^{-1} $BaCl_2$溶液,若生成白色沉淀,表示有SO_4^{2-}存在。

5. $(NH_4)_2SO_4 \cdot FeSO_4 \cdot 6H_2O$中$Fe^{2+}$含量的测定(高锰酸钾法)

(1)$(NH_4)_2SO_4 \cdot FeSO_4 \cdot 6H_2O$的干燥。将步骤3中所制得的晶体在100 ℃左右干燥2~3 h,脱去结晶水。冷却至室温后,将晶体装在干燥的称量瓶中。

(2)0.01 mol·L^{-1} $KMnO_4$标准溶液的配制和标定。称取0.8 g左右$KMnO_4$放于烧杯中,

加水 500 mL，使其溶解后盖上表面皿，加热煮沸并保持微沸状态 1 h，冷却后于室温下放置 2～3天后，用玻璃砂芯漏斗过滤，滤液贮于清洁带塞棕色瓶里。

准确称取 $Na_2C_2O_4$ 0.08～0.1 g 3 份，分别置于 250 mL 锥形瓶中，各加蒸馏水 40 mL 和 10 mL 3mol·L^{-1} H_2SO_4溶液，水浴加热至 75～85 ℃，趁热用 $KMnO_4$溶液滴定。开始时，滴定速度宜慢，在第一滴 $KMnO_4$溶液滴入后，不断摇动溶液，当紫红色褪去后再滴入第二滴。溶液中有 Mn^{2+}产生后，滴定速度可适当加快，近终点时紫红色褪去很慢，应减慢滴定速度，同时充分摇动溶液。当溶液呈现微红色并在 30 s 不褪色即为终点。计算 $KMnO_4$溶液的浓度。

(3) 测定。将制得的 $(NH_4)_2SO_4 \cdot FeSO_4 \cdot 6H_2O$ 称重后置于烧杯中，加入 10 mL (1∶5) H_2SO_4溶解后，加水定容至 250 mL 容量瓶中、摇匀。用 25 mL 移液管分取 3 份上述溶液，分别置于 250 mL 锥形瓶中，以 $KMnO_4$溶液滴定至溶液呈现微红色在 30 s 内不褪即为终点。计算硫酸亚铁铵的含量。

$$\omega_{Fe} = \frac{5c_{KMnO_4} v_{KMnO_4} M_{Fe} \times 10^{-3}}{m_s \times \frac{25.00}{250.0}} \times 100\%$$

五、注意事项

1. 硫酸亚铁铵的制备：加入硫酸铵后，应搅拌使其溶解后再往下进行，在水浴上加热，防止失去结晶水；
2. 蒸发浓缩初期要不停搅拌，但要注意观察晶膜，一旦发现晶膜出现即停止搅拌；
3. 最后一次抽滤时，注意将滤饼压实，不能用蒸馏水或母液洗晶体；
4. 标定 $KMnO_4$时要保持温度不低于 60 ℃。

六、思考题

1. 为什么硫酸亚铁铵在定量分析中可以用来配制亚铁离子的标准溶液？
2. 本试验利用什么原理来制备硫酸亚铁铵？
3. 如何利用目视法来判断产品中所含杂质 Fe^{3+}的量？
4. Fe 屑中加入 H_2SO_4水浴加热至不再有气泡放出时，为什么要趁热减压过滤？
5. $FeSO_4$溶液中加入 $(NH_4)_2SO_4$全部溶解后，为什么要调节至 pH 为 1～2？
6. 蒸发浓缩至表面出现结晶薄膜后，为什么要缓慢冷却后再减压抽滤？
7. 洗涤晶体时为什么用 95% 乙醇而不用水洗涤晶体？

实验三　碳酸钠的制备及含量测定（双指示剂法）

一、实验目的

1. 了解工业上联合制碱（简称“联碱”）法的基本原理；
2. 学会利用各种盐类溶解度的差异使其彼此分离的某些技能；
3. 了解复分解反应及热分解反应的条件；
4. 初步学会用双指示剂法测定 Na_2CO_3的含量。

二、实验原理

1. 制备原理

碳酸钠俗称苏打，工业上叫纯碱，一般较具规模的合成氨厂中设有“联碱”车间，就是利用二氧化碳和氨气通入氯化钠溶液中，先反应生成 $NaHCO_3$，再在高温下灼烧 $NaHCO_3$，使其分解而转化成 Na_2CO_3，其反应式为：

$$NH_3+CO_2+H_2O+NaCl \rightarrow NaHCO_3\downarrow+NH_4Cl$$

$$2NaHCO_3 \xrightarrow{\text{灼烧}} Na_2CO_3+H_2O+CO_2\uparrow$$

第一个反应实际就是下列复分解反应：

$$NH_4HCO_3+NaCl \longrightarrow NaHCO_3\downarrow+NH_4Cl$$

因此，在实验室里直接使用 NH_4HCO_3 和 NaCl，并选择在特定的浓度与温度条件下进行反应。

从上述复分解反应可知，四种盐同时存在于水溶液中，这在相图上叫作四元交互体系。根据相图可以选择出最佳的反应温度与各个盐的溶解度（也就是浓度）关系，使产品的质量和产量达到最经济的原则。但这是一专门学科，不是本实验要研究的问题。

将不同温度下各种纯盐在水中的溶解度作相互比较，可以粗略地估计出从反应的体系中分离出某些盐的较好条件和适宜的操作步骤。反应中所出现的四种盐在水中的溶解度见表 10.2。

从表 10.2 中看出，当温度在 40 ℃时 NH_4HCO_3 已分解，实际上在 35 ℃就开始分解了，由此决定了整个反应温度不允许超过 35 ℃。但温度太低，NH_4HCO_3 溶解度则又减小，要使反应最低限度地向产物 $NaHCO_3$ 方向移动，则又要求 NH_4HCO_3 的浓度尽可能地增加，故由表可知，反应温度不宜低于 30 ℃，故本反应的适宜温度为 30～35 ℃。

如果在 30～35 ℃下将研细了的 NH_4HCO_3 固体加到 NaCl 溶液中，在充分搅拌的条件下就能使复分解进行，并随即有 $NaHCO_3$ 晶体转化析出。通过以上分析，实验条件就可确定。

表 10.2　NaCl 等四种盐在不同温度下在水中的溶解度（g/100 g）

盐 \ 温度/℃	0	10	20	30	40	50	60	70	80	90	100
NaCl	25.7	35.8	36.0	36.3	36.6	37.0	37.3	37.8	38.4	39.0	39.8
NH_4HCO_3	11.9	15.8	21.0	27.0	—	—	—	—	—	—	—
$NaHCO_3$	6.9	8.15	9.6	11.1	12.7	14.5	16.4	—	—	—	—
NH_4Cl	29.4	33.3	37.2	41.4	45.8	50.4	55.2	60.2	65.6	71.3	77.3

2. 测定原理

Na_2CO_3 产品中由于加热分解 $NaHCO_3$ 时的时间不足或未达分解的温度而夹杂有 $NaHCO_3$ 及混进的其他杂质。一般说来其他杂质不易混进，所以，通常只分析 $NaHCO_3$ 及 Na_2CO_3 两项即可。

Na_2CO_3 的水解是分两步进行的，故用 HCl 滴定 Na_2CO_3 时，反应也分两步进行：

$$Na_2CO_3+HCl \rightarrow NaHCO_3+NaCl$$

$$NaHCO_3+HCl \rightarrow H_2CO_3+NaCl$$

从反应式可知，如是纯 Na_2CO_3，用 HCl 滴定时两步反应所消耗的 HCl 应该是相等的。若产品中有 $NaHCO_3$ 时，则再第二步反应消耗的 HCl 要比第一步多一些。

又根据两步反应的结果来看,第一步产物为 $NaHCO_3$,此时溶液的 pH 约为 8.5,当第二步反应结束时,最后的产物为 H_2CO_3(进一步分解成 H_2O 和 CO_2),此时溶液的 pH 约为 4,利用这两个 pH 可选择酸碱指示剂酚酞[变色范围为 8.0(无色)~10.0(红色)]及甲基橙[变色范围为 3.1(红色)~4.4(黄色)]作滴定终点指示剂。由两次指示剂的颜色突变指示,测出每一步所消耗的 HCl 的体积,再进行含量计算,如下图所示:

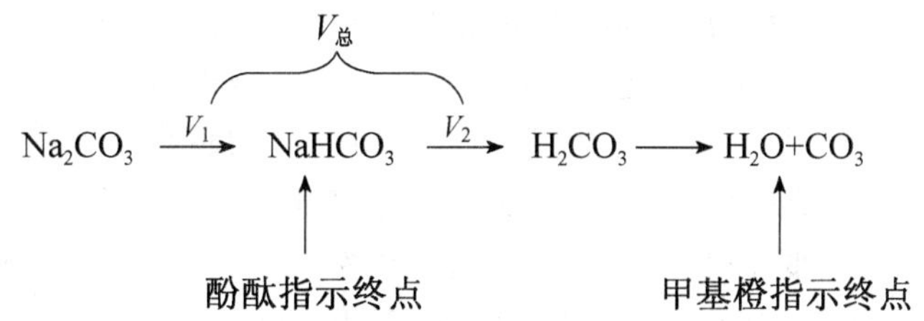

式中,$V_总$从 Na_2CO_3 水解开始直到甲基橙指示终点所消耗的 HCl 体积。

显然,如果 $V_1=V_2$ 时,即产品中无 $NaHCO_3$;若 $V_2>V_1$,则表明产品中含有 $NaHCO_3$。

三、主要试剂和仪器

1. 主要试剂

(1)粗盐饱和溶液;(2)HCl(6 mol·L^{-1});(3)酒精(1:1,用 $NaHCO_3$ 饱和过的);(4)Na_2CO_3(饱和溶液);(5)NH_4HCO_3(固);(6)HCl(0.1 mol·L^{-1}标准溶液);(7)酚酞指示剂;(8)甲基橙指示剂。

2. 主要仪器

(1)电磁搅拌器;(2)吸滤瓶;(3)布氏漏斗;(4)坩埚;(5)坩埚钳;(6)研钵;(7)滤纸;(8)电子天平;(9)分析天平;(10)酸式滴定管(50 mL);(11)锥形瓶(250 mL)。

四、实验步骤

1. 除去杂质

量取 20 mL 饱和粗盐溶液,放在 100 mL 烧杯中加热至近沸,保持在此温度下用滴管逐滴加入饱和 Na_2CO_3溶液,调节 pH 至 11 左右,此时溶液中有大量胶状沉淀物[$Mg(OH)_2$·$CaCO_3$]析出,继续加热至沸,趁热常压过滤,弃去沉淀,滤液转入 150 mL 烧杯中,再用 6 mol·L^{-1} Cl 调节溶液 pH 至 7 左右。

2. 复分解反应转化制 $NaHCO_3$

将盛有上述滤液的烧杯放在控制温度为 30~35 ℃之间的水浴中(用电磁搅拌器加热水浴,其水温为 32~37 ℃),在不断搅拌的条件下,将预先研细了的 8.5 g H_4HCO_3分数次(约 5~8 次)全部投入滤液中。加完后,继续保持此温度连续搅拌约 30 min 使反应充分进行,从水浴中取出后静置,用吸滤法除去母液,白色晶体即为 $NaHCO_3$。在停止抽滤的情况下,在产品上均匀地滴上 1:1 的酒精水溶液(用 $NaHCO_3$饱和过的)使之充分润湿(不要加的很多),然后再抽吸,使晶体中的洗涤液被抽干,如此重复 3~4 次,将大部分吸附在 $NaHCO_3$上的铵盐及过量的 NaCl 洗去。

3. $NaHCO_3$加热分解制 Na_2CO_3

将湿产品放入蒸发皿中。先在石棉网上以小火烘干,然后移入坩埚,放入高温炉,调节温度控制器在 300 ℃时,继续加热 30 min,然后停止加热,降温稍冷后,即将坩埚移入干燥器中保存备用。产品使用前,应称取其质量并用研钵研细后转入称量瓶中,根据产品质量计算产率。

4. 碳酸钠的含量测定

在分析天平上以差减法准确称取 3 份自制的 Na_2CO_3 产品(每份约 0.12 g),分别置于 3 个 250 mL 锥形瓶中,然后每份按下法操作。

向锥形瓶中加入蒸馏水约 50 mL,产品溶解后加入酚酞指示剂 1～2 滴,用盐酸标准溶液滴定,溶液由紫红色变至浅粉红色,读取所消耗 HCl 之体积(V_1)(注意:第一个滴定终点一定要使 HCl 逐滴滴入,并不断振荡溶液,以防 HCl 局部过浓而 CO_2 逸出,造成 $V_总<2V_1$)。再在溶液中加 2 滴甲基橙指示剂,这时溶液为黄色,继续用原滴定管(已读取 V_1 体积数)滴入 HCl,使溶液由黄色突变至橙色,将锥形瓶置石棉网上加热至沸 1～2 min,冷却(可用冷水浴冷却)后溶液又变黄色(如果不变仍为橙色,则表明终点已过),再小心慢慢地用 HCl 滴定至溶液再突变成橙色即达到终点,记下所消耗 HCl 的总体积 $V_总$。

每次测定必须取齐 $m, V_1, V_总$ 和 C_{HCl} 四个数据,按下列公式计算 $NaHCO_3$ 及 Na_2CO_3 的质量分数:

$$Na_2CO_3\text{的百分含量}=\frac{C_{HCl}\times 2V_1\times\frac{M_{Na_2CO_3}}{2\ 000}}{m}\times 100\%$$

$$NaHCO_3\text{的百分含量}=\frac{C_{HCl}\times(V_总-2V_1)\times\frac{M_{NaHCO_3}}{1\ 000}}{m}\times 100\%$$

式中,$M_{Na_2CO_3}$ 为 Na_2CO_3 摩尔质量;C_{HCl} 为 HCl 的物质量浓度;M_{NaHCO_3} 为 $NaHCO_3$ 摩尔质量;m 为 Na_2CO_3 样品质量。

5. 计算 Na_2CO_3 的产率

(1)理论产量:以 NaCl 溶液浓度计算。

(2)实际产量:以产品质量乘 Na_2CO_3 百分含量。

(3)产率

$$\text{产率}=\frac{\text{实际产量}}{\text{理论产量}}\times 100\%$$

将实验中所有数据列入表 10.3:

表 10.3　实验数据表

实验号	样品质量	消耗 HCl 的体积/mL		HCl 的浓度 /mol · L^{-1}	Na_2CO_3/%	$NaHCO_3$/%	Na_2CO_3/%
		V_1	$V_总$				

五、思考题

1. 为什么在洗涤 $NaHCO_3$ 时要用饱和 $NaHCO_3$ 的酒精洗涤液,且不能一次多加洗涤液,而要采用少量多次洗涤?

2. 如果 $NaHCO_3$ 上的铵盐洗不净是否会影响产品 Na_2CO_3 的纯度？NaCl 不能洗净是否会影响产品纯度？你认为怎样才能检查产品中含有 NaCl 或 NH_4Cl？

3. 如果在滴定过程中所记录的数据发现 $V_1>V_2$，也即 $2V_1>V_总$ 时，说明什么问题？

实验四　高锰酸钾的制备及纯度测定

一、实验目的

1. 了解高锰酸钾制备的原理和方法；
2. 学习碱熔法操作及学会在过滤操作中使用石棉纤维和玻砂漏斗；
3. 试验和了解锰的各种价态的化合物的性质和它们之间转化的条件；
4. 测定高锰酸钾的纯度并掌握氧化还原滴定操作。

二、实验原理

1. 制备原理

在碱性介质中，氯酸钾可把二氧化锰氧化为锰酸钾：

$$3MnO_2+KClO_3+6KOH\xlongequal{熔融}3K_2MnO_4+3H_2O+KCl$$

在酸性、中性及弱碱性介质中，锰酸钾可发生歧化反应，生成高锰酸钾：

$$3K_2MnO_4+2CO_2=2KMnO_4+MnO_2+2K_2CO_3$$

所以，把制得的锰酸钾固体溶于水，再通入 CO_2 气体，即可得到 $KMnO_4$ 溶液和 MnO_2。减压过滤以除去 MnO_2 之后，将溶液浓缩，即析出 $KMnO_4$ 晶体。用这种方法制取 $KMnO_4$，在最理想的情况下，也只能使 K_2MnO_4 溶液中通入氯气：

$$2K_2MnO_4+Cl_2=2KMnO_4+2KCl$$

或用电解法对 K_2MnO_4 急性氧化，得到 $KMnO_4$。

阳极：$2MnO_4^{2-}-2e=2MnO_4^-$

阴极：$2H_2O+2e=2OH^-+H_2\uparrow$

总反应为：$2K_2MnO_4+2H_2O=2KMnO_4+2KOH+H_2\uparrow$

本实验采用通 CO_2 的方法使 MnO_4^{2-} 歧化为 MnO_4^-。

2. 测定原理

草酸与高锰酸钾在酸性溶液中发生如下的氧化还原反应：

$$5H_2C_2O_4+2KMnO_4+3H_2SO_4=2MnSO_4+K_2SO_4+10CO_2\uparrow+8H_2O$$

反应产物 Mn^{2+} 对反应有催化作用，所以反应在开始时较慢，但随着 Mn^{2+} 的生成，反应速度逐渐加快。高锰酸钾与草酸在硫酸介质中起反应，生成硫酸锰，使高锰酸钾的紫色褪去。当反应到达等当点时，草酸即全部作用完，过量的 1 滴高锰酸钾溶液就会使溶液呈浅紫红色。

三、主要试剂和仪器

1. 主要试剂

(1) $KClO_3$（固体，CP）；(2) MnO_2（工业）；(3) KOH（固体，CP）；(4) H_2SO_4（$1\ mol\cdot L^{-1}$）；

(5)草酸标准溶液(0.05 mol · L^{-1});(6)酸洗石棉纤维。

2. 主要仪器

(1)台秤;(2)CO_2气体钢瓶;(3)铁坩埚;(4)铁棒;(5)泥三角;(6)坩埚钳;(7)吸滤瓶;(8)烧杯;(9)布氏漏斗;(10)玻砂漏斗 3#;(11)表面皿;(12)酸式滴定管(50 mL,棕色);(13)电烘箱;(14)真空干燥箱;(15)酒精喷灯;(16)分析天平;(17)称量瓶;(18)研钵;(19)锥形瓶(250 mL);(20)容量瓶(200 mL)。

四、实验步骤

1. 高锰酸钾的制备

(1)锰酸钾的制备。把 2 g 氯酸钾固体和 4 g 氢氧化钾固体混合均匀,放在铁坩埚内,用自由夹把铁坩埚夹紧,然后用小火加热,尽量不使熔融体飞溅。待混合物熔化后,将2.5 g MnO_2分 3 次加入,每次加入均应用铁棒搅拌均匀,加完 MnO_2,仍不断搅拌,熔体黏度逐渐增大,这时,应大力搅拌,以防结块,等反应物干涸后,停止加热。

产物冷却后,将其转移到 200 mL 烧杯中,留在坩埚中的残存部分,以约 10 mL 蒸馏水加热浸洗,溶液倾入盛产物的烧杯中,如浸洗一次未浸完,可反复用水浸数次,直至完全浸出残余物。浸出液合并,最后使总体积为 90 mL(不要超过 100 mL),加热烧杯并搅拌,使熔体全部溶解。

(2)高锰酸钾的制备。产物溶解后,通入二氧化碳气体(约 5 min),直到锰酸钾全部歧化为高锰酸钾和二氧化锰为止(可用玻璃棒蘸一些溶液滴在滤纸上,如果滤纸上显红色而无绿色痕迹,即可以认为锰酸钾全部歧化),然后用铺有石棉纤维的布氏漏斗滤去二氧化锰残渣,滤液倒入蒸发皿中,在水浴上加热浓缩至表面析出高锰酸钾晶膜为止。溶液放置片刻,令其结晶,用玻砂漏斗把高锰酸钾晶体抽干,母液回收。产品放在表面皿上保存好备用,晾干后(也可将产品放于烘箱内,在 30 ℃下干燥 1 ~ 2 h,或将产品放入真空干燥箱内,室温下干燥 0.5 ~ 1 h),称重,计算产率。

2. 高锰酸钾含量的测定

用差减法称取 0.65 ~ 0.7 g 所制得的高锰酸钾固体(m_1)置于小烧杯内,用少量蒸馏水溶解后,全部转移到 200 mL 容量瓶内,然后稀释至刻度。

准确称取一定量(视自制产品的质量而定)草酸置于 250 mL 锥形瓶内,加入 10 mL 水溶解,再加入 25 mL 1 mol · L^{-1} H_2SO_4,混合均匀后把溶液加热至 75 ~ 85 ℃,然后用高锰酸钾溶液滴定。滴定开始时,高锰酸钾溶液紫色褪去得很慢,这时要慢慢滴入,等加入的第 1 滴高锰酸钾褪色后,再加第 2 滴。后来因产生了二价锰离子,反应速度加快,可以滴得快一些。最后当加入 1 滴高锰酸钾溶液,摇匀后,在 30 s 以内溶液的紫红色不退,即表示已达到计量点。

重复以上操作,直至得到平行数据为止(至少平行滴定 3 份)。

3. 高锰酸钾含量的计算

$$\text{高锰酸钾的百分含量} = \frac{m_2}{m_1} \times 100\%$$

式中,m_1为称取的高锰酸钾的质量;m_2为 200 mL 高锰酸钾溶液中所测得的高锰酸钾质量。

五、思考题

1. 为什么由二氧化锰制备高锰酸钾时要用铁坩埚,而不用瓷坩埚?用铁坩埚有什么优点?

2. 能不能用加盐酸来代替往锰酸钾溶液中通二氧化碳气体，为什么？用氯气来代替二氧化碳，是否可以，为什么？

3. 过滤 $KMnO_4$晶体为什么要用玻砂漏斗？是否可用滤纸或石棉纤维来代替？

实验五 二草酸合铜（Ⅱ）酸钾的制备及组成测定

一、实验目的

1. 进一步掌握溶解、沉淀、抽滤、蒸发、浓缩等无机制备的一些基本操作；
2. 熟练容量分析的基本操作；
3. 掌握配位滴定法测定铜的原理和方法；
4. 掌握高锰酸钾法测定草酸根的原理和方法。

二、实验原理

二草酸合铜（Ⅱ）酸钾的制备方法很多，可以由草酸钾和硫酸铜直接混合来制备，也可以由氢氧化铜或氧化铜与草酸氢钾反应来制备。本实验选取草酸钾和硫酸铜作为反应物，$CuSO_4$在碱性条件下生产 $Cu(OH)_2$，加热沉淀则转化为易过滤的 CuO。一定量的 $H_2C_2O_4$在溶于水后加入 K_2CO_3得到 KHC_2O_4和 $K_2C_2O_4$的混合溶液，该混合溶液与 CuO 作用可生成二草酸合铜（Ⅱ）酸钾 $K_2[Cu(C_2O_4)_2]$。经水浴蒸发、浓缩、冷却后得到产物为蓝色晶体 $K_2[Cu(C_2O_4)_2]\cdot 2H_2O$。涉及的反应有：

$$CuSO_4+2NaOH=Cu(OH)_2\downarrow+Na_2SO_4$$

$$Cu(OH)_2\xrightarrow{\Delta}CuO+H_2O$$

$$2H_2C_2O_4+K_2CO_3=2KHC_2O_4+CO_2+H_2O$$

$$2KHC_2O_4+CuO=K_2[Cu(C_2O_4)_2]+H_2O$$

确定产物组成时，用重量分析法测定结晶水，二草酸合铜（Ⅱ）酸钾在 150 ℃失去结晶水，根据产品加热前后重量的差值可计算结晶水含量。采用 EDTA 配位滴定法，以紫脲酸铵为指示剂可测定产品中铜的含量。用高锰酸钾法可测草酸根的含量。

三、主要试剂和仪器

1. 主要试剂

（1）$CuSO_4\cdot 5H_2O$（固体）；（2）$H_2C_2O_4\cdot 2H_2O$（固体）；（3）K_2CO_3（基准）；（4）NaOH 溶液；（5）EDTA（0.02 $mol\cdot L^{-1}$）；（6）紫脲酸铵指示剂（0.5% 水溶液）；（7）$KMnO_4$（0.02 $mol\cdot L^{-1}$）；（8）H_2SO_4（3 $mol\cdot L^{-1}$）；（9）$NH_3\cdot H_2O$（1∶2）。

2. 主要仪器

（1）台秤；（2）分析天平；（3）烘箱；（4）普通漏斗；（5）布氏漏斗；（6）吸滤瓶；（7）真空泵；（8）蒸发皿；（9）酸式滴定管（50 mL）；（10）锥形瓶（250 mL）；（11）烧杯；（12）移液管。

四、实验步骤

1. 合成二草酸合铜（Ⅱ）酸钾

（1）CuO 的制备。称取 2.0 g $CuSO_4\cdot 5H_2O$ 于 100 mL 烧杯中，加入 40 mL 水溶解，在

搅拌下加入 10 mL 2 mol·L^{-1} NaOH 溶液，小火加热至沉淀变黑(生成 CuO)，再煮沸约 20 min。稍冷后以双层滤纸吸滤，用少量去离子水洗涤沉淀 2 次。

(2) KHC_2O_4的制备。称取 3.0 g $H_2C_2O_4 \cdot 2H_2O$ 于 250 mL 烧杯中，加入 40 mL 水微热溶解(温度不能超过 85 ℃，以避免草酸分解)。稍冷后分数次加入 2.2 g 无水 K_2CO_3，溶解后生成 KHC_2O_4和 $K_2C_2O_4$的混合溶液。

(3)二草酸合铜(Ⅱ)酸钾的制备。将含 KHC_2O_4和 $K_2C_2O_4$的混合溶液水浴加热，再将 CuO 连同滤纸一起加入到该溶液中。水浴加热，充分反应至沉淀大部分溶解(约 30 min)。趁热过滤，用少量沸水洗涤两次，将滤液转入蒸发皿中。水浴加热将滤液浓缩至约原体积的一半，放置约 10 min 后用水彻底冷却。待大量晶体析出后抽滤，晶体用滤纸吸干。称重，计算产率。

产品保存，用于组成分析。

2. 产物的组成分析

(1)试样溶液的制备。准确称取合成的晶体试样 1 份(0.95～1.05 g)于 100 mL 小烧杯中，加入 5 mL $NH_3 \cdot H_2O$ 使其溶解，再加入 10 mL 水，玻璃棒搅拌待试样完全溶解后转移至 250 mL 容量瓶中，加水稀释至刻线，定容，摇匀。

(2)结晶水的测定。准确称取两个已恒重的坩埚的质量，再准确称取 0.5～0.6 g 晶体试样两份，分别放入两个坩埚中，放入烘箱，在 150 ℃时干燥 1 h，然后放入干燥器中冷却 15 min后称重，根据称量结果，计算结晶水的含量。

(3)铜(Ⅱ)含量的测定。准确称取 0.17～0.19 g 产物，置于 250 mL 锥形瓶中，用15 mL NH_3-NH_4Cl 缓冲溶液(pH=10)溶解，再稀释到 100 mL。加 3 滴紫脲酸铵指示剂，用EDTA 标准溶液滴定至溶液变为亮紫色时即为终点。根据滴定结果，计算 Cu^{2+} 的含量。平行测定 3 次。

(4) $C_2O_4^{2-}$ 含量的测定。准确称取 0.21～0.23 g 产物，加入 2 mL 浓氨水后，再加入 22 mL 3 mol·L^{-1} H_2SO_4溶液，此时会有淡蓝色沉淀出现，稀释到 100 mL。水浴加热至 75～85 ℃(瓶口冒较多热气)，趁热用待标定的 $KMnO_4$溶液进行滴定。直至溶液呈粉红色并且半分钟内不褪色即为终点。沉淀在滴定过程中会逐渐消失。根据滴定结果，计算 $C_2O_4^{2-}$的含量。

五、思考题

1. 请设计由 $CuSO_4$合成二草酸合铜(Ⅱ)酸钾的其他方案。

2. 实验中为什么不采用 KOH 与草酸反应生成 KHC_2O_4?

3. $C_2O_4^{2-}$ 和 Cu^{2+}分别测定的实验原理是什么? 除本实验的方法外，还可以采用什么分析方法?

4. 试样分析过程中，pH 过大或过小对分析有何影响?

实验六　水泥熟料全分析

一、实验目的

1. 了解重量法测定水泥熟料中 SiO_2含量的原理和方法；

2. 进一步掌握配位滴定法的原理，特别是通过控制试液的酸度、温度及选择恰当的掩蔽剂和指示剂等，在铁、铝、钙、镁共存时直接分别测定它们的方法；

3. 掌握配位滴定的几种方式-直接滴定法、返滴定法和差减法，以及它们的计算方法；

4. 掌握水浴加热、沉淀、过滤、洗涤、灰化、灼烧等操作技术。

二、实验原理

水泥熟料是调和生料经 1 400 ℃以上的高温煅烧而成的，通过熟料分析，可以检验熟料质量和烧成情况的好坏。根据分析结果，可及时调节原料的配比以控制生产。

普通硅酸盐水泥熟料的主要化学成分及其含量的大概范围如表 10.4：

表 10.4　普通硅酸盐水泥熟料的主要化学成分及其含量的大概范围

主要成分	Fe_2O_3	Al_2O_3	CaO	MgO	SiO_2
含量/%	2.0～5.5	4.0～9.5	60～70	<4.5	18～24

对水泥熟料进行全分析也就是对其所含的主要成分 SiO_2，Fe_2O_3，Al_2O_3，CaO 和 MgO 的含量进行分析，水泥熟料中碱性氧化物占 60% 以上，因此易为酸所分解。水泥熟料中主要为硅酸三钙、硅酸二钙、铝酸三钙和铁铝酸四钙等化合物的混合物，易为酸所分解。当这些化合物与盐酸作用时，生成硅酸和可溶性的氯化物：

$$2CaO \cdot SiO_2+4HCl=2CaCl_2+H_2SiO_3+H_2O$$

$$3CaO \cdot SiO_2+6HCl=3CaCl_2+H_2SiO_3+2H_2O$$

$$3CaO \cdot Al_2O_3+12HCl=3CaCl_2+2AlCl_3+6H_2O$$

$$4CaO \cdot Al_2O_3 \cdot Fe_2O_3+20HCl=4CaCl_2+2AlCl_3+2FeCl_3+10H_2O$$

硅酸是一种很弱的无机酸，在水溶液中绝大部分以溶胶状态存在。再用浓酸和加热蒸干等方法处理后，能使绝大部分硅酸水溶胶脱水成水凝胶析出，因此可以利用沉淀分离的方法把硅酸与水泥中的铁、铝、钙、镁等其他组分分开。本实验中以重量法测定 SiO_2 的含量，Fe_2O_3，Al_2O_3，CaO 和 MgO 以 EDTA 配位滴定法测定。

在水泥经酸分解的溶液中，采用加热蒸发近干和加固体氯化铵两种措施，使水溶性胶状硅酸尽可能全部脱水析出。蒸干脱水是将溶液控制在 100～110 ℃温度下进行的。由于 HCl 的蒸发，硅酸中所含的水分大部分被带走，硅酸水溶液即成为水凝胶析出。由于溶液中的 Fe^{3+}，Al^{3+} 等离子在温度超过 110 ℃时易水解生成难溶性的碱式盐，而混在硅酸凝胶中，这样将使 SiO_2 的结果偏高，而 Fe_2O_3，Al_2O_3 等的结果偏低，故加热蒸干宜采用水浴以严格控制温度。

加入固体 NH_4Cl 后，由于 NH_4Cl 的水解，夺取了硅酸中的水分，从而加速了脱水过程，促使含水二氧化硅由较稳定的水溶胶变为不溶于水的水凝胶。反应式如下：

$$NH_4Cl+H_2O=NH_3 \cdot H_2O+HCl$$

含水硅酸的组成不固定，故沉淀经过滤、洗涤、烘干后，还需经 950～1 000 ℃高温灼烧成固定组分 SiO_2，然后称量，根据沉淀的质量计算 SiO_2 的质量分数。

灼烧时，硅酸凝胶不仅失去吸附水，还进一步失去结合水。脱水过程的变化如下：

$$H_2SiO_3 \cdot H_2O \xrightarrow{110\ ℃} H_2SiO_3 \xrightarrow{950\sim1\ 000\ ℃} SiO_2$$

灼烧所得 SiO_2 沉淀是雪白而又疏松的粉末。如所得沉淀呈灰色、黄色或红棕色，说明沉淀不纯。在要求比较高的测定中，应用氢氟酸-硫酸护理后重新灼烧，此时 SiO_2 变为 SiF_4 挥发逸出，称量，扣除混入杂质的质量。

水泥中的铁、铝、钙、镁等组分以 Fe^{3+}，Al^{3+}，Ca^{2+}，Mg^{2+} 等离子形式存在于过滤沉淀后的滤液中，它们都与 EDTA 形成稳定的配离子。但这些配离子的稳定性有较显著的差别，因此只要控制适当的酸度，就可用 EDTA 分别滴定它们。

铁的测定：溶液酸度控制在 pH = 1.5 ~ 2.5，则溶液中共存的 Al^{3+}，Ca^{2+}，Mg^{2+} 等离子不干扰测定。一般以磺基水杨酸或其钠盐为指示剂，其水溶液为无色，在 pH = 1.5 ~ 2.5 时，与 Fe^{3+} 形成的配合物为红紫色。Fe^{3+} 与 EDTA 的配合物是亮黄色的，因此终点时溶液由红紫色变为亮黄色。

用 EDTA 滴定铁的关键在于正确控制溶液的 pH 值和掌握适宜的温度。试验表明，溶液的酸度控制得不恰当对测定铁的结果影响很大。在 pH = 1.5 时，结果偏低；pH>3 时，Fe^{3+} 开始形成红棕色氢氧化物，往往无滴定终点，共存的 Ti^{4+} 和 Al^{3+} 的影响也显著增加。滴定时溶液的温度以 60 ~ 70 ℃为宜，当温度高于 75 ℃，并有 Al^{3+} 存在时，Al^{3+} 亦可能与 EDTA 配合，使 Fe_2O_3 的测定结果偏高，而 Al_2O_3 的结果偏低。当温度低于 50 ℃时，则反应速率缓慢，不易得出准确的终点。

铝的测定：以 PAN 为指示剂的铜盐返滴定法是普遍采用的一种测定铝的方法。因为 Al^{3+} 与 EDTA 的配合作用进行得较慢，不宜采用直接滴定法，所以一般先加入过量的 EDTA 溶液，再调节 pH 为 4.3，并加热煮沸，使得 Al^{3+} 与 EDTA 充分反应，然后以 PAN 为指示剂，用 $CuSO_4$ 标准溶液滴定溶液中过量的 EDTA。

Al-EDTA 配合物是无色的，而 Cu-EDTA 配合物是淡蓝色的，PAN 指示剂在 pH 为 4.3 的条件下是黄色的，所以滴定前溶液为黄色。随着 $CuSO_4$ 标准溶液的加入，Cu^{2+} 不断与过量的 EDTA 生成络合物，溶液逐渐由黄色变为绿色。过量的 EDTA 与 Cu^{2+} 完全反应后，继续加入 $CuSO_4$，过量的 Cu^{2+} 即与 PAN 配合生成深红色配合物，由于溶液中存在蓝色的 Cu-EDTA，而使终点由绿色转为紫色。

Ca^{2+} 的测定：在 pH≥12 时，Ca^{2+} 能与 EDTA 形成稳定的配离子，与之共存的 Mg^{2+} 形成 $Mg(OH)_2$ 沉淀而被掩蔽，不仅不干扰 Ca^{2+} 的测定，而且使终点比 Ca^{2+} 单独存在时更敏锐。在调节 pH 值时，一般采用 NaOH 进行调节。Fe^{3+}，Al^{3+} 的干扰用三乙醇胺消除。测定时，采用钙指示剂，在 pH>12 时，钙指示剂与 Ca^{2+} 配位后呈酒红色，随着 EDTA 标准溶液的不断加入，钙指示剂不断被释放出来，在与 Mg^{2+} 共存的条件下，溶液呈蓝色即为滴定终点。

Mg^{2+} 的测定：镁的含量是采用差减法求得的。即在另一份试液中，于 pH = 10 时用EDTA 标准溶液测定钙、镁含量，再从钙、镁含量中减去钙量后，即为镁的含量。

测定钙、镁含量时，常用铬黑 T 和酸性铬蓝 K-萘酚绿 B 混合指示剂（K-B 指示剂），铬黑 T 易被某些金属离子封闭，所以本实验中采用 K-B 指示剂，Fe^{3+} 的干扰用三乙醇胺和酒石酸钾联合掩蔽，这是因为三乙醇胺与 Fe^{3+} 生成的配合物能破坏铬蓝 T 指示剂，使萘酚绿 B 的绿色背景加深，易使终点提前。Al^{3+} 的干扰也可通过三乙醇胺和酒石酸钾联合掩蔽消除，滴定终点时溶液呈纯蓝色。

三、主要试剂和仪器

1. 主要试剂

（1）水泥熟料；（2）浓 HCl；（3）浓 HNO_3；（4）稀 HCl（3+97，1+1）；（5）$AgNO_3$ 溶液；（6）HNO_3（2 $mol \cdot L^{-1}$）；（7）固体 NH_4Cl；（8）0.055% 溴甲酚绿指示剂；（9）氨水（1+1）；

(10)磺基水杨酸($100\ g\cdot L^{-1}$);(11)EDTA 标准溶液($0.015\ mol\cdot L^{-1}$);(12)HOAc-NaOAc 缓冲溶液(pH=4.3);(13)0.2 % PAN 指示剂;(14)$CuSO_4$标准溶液;(15)三乙醇胺溶液(1+1);(16)NaOH 溶液;(17)固体钙指示剂;(18)10 % 酒石酸钾钠溶液;(19)氨性缓冲溶液(pH=10);(20)K-B 指示剂。

2. 主要仪器

(1)台秤;(2)分析天平;(3)酸式滴定管(50 mL);(4)试剂瓶(500 mL);(5)移液管(50 mL);(6)蒸发皿;(7)坩埚;(8)酸式滴定管(50 mL)1 支;(9)移液管(25 mL)1 支;(10)锥形瓶(250 mL);(11)烧杯(100 mL,500 mL);(12)量筒(10 mL,100 mL);(13)容量瓶(250 mL);(14)高温炉;(15)干燥器;(16)试管;(17)pH 试纸;(18)中速定量滤纸。

四、实验步骤

1. SiO_2的测定

准确称取试样 0.5 g 左右,置于干燥的小烧杯中,加 2 g 固体 NH_4Cl,用玻璃棒混合均匀。滴加 3 mL 浓 HCl 和 1 滴浓 HNO_3,充分搅拌均匀,使所有深灰色试样变为淡黄色糊状物。小心压碎块状物,盖上表面皿,将烧杯置于沸水浴上,加热蒸发至近干(约需 10 ~ 15 min)。取下,加 10 mL 热的稀盐酸(3+97),搅拌,使可溶性盐类溶解,以中速定量滤纸过滤,用胶头淀帚以热的稀盐酸(3+97)擦洗玻璃棒和烧杯,并洗涤沉淀至洗涤液中不含 Cl^-为止。Cl^-可用 $AgNO_3$溶液检验(用表面皿接滤液 1 ~ 2 滴,加 1 滴 $2\ mol\cdot L^{-1}$ HNO_3酸化,加入 2 滴 $AgNO_3$,若无白色沉淀,表示 Cl^-已洗干净)。滤液及洗液保存在 250 mL 容量瓶中,并用水稀释至刻度,摇匀待用。

将沉淀和滤纸转移至已恒重的坩埚中,先在电炉上烘干,使滤纸充分灰化,然后在 950 ~ 1 000 ℃高温炉内灼烧 30 min。取出,稍冷,再移置于干燥器内,冷却至室温,称量。如此反复灼烧,直至恒重。

2. Fe^{3+}的测定

移取分离 SiO_2后的滤液 50.00 mL 于 500 mL 烧杯中,加 2 滴溴甲酚绿指示剂,此时溶液呈黄色。逐滴滴加 1+1 氨水,使之成绿色。然后用 1+1 HCl 溶液调节溶液酸度,呈黄色后再过量 3 滴,此时溶液酸度约为 2。加热至 70 ℃取下,加 10 滴 $100\ g\cdot L^{-1}$磺基水杨酸,用已标定的 $0.015\ mol\cdot L^{-1}$ EDTA 标准溶液滴定。滴定开始时溶液呈红紫色,滴定至溶液变为淡红紫色时放慢滴定速度,必要时加热,直至溶液变为亮黄色时即为终点。记录消耗的 EDTA 标准溶液的体积,平行测定三次。滴定 Fe^{3+}后的溶液供测定 Al^{3+}使用。

3. Al^{3+}的测定

在滴定 Fe^{3+}后的溶液中加入 $0.015\ mol\cdot L^{-1}$ EDTA 标准溶液约 20 mL,记下读数,然后加水稀释至 200 mL,用玻璃棒搅拌均匀。然后加入 15 mL pH=4.3 的 HOAc-NaOAc 缓冲溶液,以精密的 pH 试纸检查。煮沸 1 ~ 2 min,取下,冷却至 90 ℃左右,加入 4 滴 0.2% PAN 指示剂,以 $0.015\ mol\cdot L^{-1}$ $CuSO_4$标准溶液滴定。开始时溶液呈黄色,后逐渐变绿并加深,出现由蓝绿色变为灰绿色的过程,在灰绿色溶液中再加入 1 滴 $CuSO_4$标准溶液,即变为亮紫色为滴定终点。记录消耗的 $CuSO_4$标准溶液的体积。

4. Ca^{2+}的测定

准确移取分离 SiO_2后的滤液 25.00 mL 于 250 mL 锥形瓶中,加水稀释至约 50 mL,加 4 mL 1+1 三乙醇胺,摇匀使之充分混合,再加入 5 mL NaOH 溶液,再摇匀,然后加入约

0.01 g钙指示剂(用药匙小头取一点儿),此时溶液呈酒红色。以 0.015 mol · L^{-1} EDTA 标准溶液滴定至溶液呈纯蓝色即为滴定终点。记录消耗的 EDTA 标准溶液的体积,平行测定 3 次。

5. Mg^{2+}的测定

准确移取分离 SiO_2后的滤液 25.00 mL 于 250 mL 锥形瓶中,加水稀释至约 50 mL,加 4 mL 1+1三乙醇胺,摇匀使之充分混合,再加入 8 mL pH=10 的氨性缓冲溶液,再摇匀,然后加入适量的 K-B 指示剂,以 0.015 mol · L^{-1} EDTA 标准溶液滴定至溶液呈纯蓝色即为滴定终点。记录消耗的 EDTA 标准溶液的体积,平行测定 3 次。根据此结果计算所得是钙、镁的含量,由此减去钙量,即为镁的含量。

五、注意事项

1. 测定 Fe^{3+}时,分离 SiO_2的滤液要节约使用,尽可能多保留一些溶液,以便必要时用以进行重复测定;

2. 测定 Fe^{3+}时溴甲酚绿不易多加,若加多了,黄色的底色深,在铁的滴定中,对准确观察终点的颜色变化有影响;

3. 测定 Fe^{3+}时注意防止剧沸,否则 Fe^{3+}会水解形成氢氧化铁沉淀,使实验失败;

4. Fe^{3+}与 EDTA 的配位反应进行较慢,故最好加热以加速反应。滴定慢,溶液温度降低,不利于反应;但是若滴得太快,使得反应来不及进行,又容易滴定过量。故应控制好滴定速度,初始滴定时速度稍快,快至终点时放慢。

六、思考题

1. 如何分解水泥熟料试样?分解时的化学反应是什么?分解后的被测组分以什么形式存在?

2. 本实验测定 SiO_2,Fe_2O_3,Al_2O_3,CaO,MgO 的含量分别采用什么方法?其原理是什么?

3. 洗涤沉淀的操作应注意什么?怎样提高洗涤的效果?

4. 测定 Fe^{3+}时,Al^{3+},Ca^{2+},Mg^{2+}等的干扰采用什么方法消除,为什么?

5. 测定 Fe^{3+},Al^{3+}时,各应控制什么样的温度范围,为什么?

6. 测定 Ca^{2+},Mg^{2+}含量时,如果 pH>10,对测定结果有什么影响?

7. 测定 Al^{3+}时,为什么要注意 EDTA 的加入量?以加入多少为宜?

8. 在测定 Ca^{2+}含量时,为什么要在加入 NaOH 溶液之前先加入三乙醇胺?

实验七　盐酸水解测定食品中淀粉含量

一、实验目的

1. 学习食品中淀粉的水解方法;

2. 了解费林试剂法测定还原糖的方法。

二、实验原理

淀粉是评价食品的品质指标。淀粉的测定方法很多,一般可以先除去样品中的脂肪及其中的可溶性糖，用酸或酶法将淀粉水解为具有还原的葡萄糖；然后用光度法或滴定对还原糖含量进行测定，乘上换算系数0.9，即为淀粉含量，反应式如下

$$(C_6H_{10}O_5)_n + nH_2O \longrightarrow nC_6H_{12}O_6$$

$$n\times162.1 \qquad n\times180.12$$

根据反应方程式，淀粉与葡萄糖之比为162.1：180.12=0.9，即0.9 g淀粉水解后可得1 g葡萄糖。常用的光度法有3.5-二硝基水杨酸定糖比色法（DNS法）、蒽酮比色法，滴定法有碘量法、费林试剂法。

费林试剂法的原理为：在碱性介质中，费林试剂（硫酸铜、氢氧化钠、酒石酸钾钠混合液）与具有还原性的糖反应生成开链糖羧酸根离子及氧化亚铜。由于糖的氧化产物比较复杂，不能从反应式中计算物质的量，因此应用费林试剂测定还原糖时，必须先以已知浓度还原糖液，在一定条件下测得与费林试剂作用的经验物质的量，然后在同样条件下测得未知样品中的还原糖含量。注意：在碱性介质中费林试剂与还原性的糖反应必须在沸腾的条件下进行。

三、主要试剂和仪器

1. 主要试剂

(1) HCl溶液（$6\ mol\cdot L^{-1}$）；(2) NaOH溶液（$6\ mol\cdot L^{-1}$）；(3)碘-碘化钾溶液；(4)1%亚甲基蓝溶液；(5)0.2%酚酞指示剂；(6)蔗糖（分析纯）；(7)NaOH固体；(8)酒石酸钾钠（$KNaC_4O_4\cdot4H_2O$）；(9)$CuSO_4\cdot5H_2O$（分析纯）。

2. 主要仪器

(1)电子台秤；(2)分析天平；(3)滴定管（50 mL）1支；(4)移液管（25 mL）1支；(5)锥形瓶（100 mL）3个；(6)烧杯（100 mL）1个；(7)量筒（10 mL）1个；(8)容量瓶（100 mL，500 mL）各1个；(9)吸量管（5 mL）1支；(10)果品粉碎机。

四、实验步骤

1. 费林试剂的配制

费林试剂：A 称取分析纯硫酸铜（$CuSO_4\cdot5H_2O$）34.6 g溶解于水中，稀释至500 mL容量瓶中，过滤，储藏于棕色瓶中。B 称取NaOH 50 g和酒石酸钾钠（$KNaC_4O_4\cdot4H_2O$）138 g，溶解于水中，稀释至500 mL，用石棉垫漏斗抽滤。

蔗糖标准溶液：准确称取0.950 0 g蔗糖，用水溶解，移入250 mL容量瓶中，用水定容，摇匀。移取50 mL蔗糖标准溶液于100 mL容量瓶中，加入5 mL $6\ mol\cdot L^{-1}$ HCl，在沸水浴中煮10 min使蔗糖转化，取出后迅速用冷水冲容量瓶外壁冷却至室温。加入1滴酚酞指示剂，滴加$6\ mol\cdot L^{-1}$ NaOH溶液中和至微红，定容，此溶液为标准的转化糖溶液。1 mL蔗糖标准溶液转化为2 mg转化糖标准溶液。用此标准溶液标定费林试剂，计算出10 mL费林试剂相当的转化糖标准溶液的毫克数。

2. 费林试剂的标定

(1)预测。取费林试剂A，B溶液各2.50 mL于100 mL锥形瓶中，加入1%亚甲基蓝指示剂3滴，在电炉上加热使其在2 min内沸腾，用滴定管滴加蔗糖转化糖标准溶液（注意边滴边加热至沸），直至溶液蓝色褪尽，并有红棕色沉淀生成，溶液变为澄清为终点。记录消耗的糖标准溶液的体积，此体积为费林试剂消耗预测体积。

(2)标定。取费林试剂 A、B 溶液各 2.50 mL 于 100 mL 锥形瓶中,先加入比预测体积少 2 mL 左右的转化糖标准溶液,加入 1% 亚甲基蓝试剂 3 滴,在电炉上加热使其在 2 min 内沸腾,加热沸腾 30 s,继续以每秒 4 ~5 滴的滴速滴加糖标准溶液(注意边滴边加热至沸),直至溶液蓝色褪尽,并有红棕色沉淀生成,溶液变为澄清为终点。记录消耗的糖标准溶液的体积 V。根据滴定所用的转化糖体积,计算 10 mL 费林试剂相当的转化糖标准溶液的毫克数。

3. 样品处理

去皮切碎的马铃薯用果品粉碎机捣碎。准确称取粉碎后的马铃薯 2.5 ~3 g 于 100 mL 小烧杯中,用水冲洗移到 100 mL 容量瓶中(水的总体积约 40 mL),加入 5 mL 6 mol · L^{-1} HCl 溶液,在沸水浴中煮 10 min(用碘-碘化甲溶液检验水解的程度),取出后迅速用冷水冲容量瓶外壁冷却至室温。用两层滤纸抽滤液定量移入 100 mL 容量瓶中,加入 1 滴酚酞指示剂,用 6 mol · L^{-1} NaOH 溶液中和至中性或微碱性,用水定容至 100 mL,备用。

4. 样品的测定

(1)预测。取费林试剂 A,B 溶液各 2.50 mL 于 100 mL 锥形瓶中,加入 1% 亚甲基蓝指示剂 3 滴,在电炉上加热使其在 2 min 内沸腾,用滴定管滴加样品溶液(注意边滴边加热至沸),直至溶液蓝色褪尽,并有红棕色沉淀生成,溶液变为澄清为终点。记录消耗的样品溶液的体积,此体积为费林试剂消耗预测体积。

(2)测定。取费林试剂 A,B 溶液各 2.5 mL 于 100 mL 锥形瓶中,先加入比预测体积少 2 mL 左右的样品溶液,加入 1% 亚甲基蓝试剂 3 滴,在电炉上加热使其 2 min 内沸腾,加热沸腾 30 s,继续以每秒 4 ~5 滴的滴速滴加糖标准溶液(注意边滴边加热至沸),直至溶液蓝色褪尽,并有红棕色沉淀生成,溶液变为澄清为终点。记录消耗样品溶液的体积 V。计算试样中淀粉的质量分数。

五、注意事项

1. 样品中加入乙醇溶液后,混合液中乙醇的浓度应在 80% 以上,以防止糊精随可溶性糖类一起被洗掉。如要求测定结果不包括糊精,则用 10% 乙醇洗涤。

2. 水解条件要严格控制,要保证淀粉水解完全,并避免因加热时间过长对葡萄糖产生影响(形成糠醛聚合体,失去还原性)。

六、思考题

1. 费林试剂法中样品溶液的处理要注意什么?

2. 用费林试剂法准确测定还原糖的要点是什么?

实验八　废定影液中金属银的回收

一、实验目的

1. 了解从废定影液中回收金属银的原理和方法;

2. 较系统地学习各种加热以及液体与固体的分离等基本操作。

二、实验原理

银是贵金属,用途广泛、资源贫乏、供求矛盾尖锐。工业生产中制造感光材料需要大量的银。在照相底片里含有溴化银,定影的时候,未感光的溴化银被定影液中的硫代硫酸钠(海波)溶解,银以硫代硫酸钠合银酸钠形式存在。处理各种黑白或彩色胶卷、印相纸所用的定影液的组成虽然不尽相同,但通常含大量的 $Na_2S_2O_3 \cdot 5H_2O$ 及少量的 Na_2SO_3 和 $KAl(SO_4)_2 \cdot 12H_2O$,CH_3COOH 等。废定影液含银量一般在 100~1 500 ppm 之间,回收意义很大,不仅可获得金属银,降低生产费用,还可消除排放废液时银(Ag^+)对环境的污染。从废定影液中回收金属银的方法较多,主要有电解法、金属锌置换法、连二亚硫酸钠(保险粉)还原法、硫化钠沉淀法等。其中较常用的是硫化钠沉淀法,它操作简单、回收完全。反应式为:

$$2Na_2[Ag(S_2O_3)_2]+Na_2S \rightarrow Ag_2S\downarrow+4Na_2S_2O_3$$

该反应生成硫化银沉淀的同时,又有硫代硫酸钠生成,经过处理又可用于定影,适当控制硫化钠用量使 Ag^+ 生成沉淀,沉淀中夹杂的可溶性杂质(如亚硫酸钠),可以用去离子水洗涤除去;而由硫酸钠可能带入的单质硫以及废定影液中的其他难溶性杂质,则通过与硝酸钠供热,使其转化为可溶性的硫酸盐等,并经洗涤去除。沉淀的硫化银放在坩埚里,在碳酸钠和硼砂等助熔剂存在下,在 1 050~1 150 ℃下高温灼烧,制得金属银。其反应式:

$$Ag_2S+O_2 \xrightarrow{1\ 000\ ℃} 2Ag+SO_2\uparrow$$

在以硫化钠为沉淀剂处理废定影液过程中,要注意废定影液的 pH 值,若呈酸性需要浓氨水调至 pH≈8,在灼烧硫化银时,需在坩埚中加一些硼砂和碳酸钠固体,这是因为灼烧温度高于硼砂熔点,硼砂熔化后,覆盖在液态银之上,可防止银在高温下再氧化;加碳酸钠的作用是当银的沉淀中混有氯化银、溴化银时,它们的热分解温度高于 1 300 ℃,难于分解,而高温下与碳酸钠作用转化成碳酸银后则较易分解。

三、主要试剂和仪器

1. 主要试剂

(1)硼砂($Na_2B_4O_7 \cdot 10H_2O$)(固);(2)碳酸钠(Na_2SO_3)(固);(3)硝酸钠($NaNO_3$)(固);(4)pH 试纸;(5)硫化钠(Na_2S)(固);(6)废定影液。

2. 主要仪器

(1)烧杯;(2)量筒;(3)有柄蒸发皿;(4)坩埚;(5)酒精喷顶;(6)天平。

四、实验步骤

1. 硫化银沉淀的生成和分离

量取 400 mL 废定影液,置于烧杯中,边滴加 1 mol·L^{-1} Na_2S 溶液,边搅拌,直至不再出现沉淀为止。要知道溶液中$[Ag(S_2O_3)_2]^{3-}$是否已全部转化为 Ag_2S 沉淀,可取少量混有沉淀的溶液经离心分离后,往清液中再加几滴 Na_2S 溶液检验,如无明显沉淀物,说明已沉淀完全。

沉淀经减压过滤法过滤,用去离子水洗涤沉淀至滤液中性后,将沉淀连同滤纸放入有柄蒸发皿中,用小火将沉淀烘干。

2. 硫化银沉淀的处理

用玻璃棒将冷却后的沉淀从滤纸上转移到已预先称量过的坩埚中，称量后，向沉淀中加入$NaNO_3$固体，沉淀与$NaNO_3$的质量比约为1∶0.7，搅匀后在酒精喷灯的火焰上小心灼烧，至不再生成棕色NO_2气体为止。冷却后，向坩埚中加入少量去离子水，搅拌，尽量使固体混合物溶解。残渣用定量滤纸经普通漏斗过滤，用去离子水充分洗涤固体残渣。

3. 银的提取

将固体残渣连同滤纸用小火烘干加入少量Na_2CO_3与$Na_2B_4O_7 \cdot 10H_2O$固体混合物（按1∶1加入），搅匀后放回坩埚中，在950～1 000 ℃高温炉中加热20 min左右，趁热小心倾出坩埚内上层即为金属银。冷却后，称量银粒质量。

五、思考题

1. 从废定影液中回收金属银的硫化钠沉淀法有哪些缺点？如何避免？
2. 从废定影液中回收金属银时产生的NO_2气体和SO_2气体如何去除？

实验九　过氧化钙的制备及含量分析

一、实验目的

1. 综合练习无机化合物制备的操作；
2. 了解过氧化钙的制备原理及条件；
3. 了解碱金属和碱土金属过氧化物的性质。

二、实验原理

过氧化钙是一种比较稳定的金属过氧化物，它可在室温下长期保存而不分解。它的氧化性较缓和，属于安全无毒的化学品，可应用于环保、食品及医药工业。

本实验以大理石为原料，大理石的主要成分是碳酸钙，还含有其他金属离子及不溶性杂质。先将大理石溶解除去杂质，制得纯的碳酸钙固体，再将碳酸钙溶于适量的盐酸中，在低温、碱性条件下与过氧化氢反应制得过氧化钙。水溶液中制得的过氧化钙含有结晶水，颜色近乎白色。其结晶水的含量随制备方法及反应温度的不同而有所变化，最高可达8份结晶水。含结晶水的过氧化钙在加热后逐渐脱水，100 ℃以上完全失水，生成米黄色的无水过氧化钙。加热至350 ℃左右，过氧化钙迅速分解，生成氧化钙，并放出氧气。

三、主要试剂和仪器

1. 主要试剂

(1)$(NH_4)CO_3$(固)；(2)氨水(1∶1,1∶2)；(3)HNO_3($6\ mol \cdot L^{-1}$)；(4)HCl($6\ mol \cdot L^{-1}$)；(5)H_2O_2；(6)$CaCl_2$；(7)$Fe(NO_3)_3$($2\ mol \cdot L^{-1}$)；(8)NaOH($2\ mol \cdot L^{-1}$)；(9)KI溶液($100\ g \cdot L^{-1}$)；(10)硫代硫酸钠标准溶液($0.05\ mol \cdot L^{-1}$)。

2. 主要仪器

(1)烧杯；(2)量筒；(3)试管；(4)抽滤瓶；(5)托盘天平；(6)分析天平；(7)锥形瓶；(8)KI-淀粉试纸；(9)碱式滴定管；(10)玻璃棒。

四、实验步骤

1. 制取纯的 $CaCO_3$

称取 10 g 大理石，溶于 50 mL 浓度为 6 mol · L^{-1} HNO_3溶液中。反应完成后，将溶液加热至沸腾，然后，加 100 mL 水稀释并用 1 : 1 氨水调节溶液的 pH 值至呈弱碱性，再将溶液煮沸，趁热常压过滤，弃去沉淀。另取 15 g$(NH_4)CO_3$固体，溶于 70 mL 水中。在不断搅拌下，将它缓慢地加到上述热的滤液中，再加 10 mL 浓氨水。搅拌后放置片刻，减压过滤，用热水洗涤沉淀数次。最后，将沉淀抽干。

2. 过氧化钙制备

将以上制得的 $CaCO_3$置于烧杯中，逐滴加入浓度为 6 mol · L^{-1} HCl，直至烧杯中仅剩余极少量的 $CaCO_3$固体为止。将溶液加热煮沸，趁热常压过滤以除去未溶的 $CaCO_3$。另外，量取 60 mL 浓度为 60 g · L^{-1}的 H_2O_2溶液，将它加入 30 mL 1 : 2 氨水中，将所得的 $CaCl_2$溶液和 $NH_3 \cdot H_2O$ 溶液都置于冰水浴中冷却。

待溶液充分冷却后，在剧烈搅拌下将 $CaCl_2$溶液逐滴滴入 $NH_3 \cdot H_2O$ 溶液中（滴加溶液仍置于冰水浴内）。加毕继续在冰水浴内放置半小时。然后减压过滤，用少量冰水（蒸馏水）洗涤晶体 2 ~ 3 次。晶体抽干后，取出置于烘箱内在 120 ℃下烘 1.5 h，最后冷却，称重，计算产率。

3. 性质试验

(1) CaO_2的性质试验。在试管中放入少许 CaO_2 固体，逐渐加入水，观察固体的溶解情况。取出一滴溶液，用 KI-淀粉试纸试验。在原试管中滴入少许稀盐酸，观察固体的溶解情况，从中再取出一滴溶液，用 KI-淀粉试纸试验。

(2) H_2O_2的催化分解。取 3 支试管，各加入 1 mL 上述试管中的溶液。在其中一支试管内再加 1 滴浓度为 2 mol · L^{-1} $Fe(NO_3)_3$溶液，在第二支试管中滴加 2 mol · L^{-1}的 NaOH 溶液。比较三支试管中 H_2O_2分解放出氧气的速度。

(3) 过氧化钙含量分析。称取干燥产物 0.1 ~ 0.2 g，加入 100 mL 水中。取 100 g · L^{-1} KI 溶液 20 mL 与 15 mL 6 mol · L^{-1} HCl 共混后加入上述水中。充分摇匀后放置 10 min 使作用完全。以淀粉溶液作指示剂，用 0.05 mol · L^{-1}硫代硫酸钠标准溶液滴定，蓝色褪去为终点，计算产物中 CaO_2 含量。

五、思考题

1. 在本实验中如何调节各反应阶段的 pH 值？
2. 如何计算生成的过氧化钙的产率？
3. H_2O_2的催化分解时，比较 3 支试管中 H_2O_2分解放出氧气的速度能得出什么结论？

实验十 三氯化六氨合钴的制备及其组成的测定

一、实验目的

1. 掌握三氯化六氨合钴(III)的合成及其组成测定的操作方法；
2. 了解 Co(Ⅱ)与 Co(Ⅲ)的性质，了解配合物的杂化理论和晶体场理论；

3. 练习三种滴定方法(酸碱滴定,氧化还原滴定,沉淀滴定)的操作。重新熟悉四大滴定的基本原理及优缺点;

4. 加深理解配合物的形成对三价钴稳定性的影响;

5. 了解标准溶液的配制及其标定并熟悉基本的化学实验操作和技能。

二、实验原理

1. 配合物合成原理

三氯化六氨合钴的化学式为$[Co(NH_3)_6]Cl_3$,橙黄色晶体,20 ℃在水中的溶解度为0.26 $mol \cdot L^{-1}$。

钴的性质:

(1)Co^{3+}为正三价离子,采取d^2sp^3杂化,为内轨型配合物。

(2)在酸性溶液中,Co^{3+}具有很强的氧化性,易于许多还原剂发生氧化还原反应而转变成稳定的Co^{2+}。

(3)$[Co(NH_3)_6]^{3+}$配离子是很稳定的,其$K_{稳}=1.6\times10^{35}$,因此在强碱的作用下(冷时)或强酸作用下基本不被分解,只有加入强碱并在沸热的条件下才分解。

(4)本实验以活性炭为催化剂,用H_2O_2氧化有NH_3和NH_4Cl存在的氯化钴溶液制备三氯化六氨合钴(Ⅲ)。

$$2CoCl_2 \cdot H_2O+10NH_3+2NH_4Cl+H_2O_2=2[Co(NH_3)_6]Cl_3+14H_2O$$

(橙黄色)

(5)在水溶液中,电极反应$\varphi^{\ominus}_{(Co^{3+}/Co^{2+})}=1.84$ V,所以在一般情况下,Co(Ⅱ)在水溶液中是稳定的,不易被氧化为Co(Ⅲ),相反,Co(Ⅲ)很不稳定,容易氧化水放出氧$\varphi^{\ominus}_{(Co^{3+}/Co^{2+})}=1.84\ V>\varphi^{\ominus}_{(O_2/H_2O)}=1.229$ V。但在有配合剂氨水存在时,由于形成相应的配合物$[Co(NH_3)_6]^{2+}$,电极电势$\varphi^{\ominus}_{[Co(NH_3)_6]^{3+}/[Co(NH_3)_6]^{2+}}=0.1$ V,因此CO(Ⅱ)很容易被氧化为Co(Ⅲ),得到较稳定的Co(Ⅲ)配合物。

2. NH_3的测定原理。

由于$[Co(NH_3)_6]Cl_3$在强酸强碱(冷时)的作用下,基本不被分解,只有在沸热的条件下,才被强碱分解。所以试样液加NaOH溶液作用,加热至沸使三氯化六氨合钴分解,并蒸出氨。蒸出的氨用过量的2%硼酸溶液吸收,以甲基橙为指示剂,用HCl标准液滴定生成的硼酸氨,可计算出氨的百分含量。

$$[Co(NH_3)_6]Cl_3+3NaOH=Co(OH)_3\downarrow+6NH_3\uparrow++6NaCl$$

$$NH_3+H_3BO_3=NH_4H_2BO_3$$

$$NH_4H_2BO_3+HCl=H_3BO_3+NH_4Cl$$

3. 钴的测定原理

利用Co^{3+}的氧化性,通过碘量法测定钴的含量。

$$Co(OH)_3+3HCl=CoCl_3+3H_2O$$

$$2Co^{3+}+2I^-=2Co^{2+}+I_2$$

$$I_2+2S_2O_3^{2-}=2I^-+S_4O_6^{2-}$$

4. 氯的测定原理

利用莫尔法即在含有Cl^-的中性或弱碱性溶液中,以K_2CrO_4作指示剂,用$AgNO_3$标准溶

液滴定 Cl^-。由于 AgCl 的溶解度比 $AgCrO_4$ 小，根据分步沉淀原理，溶液中实现析出 AgCl 白色沉淀。当 AgCl 定量沉淀完全后，稍过量的 Ag^+ 与 CrO_4^- 生成砖红色的 Ag_2CrO_4 沉淀，从而指示站点的到达。

三、主要试剂和仪器

1. 主要试剂

(1) HCl 标准溶液(0.219 1 mol·L^{-1})；(2) $Na_2S_2O_3$ 标准溶液(0.015 mol·L^{-1})；(3) $AgNO_3$ 标准溶液(0.053 24 mol·L^{-1})；(4) HCl 溶液(2 mol·L^{-1}，6 mol·L^{-1})；(5) 3% 硼酸溶液；(6) NaOH(10%)溶液；(7) $NH_3 \cdot H_2O$(浓)盐；(8) 2.5% K_2CrO_4 溶液；(9) 5% H_2O_2 溶液；(10) 无水乙醇；(11) $CoCl_2 \cdot 6H_2O$；(12) NH_4Cl；(13) KI 固体；(14) 活性炭；(15) 无水碳酸钠；(16) 氯化钠；(17) 冰块；(18) 甲基红溴甲酚绿；(19) 酚酞；(20) 5% 淀粉溶液。

2. 主要仪器

(1) 台秤；(2) 分析天平；(3) 恒温水浴锅；(4) 凯氏定氮仪；(5) 抽滤装置一套；(6) 锥形瓶(250 mL)；(7) 容量瓶(100 mL，250 mL)；(8) 烧杯；(9) 酸式滴定管；(10) 碱式滴定管；(11) 移液管(25 mL)；(12) 胶头滴管；(13) pH 试纸；(14) 电炉子；(15) 玻璃棒；(16) 滤纸；(17) 碘量瓶；(18) 研钵；(19) 量筒。

四、实验步骤

1. $[Co(NH_3)_6]Cl_3$ 的合成

(1) 在锥形瓶中，将 4.0 g NH_4Cl 溶于 8.4 mL 水中，加热至沸，加入 6.0 g $CoCl_2 \cdot 6H_2O$ 晶体，溶解后，加 0.4 g 研细的活性炭，摇动锥形瓶使其混合均匀。

(2) 用流水冷却后，加入 13.5 mL 浓氨水，再冷至 283 K 以下，用滴管逐渐加入 13.5 mL 5% H_2O_2 溶液，水浴加热至 323 ~ 333 K，保持 20 min(此过程中要不断摇晃)，并不断旋摇锥形瓶。

(3) 用水浴冷却至 273 K 左右，抽滤，不必洗涤沉淀，直接把沉淀溶于 50 mL 沸水中(水中含 1.7 mL 浓 HCl)。趁热吸滤，慢慢加入 6.7 mL 浓 HCl 于滤液中，即有大量橘黄色晶体析出。

(4) 用冰浴冷却后过滤。晶体以冷 2 mL 2 mol·L^{-1} 的 HCl 洗涤，再用少许乙醇洗涤，吸干。晶体在水浴上干燥，称量，计算产率。

2. 氨的测定

(1) 用电子天平准确称取约 0.2 g 样品于 250 mL 锥形瓶中，加 50 mL 去离子水溶解，另准备 50 mL 2% H_3BO_3 溶液于 250 mL 锥形瓶中。

(2) 在 H_3BO_3 溶液加入 5 滴甲基红溴甲酚氯指示剂，将两溶液分别固定在凯氏定氮仪上，开启凯氏定氮仪，氨气开始产生并被 H_3BO_3 溶液吸收，吸收过程中，H_3BO_3 溶液颜色由浅绿色逐渐变为深黑色，当溶液体积达到 100 mL 左右时，可认为氨气已被完全吸收。

(3) 用 Na_2CO_3 溶液标定准确浓度为 0.318 7 mol/L 的 HCl 溶液滴定吸收了氨气的 H_3BO_3 溶液，当溶液颜色由绿色变为浅红色时即为终点。读取并记录数据，计算氨的含量。

3. 碘量法测定钴含量

(1) 用分析天平准确称取约 0.2 g 样品于 250 mL 锥形瓶中，加 20 mL 水，10 mL 10% NaOH 溶液，置于电炉微沸加热至无氨气放出(用 pH 试纸检验)。

(2)冷却至室温后，加入 20 mL 水，转移至碘量瓶中，再加入 1 g KI 固体，15 mL 6 mol/L HCl溶液。立即盖上碘量瓶瓶盖。充分摇荡后，在暗处反应 10 min。

(3)用已准确标定浓度的 $Na_2S_2O_3$溶液滴至浅黄色时，再加入 2 mL 2% 淀粉溶液，继续滴至溶液为粉红色即为终点。计算钴的百分含量，并与理论值比较。

4. 氯的测定

(1)用电子天平准确称取约 0.2 g 样品溶解，然后用 100 mL 容量瓶定容。

(2)准确移取 25.00 mL 溶液于另一锥形瓶中，加入 1 mL 5% 的 K_2CrO_4溶液作为指示剂。

(3)用已准确标定浓度的 $AgNO_3$溶液滴定至出现砖红色不再消失为止，即为终点，读取数据，计算氯的含量。

五、注意事项

1. 实验所用一些试剂需现用现配；
2. 活性炭使用前要充分研磨以提供较大的比表面积；
3. $AgNO_3$要保存在棕色瓶中；
4. 注意酸碱滴定管使用的注意事项。

六、思考题

1. 在制备过程中，氯化铵、活性炭、过氧化氢各起什么作用？
2. $[Co(NH_3)_6]^{2+}$和$[Co(NH_3)_6]^{3+}$哪个稳定，为什么？

实验十一　离子交换分离——酸碱滴定法测定硼镁矿中硼的含量

一、实验目的

1. 掌握离子交换分离法的基本操作技术；
2. 练习用熔融法分解矿样的操作技术；
3. 学习用酸碱滴定法测定极弱酸含量时的强化处理方法和原理；
4. 了解离子交换法测定硼镁矿中硼含量的方法。

二、实验原理

硼镁矿含有硼酸镁以及硅酸盐和铁、铝的氧化物等，是制取硼酸盐、硼化物的主要原料。

分解硼镁矿中的硼，可用 NaOH 熔融法分解试样，盐酸溶解熔块，此时，硼以硼酸形式存在，硅酸盐成为不溶残渣，铁、铝等则以阳离子形式存在。将试液通过阳离子交换柱，铁、铝、镁等各种阳离子交换于树脂上，而硼酸则通过树脂床流出，达到分离的目的。

硼酸是极弱的酸($K_a = 5.8 \times 10^{-10}$)，故不能用 NaOH 标准溶液直接滴定。但如在硼酸中加入甘油或甘露醇等多羟基化合物，可与硼酸形成稳定的配合物，从而增强硼酸在水溶液中的酸性，使弱酸强化。其反应式如下：

$$2\begin{matrix} & H & \\ & | & \\ R- & C & -OH \\ & | & \\ R- & C & -OH \\ & | & \\ & H & \end{matrix} + H_3BO_3 = \left[\begin{matrix} & H & & & & H & \\ & | & & & & | & \\ R- & C & -O & & O- & C & -R \\ & | & & B & & | & \\ R- & C & -O & & O- & C & -R \\ & | & & & & | & \\ & H & & & & H & \end{matrix}\right]^- H^+ + H_2O$$

生成的配合物 K_a 在甘露醇浓度为 0.1～0.5 $mol \cdot L^{-1}$ 的条件下为 $1\times10^{-6}\sim3\times10^{-5}$，故可用强碱 NaOH 标准溶液滴定。化学计量点 pH≈9，可选用酚酞或百里酚酞作为指示剂。为了使反应进行完全，需加入过量的甘露醇或甘油。

三、主要试剂和仪器

1. 主要试剂

(1)阳离子交换树脂；(2)HCl 溶液(1∶1，1∶5，1∶9)；(3)NaOH 溶液(200 $g \cdot L^{-1}$)；(4)NaOH 标准溶液(0.05 $mol \cdot L^{-1}$，标定方法同第四章实验一)；(5)甲基红指示剂(1 $g \cdot L^{-1}$ 的 60% 乙醇溶液)；(6)酚酞指示剂(2 $g \cdot L^{-1}$ 的乙醇溶液)；(7)甘露醇。

2. 主要仪器

(1)银坩埚或镍坩埚；(2)分析天平；(3)离子交换柱，以酸式(或碱式)滴定管(50 mL)代用；(4)732 型阳离子交换树脂；(5)马弗炉；(6)烧杯(100 mL)1 个；(7)锥形瓶(10 mL)1 个；(8)容量瓶(100 mL)；(9)移液管(25.00 mL)。

四、实验步骤

1. 阳离子交换柱的准备

(1)树脂的预处理。市售的阳离子交换树脂一般为 Na 型，使用前须将其用酸处理成 H 型。

称取 20 g 732 型阳离子交换树脂于烧杯中，加 100 mL 0.05 $mol \cdot L^{-1}$ HCl 溶液，搅拌，浸泡 1～2 天，以溶解除去树脂中的杂质，并使树脂充分溶胀。倾出上层 HCl 清液，然后用纯水漂洗树脂至中性，即得到 H-型阳离子交换树脂 RH。

(2)装柱。用长玻璃棒将润湿的玻璃棉塞在交换柱的下部，使其平整，加 10 mL 纯水，将洗净的树脂连水加入柱中，要防止混入气泡，为防止加试液时，树脂被冲起，在上面亦铺一层玻璃棉。在装柱和以后的使用过程中，必须使树脂层始终浸泡在液面以下约 1 cm 处。柱高约 15～20 cm，用水洗树脂至流出液为中性，放出多余的水。

2. 试样的分解

准确称取在 105 ℃干燥后的硼镁矿试样(已研磨通过 120 目筛孔)0.2～0.3 g 于底部置有 1.5～2 g 粒状 NaOH 的银坩埚(或镍坩埚)中，上面再覆盖 1.5～2 g NaOH。上下层共计约 3～4 g。将坩埚放入马弗炉中，从低温开始升高温度至 700 ℃，待整个熔融物冷凝在坩埚内壁成薄层。冷却后，用 20 mL 1∶1 HCl 溶液分数次溶解熔块，用水洗净坩埚，溶液转移于 100 mL 容量瓶中，最后以水稀释至刻度，摇匀。

3. 离子交换和滴定

准确移取上述溶液 25.00 mL 于烧杯中，用 200 $g \cdot L^{-1}$ NaOH 溶液中和至溶液 pH=2～3。溶液的酸度可以这样调节：加 NaOH 溶液至铁、铝等的氢氧化物沉淀刚刚产生，然后加 2 $mol \cdot L^{-1}$ HCl 溶液至沉淀刚刚溶解，或以广泛 pH 试纸试之(注意：检验溶液酸度时，每次加碱或酸后要将溶液不断搅拌均匀）。将此调节好酸度的溶液以约 10 mL · min^{-1}的流速通过离子交换柱，流出液收集于 250 mL 烧杯中，并用 100 mL 作用的水洗涤交换柱，洗涤液一并收集于烧杯中。

于流出液中加入 2 滴甲基红指示剂，滴加 200 g · L^{-1} NaOH 溶液至溶液刚呈黄色，然后逐滴加入 1 : 9 HCl 溶液至刚呈红色，再用 0.05 mol · L^{-1}NaOH 标准溶液调节至红色刚褪去而呈稳定的橙黄色（不必读下 NaOH 耗用量），此时溶液 pH 约为 5 ~ 6。加入 1 g 甘露醇，充分搅拌后再加酚酞指示剂 5 ~ 10 滴，以 0.05 mol · L^{-1}NaOH 标准溶液滴定，此时开始计量，滴定至粉红色，在加入 0.5 g 甘露醇，如红色褪去，继续以 NaOH 溶液滴定，直至加入甘露醇后，红色在 30 s 内不褪色，即为终点。重复测定 3 次，结果以 B_2O_3的质量分数表示。

五、实验注意事项

1. 若浸出的溶液呈较深的黄色应换新鲜的 HCl 再浸泡一些时间；

2. 如果树脂层中混入气泡，可用细玻璃棒树脂以逐出气泡，如果仍不奏效，就应重新装柱；

3. 试液通过交换柱前的 pH 为 2 ~ 3，通过交换柱后，由于各种阳离子被交换上去而 H^+交换下来，故溶液的酸度又增大。在滴定前必须将此部分酸中和，这一步操作很重要，此时如加入 NaOH 量不足，将使分析结果偏高，如加入 NaOH 量过多，则将使结果偏低。

六、思考题

1. 用离子交换法分离硼试液中的干扰离子的原理是什么？

2. 硼酸是极弱酸，本实验为什么可用 NaOH 标准溶液滴定？

3. 对离子交换前试液酸度的要求是什么，为什么？怎样调节酸度？

4. 以 NaOH 标准溶液滴定硼络酸时为什么要以酚酞为指示剂？是否可用甲基橙？

5. 以 NaOH 熔解硼镁矿时操作应注意哪些问题？

6. 本实验中的 NaOH 标准溶液为什么采用较小浓度（0.05 mol · L^{-1}）？

实验十二　Fe_3O_4磁性材料的制备及分析

一、实验目的

1. 掌握共沉淀法制备纳米级磁性粒子的方法；

2. 了解磁性功能材料的制备和分析。

二、实验原理

共沉淀法是在包含两种或两种以上金属离子的可溶性盐溶液中，加入适当的沉淀剂，使金属离子均匀沉淀或结晶出来，再将沉淀物脱水或热分解而制得纳米微粒。共沉淀法有两种：一种是 Massart 水解法，即将一定摩尔比的三价铁盐与二价铁盐混合液直接加入到强碱性水溶液中，铁盐在强碱性水溶液中瞬间水解结晶形成磁性铁氧体纳米粒子。另一种为滴定水解法，是将稀碱溶液滴加到一定摩尔比的三价铁盐与二价铁盐混合溶液中，使混合液的 pH 值逐渐升高，当达到 6 ~ 7 时水解生成磁性 Fe_3O_4纳米粒子。

共沉淀法是目前普遍使用的方法，其 Fe^{2+} 和 Fe^{3+} 盐在碱性条件下，可通过共沉淀方法并控制沉淀生长过程制备纳米级 Fe_3O_4 颗粒。对颗粒表面进行适当修饰后，再分散到煤油中得到磁性液体：

$$Fe^{3+}+Fe^{2+}+OH^- \rightarrow Fe(OH)_2/Fe(OH)_3\text{（形成共沉淀）}$$

$$Fe(OH)_2+Fe(OH)_3 \rightarrow FeOOH+Fe_3O_4\ (pH<7.5)$$

$$FeOOH+Fe^{2+} \rightarrow Fe_3O_4+H^+\ (pH>9.2)$$

三、主要试剂和仪器

1. 主要试剂

（1）$FeCl_3 \cdot 6H_2O$；（2）$FeSO_4 \cdot 7H_2O$（固体）；（3）油酸钠；（4）柠檬酸钠；（5）8 $mol \cdot L^{-1}$ NaOH 水溶液；（6）煤油；（7）油酸；（8）氨水 1∶1。

2. 主要仪器

（1）恒温水浴槽；（2）真空干燥箱；（3）离心机；（4）环型磁铁。

四、实验步骤

1. 磁性颗粒制备

（1）称取 5.40 g（0.020 mol）$FeCl_3 \cdot 6H_2O$，加入 200 mL 蒸馏水。待固体溶解完全后，用快速滤纸过滤，除去少量不溶物，滤液备用。

称取 2.92 g（0.010 5 mol，过量 5%）$FeSO_4 \cdot 7H_2O$，加入 200 mL 蒸馏水。待固体溶解完全后，用快速滤纸过滤，除去少量不溶物，滤液备用。

（2）将上述两种溶液倒入 500 mL 烧杯中，加入少量 1∶1 盐酸，调节溶液 pH 值为 1～2，加入 0.43 g（0.020 mol）柠檬酸三钠，搅拌均匀。

（3）将上述混合液置于电热板上加热至 70～80 ℃，不断搅拌下缓慢滴加 1∶1 氨水，此时不断有沉淀产生。继续滴加氨水直至溶液 pH≈9。

（4）放置沉淀 30 min，弃去上层清液（最好将磁铁置于烧杯底部，加快磁性物质沉降），加入蒸馏水洗涤 3～4 次，加少量乙醇洗涤 2 次至溶液为中性。

（5）沉淀在 60～80 ℃下真空干燥，得到黑色 Fe_3O_4 固体粉末（此样品作为分析用铁样）。

2. 磁性液体制备

（1）将上述步骤（4）得到的磁性颗粒液体置于 400 mL 烧杯，加入 150 mL 水，使用 pH 计测量其 pH 值，并将电极固定在烧杯中，滴加 8 $mol \cdot L^{-1}$ NaOH 至 pH≈10。加热溶液至 80 ℃并保持此温度，在剧烈搅拌下，一边滴加油酸（共 25 mL），一边滴加 NaOH 保持 pH≈10。油酸加完后保持 pH≈10，80 ℃下继续搅拌 30 min，静置，自然冷却。

（2）剧烈搅拌下，在烧杯中倾入 125 mL1∶1 盐酸，磁性物质凝聚在一起。倾倒出清液，加入去离子水洗涤 3～4 次，倾去清液。

（3）玻璃搅拌下，加入煤油清洗一次，2 000 rpm 离心，弃去上层清液。以同样方法再用无水酒精处理一次。

（4）将得到的黏性物质放入表面皿中，置于真空干燥箱中，在 60 ℃下干燥 8 h。

（5）烘干后的固体物质冷却，称量。加入 2 倍固体量的煤油，用研钵研磨至无明显颗粒存在。再转移至小烧杯中慢速搅拌 2 h。

（6）搅拌后的悬浮体系用 5 000 rpm 离心 10 min，完成后取出中层液体装瓶，即为煤油基磁性液体。

3. 铁含量的测定

准确称取0.11 ~ 0.13 g干燥的产物3份(其中老师称量两份),分别置于250 mL锥形瓶中,加少量水使试样湿润,然后加入20 mL 1∶1 HCl,于电热板上温热至试样分解完全。若溶样过程中盐酸蒸发过多,应适当补加,用水吹洗瓶壁,此时溶液的体积应保持为25 ~ 50 mL,将溶液加热至近沸,趁热滴加15%氯化亚锡至溶液由棕红色变为浅黄色,加入3滴硅钼黄指示剂,这时溶液应呈黄绿色,滴加2%氯化亚锡至溶液由蓝绿色变为纯蓝色,立即加入100 mL蒸馏水,置锥形瓶于冷水中,使之迅速冷却至室温。然后加入15 mL磷硫混酸、4滴0.5%二苯胺磺酸钠指示剂,立即用$K_2Cr_2O_7$标准溶液滴定至溶液呈亮绿色,再慢慢滴加$K_2Cr_2O_7$标准溶液至溶液呈紫红色,即为终点。计算产物铁的质量百分数。

五、注意事项

1. 制备得到的磁性液体,加磁场时可以在显微镜下观察到明显的六角形规律结构。可以将称量纸折叠成方形,纸内放置少量浓磁性液体,将强磁铁隔纸放置在下面,肉眼可以观察到固体微粒形成磁束。

2. 在制备磁性液体时可用一定量的油酸钠代替油酸,控制溶液pH值,后续步骤与前相同。

六、思考题

1. 在制备磁性颗粒时,加入柠檬酸三钠和氨水的目的是什么?

2. 在制备的水溶液中加入盐酸时,为什么磁性物质会凝聚出来?

3. 最后一次离心时,为何只取中间层液体装瓶?

实验十三　补锌口服液葡萄糖酸锌的综合实验

一、实验目的

1. 学习和掌握合成简单药物的基本方法;

2. 学习并掌握葡萄糖酸锌的合成;

3. 进一步巩固络合滴定分析法;

4. 了解锌的生物意义。

二、实验原理

葡萄糖酸锌是近年来开发的一种补锌食品添加剂。人体缺锌会造成生长停滞、自发性味觉减退或创伤愈合不良等现象,从而发生各种疾病。以往常用硫酸锌作添加剂,但它对人体的肠胃道有一定的刺激作用,而且吸收率也比较低。葡萄糖酸锌则有吸收率高、副作用少、使用方便等特点,是20世纪80年代中期发展起来的一种补锌添加剂,特别是作为儿童食品、糖果的添加剂,应用日趋广泛。

葡萄糖酸锌为白色或接近白色的结晶性粉末,无臭略有不适味,溶于水,易溶于沸水,15 ℃时饱和溶液的质量分数为25%,不溶于无水乙醇、氯仿和乙醚。合成葡萄糖酸锌的方法很多,可分为直接合成法和间接合成法两大类。本实验是以葡萄糖酸钙和硫酸锌(或硝

酸锌)等为原料直接合成。其反应为:

$$Ca(C_6H_{11}O_7)_2 + ZnSO_4 = Zn(C_6H_{11}O_7)_2 + CaSO_4$$

这类方法的缺点是产率低、产品纯度差。

葡萄糖酸锌的纯度分析可采用络合滴定法。葡萄糖酸锌溶液中游离的锌离子可与EDTA形成稳定的络合物,因此以EDTA标准溶液为滴定剂,以二甲酚橙(XO)为指示剂,在pH=5~6的溶液中,XO与Zn^{2+}形成比较稳定的酒红色螯合物(Zn-XO),而EDTA与Zn^{2+}能形成更为稳定的无色螯合物。因此滴定至终点时,铬黑T便被EDTA从Zn-XO中置换出来,游离的XO在pH值在5~6之间的溶液中呈亮黄色。

三、主要试剂和仪器

1. 主要试剂

(1)葡萄糖酸钙;(2)$ZnSO_4 \cdot 7H_2O$;(3)硫酸($1\ mol \cdot L^{-1}$);(4)乙醇(95%);(5)$NH_3 \cdot H_2O-NH_4Cl$缓冲溶液(pH≈10);(6)活性炭;(7)EDTA;(8)六亚甲基四胺$200\ g \cdot L^{-1}$;(9)氨水(1:1);(10)HCl($6\ mol \cdot L^{-1}$);(11)二甲酚橙$2\ g \cdot L^{-1}$。

2. 主要仪器

(1)台秤;(2)分析天平;(3)蒸发皿;(4)布氏漏斗;(5)吸滤瓶;(6)酸式滴定管(50 mL);(7)移液管(25 mL);(8)烧杯;(9)容量瓶。

四、实验步骤

1. 葡萄糖酸锌的合成

称取葡萄糖酸钙4.5 g,放入50 mL烧杯中,加入12 mL蒸馏水。另称取$ZnSO_4 \cdot 7H_2O$ 3.0 g,用12 mL蒸馏水使之溶解,在不断搅拌下,把Zn^{2+}溶液逐滴加入葡萄糖酸钙溶液中,加完后在90 ℃水浴中保温约20 min,抽滤除去$CaSO_4$沉淀,溶液转入烧杯,加热近沸,加入少量活性炭脱色,趁热抽滤。滤液冷却至室温,加10 mL 95%乙醇(降低葡萄糖酸锌的溶解度),并不断搅拌,此时有胶状葡萄糖酸锌析出,充分搅拌后,用倾析法去除乙醇液,得葡萄糖酸锌粗品。计算葡萄糖酸锌的产率。

用适量水溶解葡萄糖酸锌粗品,加热(90 ℃)至溶解,趁热抽滤,滤液冷却至室温,加10 mL 95%乙醇,充分搅拌,结晶析出后抽滤至干,得精品,在50 ℃烘干,称量,可得供压制片剂的葡萄糖酸锌。本品可作为营养增补剂(锌强化剂)。用于代乳品时,每升代乳品含锌量不得超过6 mg。

2. 葡萄糖酸锌含量测定

准确称取葡萄糖酸锌试样1.0~1.2 g,置于150 mL烧杯中,滴加6 mL(1:1)HCl溶液,立即盖上表皿,待试样完全溶解,以少量水冲洗表皿和烧杯内壁,定量转移试样溶液于250 mL容量瓶中,用水稀释至刻度,摇匀。

用移液管吸取25.00 mL试样溶液于锥形瓶中,加入30 mL水,加2滴二甲酚橙指示剂,滴加$200\ g \cdot L^{-1}$六亚甲基四胺至溶液呈现稳定的紫红色,再加5 mL六亚甲基四胺。用EDTA标准溶液滴定,当溶液由紫红色恰转变为亮黄色时即为终点。平行滴定3次,取平均值,计算葡萄糖酸锌产品的纯度。

五、注意事项

1. 反应需在90 ℃恒温水浴中进行。这是由于温度太高,葡萄糖酸锌会分解,温度太低,则葡萄糖酸锌的溶解度降低。

2. 用乙醇为溶剂进行重结晶时，开始有大量胶状葡萄糖酸锌析出，不易搅拌，可用竹棒代替玻璃棒进行搅拌。乙醇溶液全部回收。

3. 葡萄糖酸锌加水不溶时，可微热。

六、思考题

1. 根据葡萄糖酸锌制备的原理和步骤，比较直接法和间接法制备葡萄糖酸锌的优缺点。

2. 葡萄糖酸锌可以用哪几种方法进行结晶？

3. 可否用如下的化合物与葡萄糖酸钙反应来制备葡萄糖酸锌，为什么？

ZnO, $ZnCO_3$, $ZnCl_2$, $Zn(CH_3COO)_2$

4. 设计一方案制备葡萄糖酸亚铁。

实验十四　从蛋壳中制备乳酸钙及其成分分析

一、实验目的

1. 了解蛋壳成分及从蛋壳中制备氧化钙，了解生物膜的处理方法；

2. 掌握乳酸钙的制备方法；

3. 了解以蛋壳为原料在工业上的再生利用。

二、实验原理

1. 壳膜分离

蛋壳和蛋膜之间的结合实质是在石灰质和角蛋白之间。酸碱作用可使石灰质和角蛋白发生变化，降低其结合力，在机械搅拌的作用下，壳膜可得到较好的分离。

2. 乳酸钙的制备

乳酸钙可用碳酸钙直接与乳酸反应制备，也可用氧化钙与乳酸中和制备，蛋壳制备乳酸钙采用第二种方法较好。该法原理为：

$$CaCO_3 \rightarrow CaO + CO_2$$

$$CaO + H_2O \rightarrow Ca(OH)_2$$

$$Ca(OH)_2 + 2CH_3CH(OH)COOH \rightarrow Ca(CH_3CH(OH)COO)_2 + 2H_2O$$

三、主要试剂和仪器

1. 主要试剂

(1)鸡蛋壳；(2)盐酸(1∶1)；(3)乳酸；(4)醋酸；(5)氢氧化铵；(6)NaOH 溶液(20%)；(7)钙指示剂：0.5 g 钙指示剂和50 g 氯化钠研细混匀；(8)EDTA 溶液：0.02 mol·L^{-1}：称取 EDTA 二钠盐($Na_2H_2Y \cdot 2H_2O$)4 g 于 250 mL 烧杯中，用 50 mL 水微热溶解后稀释至 500 mL。若溶液需久置，最好将溶液存于聚乙烯瓶中。

2. 主要仪器

(1)马弗炉；(2)电热恒温干燥箱；(3)集热式磁力搅拌器。

四、实验步骤

1. 壳膜分离

称取一定量鸡蛋壳(50 g)放入烧杯中,加入一定温度(40 ℃)的150 mL热水,恒温缓慢滴加12 mol·L^{-1}盐酸20 mL,搅拌,搅拌下浸泡60 min,加水洗涤3次,除去残留的酸、盐,回收水面漂浮的蛋壳膜,蛋壳经水洗晾干后在干燥箱中110 ℃下烘干除水1 h,经粉碎得蛋壳粉。

2. 煅烧分解

称取一定量蛋壳粉置于马弗炉中,900 ℃下煅烧分解2 h,得白色蛋壳粉(CaO)。

3. 中和制备乳酸钙

将白色蛋壳粉(1 g CaO)研细并加入一定量的水,制成石灰乳(浓度0.595 mol·L^{-1}),然后在不断搅拌下,缓慢加入乳酸溶液(8.37 mol·L^{-1},乳酸过量0.005 mol),反应温度50 ℃。继续搅拌至溶液澄清即得乳酸钙溶液。将乳酸钙溶液过滤,除去不溶物,滤液移入蒸发皿中加热蒸发浓缩,然后在干燥箱中于120 ℃下烘干脱水2 h,得白色粉末状无水乳酸钙。

工艺流程如图10.1所示。

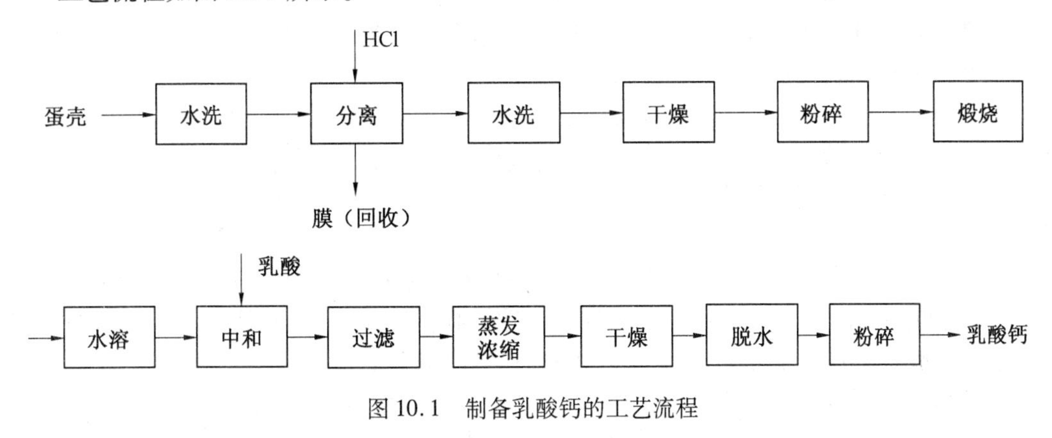

图10.1 制备乳酸钙的工艺流程

4. 乳酸钙纯度分析

0.02 mol·L^{-1}EDTA溶液的标定:准确称取基准$CaCO_3$(110 ℃下烘2 h)0.5~0.6 g(准确到0.1 mg)于250 mL烧杯中,用少量水润湿,盖上表面皿,由烧杯口慢慢加入10 mL1∶1盐酸溶液溶解后,将溶液定量转入250 mL容量瓶中,用水稀释至刻度,摇匀。

移取25.00 mL上述溶液于250 mL锥形瓶中,加入70~80 mL水,加20%的NaOH溶液5 mL,加少量钙指示剂,用0.02 mol·L^{-1}EDTA标准溶液滴定至溶液由紫红色变为纯蓝色即为终点。平行标定3份,计算出EDTA溶液的浓度。

五、注意事项

1. 灰化结束后,应该用盐酸检验一下是否灰化完全;
2. 因产品极易吸水,最好采用真空干燥,这样效果更好。

六、思考题

1. 用醋酸代替来实现壳膜分离会怎样?
2. 中和反应时,是否乳酸过量较多为好,为什么?

实验十五　壳聚糖的制备、降解及应用

一、实验目的

1. 了解壳聚糖的性质，掌握从虾壳中制备壳聚糖的方法；

2. 掌握壳聚糖的降解方法，了解壳聚糖的一些性能测定方法；

3. 了解壳聚糖复合胶囊的制备及作为药物载体的应用。

二、实验原理

虾壳主要成分为甲克素、蛋白质、碳酸盐。由虾壳制备甲壳素就是从虾壳中去除蛋白质、脂肪、无机碳酸盐。“一步法”制备壳聚糖原理就是利用酸除去碳酸盐；而甲壳素在强碱水溶液中 N-乙酰基会被脱去得到壳聚糖碱。

双氧水是二元弱酸，属一种氧化能力很强的氧化剂。在一定条件下，双氧水可生成羟自由基和超氧化离子自由基，这两种自由基都有很强的氧化能力，可夺取壳聚糖主链 β-1，4 糖苷键的 1 位和 4 位上的 H 原子，然后 C—O—C 键发生断裂而使壳聚糖分子量降低，此方法降解产物的获得率高：

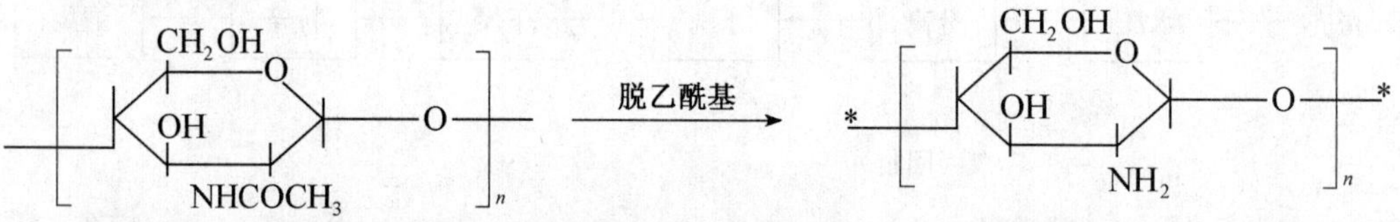

CH_2OH, O, OH, $NHCOCH_3$, O, n —脱乙酰基→ *, CH_2OH, O, OH, NH_2, O, *, n

海藻酸钠和壳聚糖都是天然多糖，具有生物相容和生物降解的特点。海藻酸钠与多价阳离子接触时（如钙离子），具有瞬时凝胶化特性，因此可以在温和条件下实现对蛋白质药物的包埋。这一简单的制备过程避免了高温、有机溶剂及其他有害的条件，有助于保持蛋白质的生物活性。壳聚糖具有独特的阳离子特性，可以与海藻酸钠（聚阴离子）通过静电相互作用，在海藻酸钠微囊表面复合一层聚电解质半透膜。从而提高微囊的稳定性和载药量，并可调节药物释放速度。此外，壳聚糖还较常用的聚赖氨酸更安全。

三、主要试剂和仪器

1. 主要试剂

（1）鲜虾壳；（2）盐酸；（3）氢氧化钠；（4）冰醋酸；（5）氯乙酸；（6）无水乙醇；（7）30% 双氧水；（8）高锰酸钾；（9）草酸；（10）铬黑 T；（11）甲基橙；（12）碘化钾淀粉试纸；（13）氨-氯化铵缓冲溶液；（14）PBS（pH = 7.4）缓冲液；（15）牛血清白蛋白（BSA）：Fraction V，M_ω = 66 000；（16）海藻酸钠：低黏度（25 ℃，2% 溶液黏度 0.2 N · s/m^2）；（17）Span80；（18）植物油。

2. 主要仪器

（1）乌氏黏度计；（2）集热式恒温加热磁力搅拌器；（3）电热恒温水浴箱；（4）电热恒温干燥箱；（5）pH S-3C 酸度计；（6）离心机。

四、实验步骤

1."一步法"制备壳聚糖方法

虾壳经水洗、粉碎(粒度0.5～2 cm)后,在室温下用10%新盐酸浸泡4 h除钙(得一次废盐酸),过滤并水洗至中性,然后利用氢氧化钠溶液(浓度20%),在100 ℃下碱煮30 min以脱去蛋白质,最后在140 ℃下直接用55%氢氧化钠溶液脱乙酰4 h,过滤、水洗至中性,干燥制得壳聚糖样品。

2.一般实验方法

(1)甲壳素的制备。先将鲜虾壳洗净、烘干并粉碎到20～30目备用。取100 g净虾壳粉在500 mL烧杯中用3%浓度的HCl溶液300 mL室温下浸泡12 h,软化水洗至中性,再用3%的NaOH溶液100 mL在80 ℃下搅拌反应3 h,洗去蛋白质和脂肪,再进行浸酸、水洗、碱反应、水洗,重复3次,固体物用清水洗到中性后用20%的高锰酸钾浸泡1 h,水洗后用2%草酸还原,最后水洗至中性干燥得产品8.3 g。

(2)壳聚糖制备。壳聚糖为甲壳素脱除乙酰胺基产品,壳聚糖具有溶液黏稠、易于成膜。壳聚糖制备如下:

取20 g甲壳素用40%浓度NaOH 50 mL于60 ℃浸泡8 h,用热水洗涤后,再用碱液处理一次,热水洗至中性,60 ℃下干燥得15.7 g、脱乙酰度为83%的壳聚糖。

3.壳聚糖的降解

常温下称取1.0 g壳聚糖并搅拌溶于0.2 mol·L^{-1}的乙酸溶液中,壳聚糖的含量为2%,待壳聚糖完全溶解呈均相状态后,置于设定温度的恒温(50 ℃)振荡水浴锅中,在控制的反应温度下,pH=5.5时,加入2%的过氧化氢(8.2 mL),慢速均匀搅拌。反应12 h后,所得的样品用二次水浸洗直至双氧水洗净(用碘化钾淀粉试纸不变色为止),抽滤,室温干燥后即可得到不溶于水的低分子量壳聚糖。将壳聚糖和经双氧水降解的壳聚糖在室温下干燥,然后将其与碘化钾一起碾成粉末并压片,进行红外光谱的测定。

4.壳聚糖-海藻酸钠微囊的制备

一定浓度的2.5 mL海藻酸钠(5%)和BSA水溶液(药物与海藻酸钠的重量比为0.2)乳化于50 mL植物油(另加入1% Span80),转速800 r·min^{-1}。10 min后,加入50 mL含有浓度为0.5%壳聚糖的水溶液(含3% $CaCl_2$),调pH=6.0,30 min后,离心分离,用蒸馏水洗,后用丙酮洗两次,真空干燥。

5.蛋白质包埋率的测定

由于在制备过程中直接测定蛋白质在水相的含量较困难,所以用下面的方法测定包埋率:约20 mg干燥微囊置于5 mL生理盐水中,待充分溶胀后加至5 mL0.2 mol·L^{-1} PBS(pH=7.4)缓冲液中。12 h后,剧烈搅拌30 min使微囊破裂,滤去不溶物。BSA的含量由Lowry-Folin法测定。

6.体外释放实验

约50 mg干燥壳聚糖-海藻酸钠微囊置于10 mL生理盐水(含0.01%叠氮化钠)中,每隔一定时间取7 mL溶液,用Lowry-Folin法测定蛋白质含量。同时加入等量新鲜释放液,保持恒定体积。所有实验重复3次,取平均值。

五、注意事项

1.在用过氧化氢降解壳聚糖时,温度的影响最大,要注意温度的控制;

2. 测定蛋白质包封率时,滤去不溶物时要适当洗涤,同时要保证滤液的清亮。

六、思考题

1. 在用过氧化氢降解壳聚糖时,若温度过高会产生什么影响?

2. 为什么在用过氧化氢降解壳聚糖时,随着反应时间的延长和反应温度的提高,产物色泽逐渐加深?

实验十六　食品中总酸和氨基酸氮的测定

一、实验目的

1. 掌握食品中总酸的测定方法;

2. 掌握食品中氨基酸(氮)的测定原理和方法;

3. 了解复杂体系中指示终点的判别方法。

二、实验原理

食品内以弱酸为主,羧酸基团电离度较小,未电离的羧酸基团会随着溶液 pH 值的升高而释放 H^+。总酸度是指用强碱为标准液,使羧酸基团内 H^+完全解离时所得的食品酸度。

氨基酸具有酸、碱两重性质,因为氨基酸含有-COOH 基,显示酸性,又含有 $-NH_2$ 基,显示碱性。由于这两个基的相互作用,使氨基酸成为中性的内盐。当加入甲醛溶液时,$-NH_2$ 与甲醛结合,其碱性消失,破坏内盐的存在,就可用来滴定-COOH 基,以间接方式测定氨基酸的量。

三、主要试剂和仪器

1. 主要试剂

(1)NaOH 溶液($0.05\ mol \cdot L^{-1}$);(2)麝香草酚蓝指示剂(0.4% 乙醇溶液);(3)甲醛溶液(1.0% 水溶液);(4)酚酞指示剂(1.0% 乙醇溶液)。

2. 主要仪器

(1)移液管:5.0 mL 1 支;(2)滴定管:50 mL 1 支;(3)量筒:10 mL,100 mL 各 1 支。

四、实验步骤

吸取 5.0 mL 酒样,加入不含二氧化碳蒸馏水 100 mL、酚酞指示剂数滴,即以氢氧化钠标准溶液滴定到微显粉红色(并且 30 s 内不褪色),记录 V_1;再加入 10 mL 36% 甲醛、麝香草酚蓝指示液 1 mL,用 $0.05\ mol \cdot L^{-1}$ 氢氧化钠标准溶液滴定至蓝紫色(pH=9.2),记录加入甲醛后滴定所消耗 $0.05\ mol \cdot L^{-1}$ 氢氧化钠标准溶液的体积(mL),记录 V_2。

同时做一试剂空白,即取水 100 mL,加酚酞指示液 3 滴,用 $0.05\ mol \cdot L^{-1}$ 氢氧化钠标准溶液滴定至微红色,消耗的 NaOH 体积,记 V_0,精密加入甲醛 10 mL、麝香草酚蓝指示液 1 mL,用 $0.05\ mol \cdot L^{-1}$ 氢氧化钠标准溶液滴至蓝紫色(pH=9.2),记录消耗 $0.05\ mol \cdot L^{-1}$ 氢氧化钠标准溶液的体积(mL),记为 V'_0。

计算:

$$总酸(以乳酸,g \cdot L^{-1}) = \frac{(V_1 - V_0)_C \times 0.090}{V_{样}} \times 1\,000$$

$$氨基酸态氮(以氮计,g \cdot L^{-1}) = \frac{(V_2 - V'_0)_C \times 0.014}{V_{样}} \times 1\,000$$

五、注意事项

1. 加入指示剂的量要适宜,过多或过少都不易辨认终点;
2. 甲醛溶液在使用前需中和;
3. 若测定时样品的颜色较深,应加活性炭脱色之后再滴定。

六、思考题

1. 如何制备不含二氧化碳的蒸馏水?
2. 本实验中加入甲醛的目的是什么?

实验十七 海盐的提纯及含量分析

一、实验目的

1. 了解用化学方法提纯海盐的原理和过程;
2. 了解 Ca^{2+},Mg^{2+},SO_4^{2-} 等离子的定性鉴定,NaCl 定量测定的方法;
3. 掌握溶解、过滤、蒸发、结晶、干燥、滴定等基本操作。
4. 掌握莫尔法的实际应用。

二、实验原理

食盐是人们生活中不可缺少的调味品,尤其是副食品加工中重要的辅料,食盐因其来源不同分为海盐、湖盐、井盐和岩盐(又叫矿盐),我国的食盐以海盐为主。海盐(大颗粒原盐)即粗食盐,其中含有不溶性和可溶性的杂质(如泥沙和 K^+,Mg^{2+},SO_4^{2-},Ca^{2+} 离子等),不溶性的杂质可通过溶解、过滤的方法除去;可溶性的杂质则是通过向粗食盐的溶液中加入能与杂质离子作用的盐类,使其生成沉淀后过滤以除去。对 K^+,KCl 溶解度大于 NaCl,且含量少,蒸发浓缩后,NaCl 呈晶体析出,而 KCl 仍然以溶液形式存在于母液中,经过抽滤后分离,可得纯净的 NaCl 晶体。

先加入稍过量的 $BaCl_2$ 溶液,使溶液中的 SO_4^{2-} 转化为沉淀:

$$Ba^{2+} + SO_4^{2-} = BaSO_4 \downarrow (白色)$$

然后过滤除去 $BaSO_4$ 沉淀,向母液中加入 NaOH 和 Na_2CO_3 溶液,Ca^{2+},Mg^{2+} 及过量的 Ba^{2+} 都产生沉淀:

$$Ca^{2+} + CO_3^{2-} = CaCO_3 \downarrow (白色)$$

$$Ba^{2+} + CO_3^{2-} = BaCO_3 \downarrow (白色)$$

$$2Mg^{2+} + 2OH^- + CO_3^{2-} = Mg_2(OH)_2CO_3 \downarrow (白色)$$

过滤后,溶液中的 Ca^{2+},Mg^{2+} 和 Ba^{2+} 都已除去,滤液中过量的 NaOH 和 Na_2CO_3 用盐酸

中和：

$$OH^- + H^+ = H_2O$$

$$CO_3^{2-} + 2H^+ = CO_2 \uparrow + H_2O$$

氯化钠含量分析采用莫尔法。在中性或弱碱性条件下，用 $AgNO_3$ 标准溶液来测定 Cl^- 的含量，其反应如下：

$$Ag^+ + Cl^- = AgCl \downarrow \text{（白色）}$$

滴定过程中，AgCl 先沉淀出来，微过量的 $AgNO_3$ 溶液与 K_2CrO_4 生产砖红色的 Ag_2CrO_4 沉淀，从而指示出滴定终点。

$$2Ag^+ + CrO_4^{2-} = Ag_2CrO_4 \downarrow \text{（砖红色）}$$

三、主要试剂和仪器

1. 主要试剂

(1) $BaCl_2$ 溶液（$1\ mol \cdot L^{-1}$）；(2) NaOH 溶液（$2\ mol \cdot L^{-1}$）；(3) Na_2CO_3 溶液（$1\ mol \cdot L^{-1}$）；(4) HCl 溶液（$2\ mol \cdot L^{-1}$）；(5) HAc 溶液（$1\ mol \cdot L^{-1}$）；(6) $(NH_4)_2C_2O_4$ 溶液（$0.5\ mol \cdot L^{-1}$）；(7) $AgNO_3$ 溶液（$0.1\ mol \cdot L^{-1}$）；(8) K_2CrO_4 溶液（5%）；(9) 镁试剂。

2. 主要仪器

(1) 分析天平；(2) 台秤；(3) pH 试纸；(4) 玻璃棒；(5) 酒精灯；(6) 铁三脚架；(7) 石棉网；(8) 蒸发皿；(9) 铁圈；(10) 普通漏斗；(11) 布氏漏斗；(12) 试管（10 mL）；(13) 酸式滴定管（50 mL）；(14) 锥形瓶；(15) 烧杯（150 mL）；(16) 量筒（10 mL，100 mL）；(17) 容量瓶（100 mL）；(18) 移液管（25.00 mL）。

四、实验步骤

1. 粗食盐的提纯

(1) 在台秤上称取 5 g 食盐，放入小烧杯中，加入 30 mL 蒸馏水，用玻璃棒搅拌，并加热使其溶解，继续加热至微沸，一边搅拌一边逐滴加入 $1\ mol \cdot L^{-1}$ $BaCl_2$ 溶液，直至 SO_4^{2-} 完全形成沉淀（大约 2 mL），继续加热 5 min，使 $BaSO_4$ 颗粒长大而易于沉淀和过滤。为了检验 SO_4^{2-} 沉淀是否完全，可将烧杯从石棉网上取下，待沉淀沉降后，沿烧杯壁加 1 ~ 2 滴 $BaCl_2$ 溶液，观察上层清液中是否有浑浊现象，如无浑浊，说明已沉淀完全；如仍有浑浊，则需继续滴加 $BaCl_2$ 溶液，直至沉淀完全为止。沉淀完全后，继续加热 5 min，冷却，抽滤，将不溶性杂质和沉淀一起过滤掉。

(2) 将滤液转移至另一干净的小烧杯中，加入 1 mL $2\ mol \cdot L^{-1}$ NaOH 溶液和 3 mL $1\ mol \cdot L^{-1}$ Na_2CO_3 溶液，加热至沸腾，从石棉网下取下，静置，待沉淀沉降后，在上层清液中滴加 $1\ mol \cdot L^{-1}$ Na_2CO_3 溶液直至不再产生沉淀为止，冷却，抽滤。

(3) 在滤液中逐滴加入 $2\ mol \cdot L^{-1}$ HCl 溶液，并用 pH 试纸测试，知道溶液呈现微酸性（pH=6.0）为止。

(4) 将滤液导入蒸发皿中，加热蒸发，浓缩至糊状的稠液为止（且不可将溶液蒸干）。

(5) 冷却后，抽滤（尽量将结晶抽干）。将结晶转移至蒸发皿中，在泥三角上用小火烘干（边烘干边用玻璃棒翻炒以免烤糊）。

(6) 待结晶冷却后，称量，计算产率。

2. 产品纯度的检验

取粗盐和精盐各 0.5 g，分别溶于 10 mL 蒸馏水中，分别盛入 3 支小试管中，组成 3 组，对照检验其纯度。

(1) SO_4^{2-}的检验。第一组溶液分别加入 2 滴 1 mol · L^{-1} $BaCl_2$，再滴 1 滴 6 mol · L^{-1} HCl，观察(在提出后的溶液中应无 $BaCO_3$沉淀产生)。

(2) Ca^{2+}的检验。在第二组溶液中分别加入 2 滴 1 mol · L^{-1} HAc，再加入 5 滴饱和的$(NH_4)_2C_2O_4$溶液，观察(在提出后的溶液中应无 CaC_2O_4沉淀产生)。

(3) Mg^{2+}的检验。在第三组溶液中分别加入 5 滴 6 mol · L^{-1} NaOH，再加入 2 滴镁试剂，观察。粗盐天蓝色，精盐紫红色。

3. 产品 NaCl 含量的测定

准确称取 1.8 ~ 2.0 g(准确值 0.000 1 g)氯化钠试样置于烧杯中，加水溶解定容于 250 mL容量瓶中，摇匀。

用移液管准确移取 25.00 mL NaCl 试液于锥形瓶中，加入 25 mL 蒸馏水和 1 mL 5% K_2CrO_4，在不断摇动下，用 $AgNO_3$标准溶液滴定至溶液呈现砖红色沉淀即为终点，重复测定 3 次。根据试样的质量和滴定中消耗的 $AgNO_3$的体积，计算试样中 Cl^-的含量。

五、注意事项

1. 注意抽滤装置的正确使用方法；
2. 转移样品时对玻璃棒和烧杯用水冲洗时，一定要少量；
3. 在加热之前，一定要先加盐酸使溶液的 pH<7，而不用其他酸；
4. 在蒸发过程中要用玻璃棒搅拌蒸发液，防止局部受热；
5. 最后在干燥时不可以将溶液蒸干。

六、思考题

1. 在除 Ca^{2+}，Mg^{2+}，SO_4^{2-}等离子时，为什么要先加 $BaCl_2$溶液，后加 Na_2CO_3溶液？能否先加 Na_2CO_3溶液？
2. 过量的 CO_3^{2-}，OH^-能否用硫酸或硝酸中和？HCl 加多了可否用 KOH 调回？
3. 加入沉淀剂除 SO_4^{2-}，Ca^{2+}，Mg^{2+}，Ba^{2+}时，为何要加热？
4. 在滴定过程中，若不充分摇动，对测定结果有何影响？

实验十八　酱油中氯化钠的测定

一、实验目的

1. 了解佛尔哈德法测定氯化物的基本原理；
2. 比较几种不同沉淀滴定法的差别。

二、实验原理

在含有一定量 NaCl 的酱油中，加入过量的 $AgNO_3$，这时试液中有白色的氯化银沉淀生

成和未反应掉的 $AgNO_3$。用硫酸铁铵做指示剂,用硫氰酸钠标准溶液滴定到刚有血红色出现,即为滴定终点。反应式如下:

$$NaCl+2AgNO_3 \rightarrow AgCl\downarrow +NaNO_3+AgNO_3(\text{剩余})$$

$$AgNO_3(\text{剩余})+NH_4SCN \rightarrow AgSCN\downarrow +NH_4NO_3$$

$$3NH_4SCN+FeNH_4(SO_4)_2 \rightarrow Fe(SCN)_3+2(NH_4)_2SO_4$$

三、主要试剂和仪器

1. 主要试剂

(1) NaCl 基准试剂。在 500～600 ℃灼烧半小时后,放置于干燥器中冷却。也可将 NaCl 置于带盖的瓷坩埚中,加热,并不断搅拌,待爆炸声停止后,将坩埚放入干燥器中冷却后使用。(2) $AgNO_3$溶液:0.1 mol·L^{-1}。溶解 8.5 g $AgNO_3$于 500 mL 不含 Cl^-的蒸馏水中,将溶液转入棕色试剂瓶中,置暗处保存,以防见光分解。(3) NH_4SCN 溶液:0.1 mol·L^{-1}。称取 1.9 g NH_4SCN,用水溶解后,稀释至 500 mL,于试剂瓶待用。(4) $FeNH_4(SO_4)_2$:10% 水溶液(100 mL 内含 6 mol·L^{-1} HNO_3 25 mL)。(5) K_2CrO_4:5% 水溶液。(6) 硝基苯:AR。(7) HNO_3:1∶1。

2. 主要仪器

(1) 带盖瓷坩埚:1 个;(2) 棕色试剂瓶:500 mL 1 个;(3) 烧杯:500 mL,250 mL 各 1 个;(4) 容量瓶:250 mL,100 mL 各 1 个;(5) 移液管:25 mL,10 mL 各 1 支;(6) 吸量管:5 mL 1 支;1 mL 2 支;(7) 量杯:50 mL,25 mL 各 1 个;(8) 具塞锥形瓶:250 mL 3 个。

四、实验步骤

1. $AgNO_3$溶液的标定

准确称取 1.462 1 g 基准 NaCl 并置于小烧杯中,用蒸馏水溶解后,定量转入 250 mL 容量瓶中,稀释至刻度,摇匀。用移液管移取 NaCl 溶液 25.00 mL 于 250 mL 锥形瓶中,加入 25 mL 水,用 1 mL 吸量管加入 1.00 mL 5% K_2CrO_4溶液。在不断摇动下,用 $AgNO_3$滴定至呈现砖红色,即为终点。再重复滴定 2 份,根据所消耗的 $AgNO_3$的体积和 NaCl 标准溶液浓度计算 $AgNO_3$的浓度。

2. NH_4SCN 溶液的标定

用移液管移取 $AgNO_3$标准溶液 25.00 mL 于 250 mL 锥形瓶中,加 1∶1 HNO_3 5 mL,用 1 mL吸量管加入铁铵矾指示剂 1.00 mL,用 NH_4SCN 溶液滴定。滴定时,激烈振荡溶液,当滴至溶液颜色为淡红色稳定不变时,即为终点。再重复滴定 2 份,计算 NH_4SCN 溶液的浓度。

3. 试样分析

移取酱油 5.00 mL 于 100 mL 容量瓶中,加水至刻度摇匀,吸取酱油稀释液 10.00 mL 于具塞锥形瓶中,加水 50 mL,混匀。加入 1∶1 的 HNO_3 5 mL,0.1 mol·L^{-1} $AgNO_3$标准溶液 25.00 mL 和硝基苯 5 mL,摇匀。加入 $FeNH_4(SO_4)_2$ 5 mL,用 0.1 mol·L^{-1} NH_4SCN 标准溶液滴定至刚有血红色,即为终点。由此计算酱油中氯化钠含量。

五、注意事项

1. 若样品颜色过深,则需要做脱色处理,以确保终点观察;

2. 加入硝基苯后，要用力摇动溶液，以使硝基苯能充分覆盖在沉淀表面。

六、思考题

1. 在标定 $AgNO_3$时，滴定前为何要加水?
2. 在试样分析时，可否用 HCl 或 H_2SO_4调节酸度?
3. 本实验与莫尔法相比，各有什么优缺点?

实验十九　土壤中游离氧化铁的草酸-盐酸羟胺高压提取及分析

一、实验目的

1. 学习土壤中游离氧化铁的分离方法和测定方法；
2. 掌握用高压坩埚提取和消解分析试样的方法。

二、实验原理

黏土中的铁除了结合在层状硅酸盐中的以外，大多数则是以铁的氧化物及其水合物的形式存在，如赤铁矿(Fe_2O_3)、针铁矿(α-FeOOH)、无定形氧化铁及少量的磁铁矿(Fe_3O_4)和纤铁矿(β或γ- FeOOH)等。土壤分析化学中，把在结构上不含 Fe—O—Si 键的这些铁的氧化物及其水合物统称为游离氧化铁。游离氧化铁的含量，直接影响到黏土的诸多性质，所以引起人们的关注。测定黏土中的游离氧化铁，应先使其与黏土中的其他成分分离。目前常用的分离方法是连二亚硫酸钠-柠檬酸钠-重碳酸钠法，简称为 DCB 法。方法的原理是，连二亚硫酸钠将高价的铁氧化物还原为亚铁离子，并与柠檬酸根配合形成溶于水的配离子，然后用邻二氮菲吸光光度法测定铁的含量。通常认为，用 DCB 法分离黏土中游离氧化铁是比较完全的，但有文献指出：对于以磁铁矿、针铁矿、赤铁矿和铁锰结核形式存在的游离氧化铁，DCB 法溶出的铁仅分别占这些矿物各自含铁量的2.4%，28%，41%和40%，为克服这一缺陷，本实验采用在高压坩埚中，以草酸和盐酸羟胺溶液为提取剂浸取黏土中的游离氧化铁。研究表明，该法对游离氧化铁的浸出量显著高于 DCB 法，因为浸取过程中没有使用能与铁形成稳定配合物的柠檬酸，所以铁的显色速度较 DCB 法快。

三、主要试剂和仪器

1. 主要试剂

(1)分析纯盐酸羟胺及其 100 $g \cdot L^{-1}$水溶液；(2)分析纯草酸($H_2C_2O_4 \cdot 2H_2O$)；(3)1.5 $g \cdot L^{-1}$邻二氮菲水溶液(显色剂)；(4)1.0 $mol \cdot L^{-1}$ NaAc 溶液；(5)铁标准溶液。

2. 主要仪器

(1)CS 型高压坩埚；(2)紫外可见分光光度计；(3)台式离心机；(4)台式烘箱。

四、实验步骤

称取自然风干并过孔径 Φ=0.20 mm 筛的黏土试样 0.100 g 以及盐酸羟胺和草酸固体各0.6 g 于高压坩埚中，加入 10.00 mL 去离子水，轻轻将其摇匀，加盖旋紧密封。置高压坩埚于 130 ℃后，继续加热 30 min。取出冷却至室温，启封。将上层清液移入 100 mL 容量瓶内,浸渣转移至离心管中,用饱和 NaCl 溶液洗涤浸渣后,进行离心分离,浸渣需要用 NaCl 溶液洗涤 3 ~4 次,离心液一起并入 100 mL 容量瓶中,用去离子水定容。用邻二氮菲吸光光度法测定上述定容液中铁的浓度,以此求出 0.100 g 试样中被浸出的铁的量,将其以 Fe_2O_3 的形式表示即为游离氧化铁的量,游离氧化铁的量与试样量之比为游离氧化铁质量分数。

五、思考题

1. 本法分离游离氧化铁的原理是什么?
2. 试比较本法与 DCB 法的特点。
3. 为什么从烘箱取出的高压坩埚要待冷却到室温后才可启封?

实验二十　昆布中碘含量的测定

一、实验目的

1. 深入了解间接碘量法的应用;
2. 了解药用植物前处理的方法。

二、实验原理

《中国药典》收载的昆布包括海带和昆布,具有软坚消结之功效,富含碘。药典采用干法消化的前处理方法,然后采用碘量法,用硫代硫酸钠标准溶液滴定反应生成碘。反应式为:

$$I_2+2S_2O_3^{2-} \longrightarrow 2I^- +S_4O_6^{2-}$$

计算公式为:

$$\omega_{I_2}/\% = \frac{C_{Na_2S_2O_3} V_{Na_2S_2O_3} \times M_{I_2}}{2\times m_S \times 1\ 000}\times 100$$

三、主要试剂和仪器

1. 主要试剂

(1)0.01 mol · L^{-1} $Na_2S_2O_3$ 标准溶液;(2)0.5% 淀粉指示剂;(3)甲基橙指示剂;(4)甲酸钠(AR);(5)KI(AR);(6)溴(AR);(7)硫酸(AR);(8)样品:海带或昆布。

2. 主要仪器

(1)分析天平;(2)25 mL 酸式滴定管;(3)250 mL 碘量瓶;(4)100 mL 容量瓶;(5)25 mL移液管;(6)马弗炉。

四、实验部分

取剪碎的昆布(海带)约 2 g,精密称定,置瓷坩埚中,缓缓加热灼烧,温度每上升100 ℃维持 5 min,过滤,残渣用水重复处理 2 次。每次 20 mL,过滤,合并滤液,残渣用热水洗涤 3 次,洗涤液与滤液合并置于 100 mL 容量瓶中,加水至刻度。

精密量取 25 mL 上述溶液,置于碘量瓶中,加 25 mL 水与甲基橙指示剂 2 滴,滴加稀硫酸至显红色,加新制的溴试液 5 mL,加热至沸,沿瓶壁加 20% 甲酸钠溶液 5 mL,立即用硫代硫酸钠标准溶液(0.01 mol · L^{-1})滴定至淡黄色,加淀粉指示液 1 mL,继续滴定至蓝色消失,每 1 mL 硫代硫酸钠标准溶液（0.01 mol·L^{-1}）相当于 0.211 3 mg 的碘（I）。

本品按干燥品计算，海带含碘（I）不得少于 0.35%，昆布含碘（I）不得少于 0.20%。

五、注意事项

1. 注意灼烧温度的控制，不宜过高，否则会使碘化物分解而导致碘挥发；
2. 加热至沸时注意控制时间，防止干烧；
3. 注意控制洗涤水量。

六、思考题

1. 请说明本实验中所加各试液的作用。
2. 怎样计算滴定度？

实验二十一 蔬菜中天然色素的提取、分离和测定

一、实验目的

1. 进一步熟悉和掌握薄层色谱的原理；
2. 掌握薄层层析法分离微量组分的操作技术；
3. 了解蔬菜中主要色素的基本性质，通过色素的提取和分离，了解天然物质分离提纯方法及原理。

二、实验原理

1. 菠菜中的色素简介

菠菜叶中富含多种色素成分，如叶绿素（绿色）、胡萝卜素（橙黄色）和叶黄素（黄色）等多种天然色素。

叶绿素存在两种结构相似的形式即叶绿素 a（$C_{55}H_{72}O_5N_4Mg$）和叶绿素 b（$C_{55}H_7O_6N_4Mg$），结构见图 10.2。二者在结构上的差别仅是叶绿素 a 中一个甲基被甲酰基所取代而形成叶绿素 b。它们都是吡咯衍生物与金属镁的络合物，是植物进行光合作用所必需的催化剂。

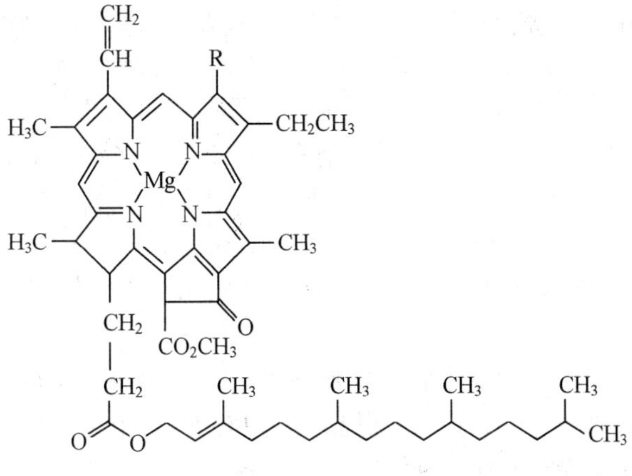

图 10.2 叶绿素 a 和叶绿素 b 的结构（叶绿素 a：R = CH_3，叶绿素 b：R = CHO）

胡萝卜素($C_{40}H_{56}$,见图 10.3)是具有长链结构的共轭多烯。它有三种异构体,即 α-、β-和 γ-胡萝卜素,其中 β-异构体含量最多,也最重要。在生物体内,β-体受酶催化氧化即形成维生素 A 。目前 β-胡萝卜素已可进行工业生产,可作为维生素 A 使用,也可作为食品工业中的色素。叶黄素($C_{40}H_{56}O_2$,见图 10.3)是胡萝卜素的羟基衍生物,它在绿叶中的含量通常是胡萝卜素的两倍。与 β-胡萝卜素相比,叶黄素较易溶于醇而在石油醚中溶解度较小。根据这些色素在有机溶剂中的溶解性,可将它们提取出来。

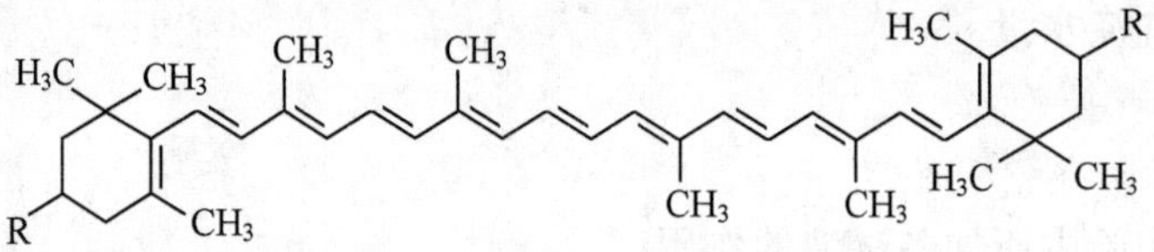

图 10.3　β-胡萝卜素和叶黄素的结构(β-胡萝卜素:R =H,叶黄素:R = OH)

(1)菠菜中各色素的理化性质。绿色植物中的叶绿体色素在把光能转变为化学能的光合作用中起着重要作用。叶绿体色素有叶绿素和类胡萝卜素两类,主要包括 β-胡萝卜素,叶黄素,叶绿素 a 和叶绿素 b 四种色素,它们在叶绿体中的含量比约为 2 ∶ 1 ∶ 3 ∶ 1。叶绿素是植物进行光合作用所必需的催化剂。

①叶绿素 a,有四个甲基与卟吩核连接($R—CH_3$),蜡状蓝黑色微小晶体,熔点 117 ~ 120 ℃,溶于乙醇、乙醚、丙酮、氯仿、二硫化碳和苯,不溶于石油醚。其乙醇溶液是蓝绿色,并有深红色荧光。

②叶绿素 b,有三个甲基和一个醛基与卟吩核连接(R=CHO),蜡状蓝黑色微小晶体,熔点 120 ~ 130 ℃,溶于乙醇和乙醚,难溶于石油醚。乙醚溶液有亮绿色,其他有机溶剂的溶液通常是绿色至黄绿色,并有红色荧光。可用作肥皂、脂肪、油蜡、食品、化妆品和医药用的无毒着色剂。由绿叶用乙醇萃取而制得,也可用化学方法合成。

③胡萝卜素,胡萝卜素有多种异构体,是四萜类化合物。α-胡萝卜素为红色结晶,熔点 187 ℃,旋光度+385°(c=0.08,苯),溶于乙醚、苯、氯仿;β-胡萝卜素为红棕色结晶,熔点 181 ℃,溶于乙醚、丙酮、苯、石油醚;γ-胡萝卜素为紫色棱形结晶,熔点 177.5 ℃,溶于苯、氯仿。α-,β-和 γ-胡萝卜素常共存于许多植物中。β-胡萝卜素含量最高,β-胡萝卜素在植物中几乎总是和叶绿素共存,含量最多的是胡萝卜、棕榈油以及多种绿叶植物。用作食物色素、保健食品,以及作防晒化妆品成分,还可用作制造维生素 A 的原料。

④叶黄素,又称胡萝卜醇,一类羟基类胡萝卜素的衍生物,以乙醚加甲醇精制,得黄色穗状物,具金属光泽的结晶。熔点 183 ℃,不溶于水,溶于油性溶剂,光稳定性较好,主要与叶绿素、胡萝卜素共存于绿色植物的叶和花中。在天然黄色素中,它的价格较贵,可用于食品着色。也有添加于禽饲料中,使禽蛋蛋黄增进黄色。

(2)叶绿素的吸收光谱。叶绿素 a 呈蓝绿色,叶绿素 b 呈黄绿色。从图 10.4 中可以看出,叶绿素 a、叶绿素 b 的强吸收带有两个,一个在波长为 630 ~ 680 nm 的红光区,另一个在波长为 400 ~ 460 nm 的蓝紫光区。

2. 薄层层析(薄层色谱)

薄层层析是快速分离和定性分析微量物质的一种极为重要的实验技术,具有设备简单、操作方便而快速的特点,可用于精制样品、化合物鉴定、跟踪反应进程和柱色谱的先导(即为柱色谱摸索最佳条件)等方面。

这种方法把固定相吸附剂(或载体)均匀地铺在一块玻璃板上形成薄层,在此薄层上进

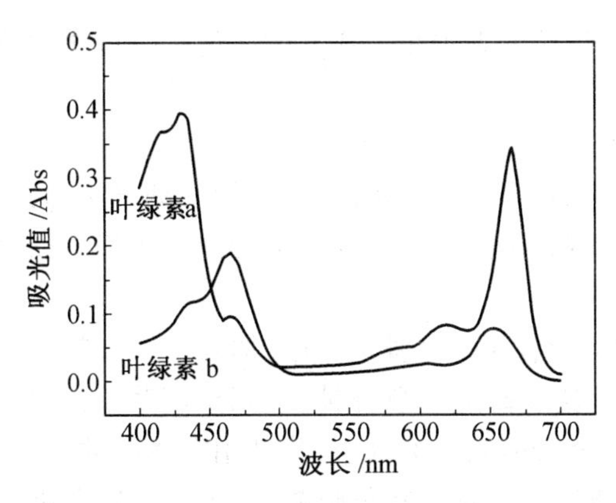

图 10.4 叶绿素 a 和叶绿素 b 的吸收光谱曲线

行层析。待分离的样品溶液点在薄层一端，试样中各组分就被吸附剂所吸附，但吸附剂对不同物质的吸附能力是不同的。将薄层板点有样品的一端浸入层析缸，在流动相展开剂的作用下展开。由于薄层吸附剂（如硅胶）的毛细作用，展开剂将沿着薄板逐渐上升。当溶剂流经试样时，样品中的各组分就溶解在展开剂中。在吸附剂的吸附力和展开剂的毛细上升力作用下，物质就在吸附剂和展开剂之间发生连续不断的吸附和解析平衡。吸附力强的物质相对移动得慢一些，而吸附力弱的物质相对移动得快一些。经过一段时间的展开，样品中各物质就彼此分开，最后形成互相分离的斑点，称为薄层层析谱。

对于不同的样品，可以选择不同的吸附剂和展开剂；可以做吸附层析，也可以做分配层析或离子交换层析。层析谱不仅可做定性鉴定，也可以进行定量分析。每次点样所需的样品量仅几微升到几十微升，因此它是一种高效、快速的微量分析方法。

本实验进行菠菜中叶绿素的提取、分离和测定。

三、主要试剂和仪器

1. 主要试剂

（1）硅胶 G（200 ~ 300 目）；（2）羧甲基纤维素钠（CMC）（0.5%）；（3）碳酸钙；（4）石英砂；（5）丙酮；（6）乙醚；（7）石油醚；（8）乙醇；（9）苯；（10）乙酸乙酯；（11）氯化钠；（12）无水硫酸钠。

2. 主要仪器

（1）仪器；（2）研钵；（3）层析缸；（4）分液漏斗。

四、实验步骤

1. 制板

选用 5.0 ×30.0（cm）规格的玻璃板两块，用肥皂水洗净，用蒸馏水淋洗两次后烘干，用时再用酒精棉球擦除手印至对光平放无斑痕。

称取 5 g 硅胶 G 粉于 100 mL 烧杯中，按硅胶和水 1∶3（*w/w*）的比例加入 0.5% CMC 水溶液，调成均匀的糊状（在平铺玻璃板上能晃动但不能流动），用倾泻法涂在干净薄层板上，用玻璃棒均匀地摊开，然后，用手托住玻璃板一头，另一头放在桌面上轻轻振敲，使硅胶浆料均匀平整铺开，成薄厚均匀、表面光洁平整、无气泡的薄层板，厚度为 0.25 ~ 1.0 mm。水平放置，待薄层发白近干（注意：室温放置必须使玻板干透，否则会出现断裂现象），然后将晾干的薄层板放在烘箱中逐步升温至110 ℃的活化30 min,取出放在干燥器中冷至室温,备用。

2. 叶绿素的提取

新鲜菠菜叶依次用自来水和去离子水洗净,去除叶柄和中脉,晾干或用纱布、吸水纸将菜叶表面的水分吸干。称取处理过的菜叶5 g,剪碎放于干净的研钵中,加少量的碳酸钙和干净的石英砂,将菜叶粗捣烂。

方法一:将粗捣烂的菜叶置于带塞锥形瓶中,加入30 mL 2∶1(*v/v*)的石油醚和乙醇混合溶剂,浸没菠菜叶片,用玻璃棒搅动数分钟,以利于菠菜叶的细胞破裂,色素浸出。布氏漏斗抽滤,将菠菜汁转入分液漏斗,分去水层,分别用等体积的饱和食盐水和蒸馏水洗涤两次,以除去萃取液中的乙醇(洗涤时要轻轻旋荡,以防止产生乳化)。弃去水-乙醇层,石油醚层用无水硫酸钠干燥后滤入锥形瓶,置于暗处备用。

方法二:将粗捣烂的菜叶置于带塞锥形瓶中,加入10 mL去离子水、30 mL丙酮,搅拌10 min,使色素溶解。抽滤滤去残渣,得深绿色叶绿素丙酮溶液。取5 mL叶绿素丙酮提取液,于60 mL分液漏斗中,加入3 mL乙醚萃取,去下层丙酮溶液,得叶绿素的乙醚提取液。

3. 点样

取活化后的层析板,分别在距一端2 cm处用铅笔轻轻画一横线作为起始线。另一端距约1 cm处也画一横线作为终止线。取毛细管(直径0.5 mm)插入样品溶液中取液,在暗处距离薄板一端2 cm处(以画线作为起始线)点样,将试液点成一条线,待第一次液点干后再点一次,共重复3~5次,

注意:点样时手指捏住毛细管下端,垂直点样,轻触薄层板后立即抬起。点样要轻,不可刺破薄层。因溶液太稀或样点太小,可重复点样。但应在前次点样的溶剂挥发后,方可重点,以防样点被溶解掉。

4. 展开

薄层色谱的展开,须在密闭容器中进行。

将展开剂注入层析缸中,摇匀,加盖使缸内蒸汽饱和10 min,再将点好样的薄层板斜靠于层析缸内壁。点样端接触展开剂但样点不能浸没于展开剂中,一般展开剂浸没薄板下端的高度不宜超过0.5 cm,密闭层析缸。将层析缸盖好,放在暗处展开,待展开剂的前沿离薄板顶部1~2 cm时,取出薄板平放,用铅笔或小针画前沿线位置,晾干或用电吹风吹干薄层。从上到下依次为胡萝卜素(橙黄色)、叶绿素a(蓝绿色)、叶绿素b(黄绿色)、叶黄素(黄色)。记下各色带中心到原点(起始线)的距离和溶剂前沿到原点的距离,计算叶绿素a和叶绿素b的R_f值:

$$R_f = a/b = \text{原点至斑点中心的距离}/\text{原点至溶剂前沿的距离}$$

在薄层层析中,常用R_f来表示各组分在层析谱中的位置,它与被分离物质的性质有关,在一定条件下为一常数,其值在0~1之间。被分离物质间的R_f值相差越大,则分离效果越好。

薄层色谱展开剂的选择主要根据样品的极性、溶解度和吸附剂的活性等因素。溶剂的极性越大,则对化合物的解吸能力越强,即R_f值也越大。

如R_f值较大,可考虑换用一种极性较小的溶剂,或在原用展开剂中加入适量极性较小的溶剂。相反,如原用展开剂使样品各组分的R_f值较小,则可加入适量极性较大的溶剂,如氯仿中加入适量的乙醇。常用展开剂的极性大小如下:

水>乙醇>乙酸乙酯　氯仿>苯>环己烷>石油醚

本次实验采用的以下展开剂(体积比)：

(a)石油醚-丙酮-苯(2∶1.5∶2)；

(b)石油醚-丙酮(8∶2)；

(c)石油醚-乙酸乙酯(6∶4)；

(d)石油醚-丙酮-乙醚(3∶1∶1)；

(e)乙醚-石油醚-丙酮-正丙醇(15∶7.5∶2.5∶0.12)。

5. 叶绿素 a 和叶绿素 b 的色带从玻璃板上刮下来并放在离心管中，加入 5 mL 乙醚，振摇，离心后得澄清蓝绿色溶液。在仪器上测定其在 360～700 nm 波长范围的吸收曲线，并与标准谱图进行比较。

根据各色素的颜色、分子极性与 R_f值的关系、吸收光谱、荧光对分离出的色素进行鉴定归属，讨论结构对 R_f值、吸收光谱的影响。

五、注意事项

1. 从菠菜中提取叶绿素时：

(1)加入少量碳酸钙的作用是防止失去 Mg，中和植物细胞中的酸；

(2)研磨只可适当，不可研磨得太烂而成糊状，否则会造成分离困难；

(3)方法一中水洗的目的是除去有机相中少量的乙醇和其他水溶性物质，洗涤时要轻轻振荡，以防止产生乳化现象。

2. 点样及画线时应十分小心，不要将薄层碰破。

3. 测定吸收光谱时若样品量较少，可同时展开两块或三块薄板，将叶绿素斑点刮下来同时测定。

4. 叶绿素对酸、碱和光很敏感，整个实验应在中性条件和暗处(或弱光)进行，各操作步骤应在尽可能短的时间内完成。

5. 展开缸一定要密封，并随时观测展开状态。

六、思考题

从菠菜中提取叶绿素时加入少量碳酸钙的作用?

实验二十二　农药草甘膦含量的测定

一、实验目的

1. 熟练掌握紫外分光光度计的原理及其使用方法；

2. 学会利用紫外分光光度计测定草甘膦的含量。

二、实验原理

草甘膦(glyphosate)，学名 N-(膦酰基甲基)甘氨酸，化学式为 $C_3H_8NO_5P$(结构式见下图)。草甘膦是一种除草活性最强的有机磷农药；具有杀草广谱性，能有效控制危害最大的 76 种杂草；杀草力强，能防除一些其他除草剂难以杀灭的多年生深根恶性杂草。同时，它还有低毒、易分解、无残留等优点。草甘膦的含量决定了该农药的作用，因此测定草甘膦的含量有着重要而现实的意义。

$$(HO)_2P(=O)-CH_2-NH-CH_2-C(=O)-OH$$

本实验采用紫外分光光度法测定草甘膦的含量，原理为：草甘膦与亚硝酸钠反应生成草甘膦的亚硝基化衍生物——N-亚硝基-N-膦羧甲基甘氨酸。该化合物的紫外最大吸收波长(λ_{max})为243 nm，可直接采用紫外分光光度法进行测定。

$$(HO)_2P(=O)-CH_2-NH-CH_2-C(=O)-OH \xrightarrow{NaNO_2} (HO)_2P(=O)-CH_2-N(NO)-CH_2-C(=O)-OH$$

草甘膦　　　　　　　　　　　　N-亚硝草甘膦

三、主要试剂和仪器

1. 主要试剂

(1)1∶1硫酸溶液；(2)25%溴化钾溶液；(3)1.5%亚硝酸钠溶液（现用现配）；(4)草甘膦标样（含量≥99.8%）；(5)浓盐酸。

2. 主要仪器

(1)电热板或电炉；(2)吸量管；(3)1 cm石英比色皿；(4)紫外分光光度计。

四、实验步骤

1. 标准曲线的绘制

(1)草甘膦标样溶液的配制。准确称取0.3 g草甘膦标准样品（精确至0.000 1 g，m_1），转移至100 mL烧杯中，加50 mL水、1 mL浓盐酸，搅拌均匀。将烧杯置于电热板或电炉上，用玻璃棒边搅拌边缓缓加热至草甘膦固体完全溶解，冷却至室温。将上述溶液转移至250 mL容量瓶中，用15 mL水荡洗烧杯3次，荡洗液倾倒至容量瓶中，用水稀释至刻度，摇匀，制成草甘膦标准溶液。

(2)草甘膦的亚硝基化。准确称取上述草甘膦标准溶液0.0 mL，0.7 mL，1.0 mL，1.3 mL，1.6 mL，1.9 mL于6个100 mL容量瓶中，在各容量瓶中分别加入5 mL蒸馏水，0.5 mL 1∶1硫酸溶液，0.1 mL 25%溴化钾溶液，0.5 mL 1.5%亚硝酸钠溶液。加入亚硝酸钠后应立即将塞子塞紧，充分摇匀，放置20 mL（反应时温度不低于15 ℃）。用水稀释至刻度，摇匀，最后将塞子打开，放置15 min。

(3)标准曲线的绘制。接通紫外分光光度计的电源，开启氘灯预热20 min，调整波长在243 nm处，以试剂空白作参比，用石英比色皿进行吸光度测量。以吸光度为纵坐标，相应的标样溶液的体积为横坐标，绘制标准曲线。

2. 草甘膦试样的分析

准确称取0.5 g草甘膦试样（精确至0.000 1 g，m_2），转移至100 mL烧杯中，加50 mL水、1 mL浓盐酸，搅拌均匀。将烧杯置于电热板或电炉上，用玻璃棒搅拌，缓慢加热并保持微沸5 min后，用快速滤纸过滤，仔细冲洗滤纸，合并滤液和洗涤液至250 mL容量瓶中，冷至室温，用水稀释至刻度，摇匀。

分别精确吸取1.0 mL试样溶液V_2于2个100 mL容量瓶中，其中一份用水稀释至刻度、摇匀。以蒸馏水作参比，测定试样本身的吸光度 A_0。另一份按实验内容中 1(2) 的实验步骤进行亚硝基化显色反应，并在 243 nm 处测定吸光度 A_1。测得的吸光度 A_1 扣除试样本身的吸光度 A_0 即为试样中草甘膦吸光度 A_2。

草甘膦百分含量 ω 按下式计算：

$$\omega=(\rho_1 V_1)/(\rho_2 V_2)\times 100\%$$

$$\rho_1=m_1\times 1\,000/250$$

$$\rho_2=m_2\times 1\,000/250$$

式中，ρ_1 为草甘膦标样溶液中草甘膦的质量浓度，$mg \cdot mL^{-1}$；ρ_2 为草甘膦试样溶液中草甘膦的质量浓度，$mg \cdot mL^{-1}$；m_1 为草甘膦标样的质量，g；m_2 为草甘膦试样的质量，g；V_1 为与草甘膦试样的吸光度 A_2 相对应的标准溶液的体积，mL；V_2 为吸取草甘膦试样溶液的体积，1.0 mL。

五、注意事项

1. 草甘膦标准溶液的存储时间不得超过 15 天；
2. 比色皿用完后用 50% 硝酸溶液洗涤。

六、思考题

草甘膦的亚硝基化过程中为什么要加溴化钾溶液？

实验二十三　铅精矿中铅的测定

一、实验目的

1. 考查学生定量分析的综合能力；
2. 了解矿样分析的一般处理过程。

二、实验原理

试样用氯酸钾饱和的浓硝酸分离，在硫酸介质中铅形成硫酸铅沉淀，通过过滤与共存元素分离。硫酸铅用乙酸-乙酸钠缓冲溶液溶解，以二甲酚橙为指示剂，于 pH 5～6 用 EDTA 标准溶液滴定，由消耗的 EDTA 标准溶液体积计算矿样中铅的质量分数。

三、主要试剂和仪器

1. 主要试剂

(1)乙酸-乙酸钠缓冲溶液(pH 5.5～6.0)，称取 150 g 无水乙酸钠溶于水中，加入 20 mL冰乙酸，用水稀释至 1 000 mL，混匀；(2)EDTA 标准溶液，称取 8 g 乙二胺四乙酸二钠溶于 300～400 mL 水中，微热溶解，冷却，稀释至 1 L，转移至 1 000 mL 试剂瓶中，摇匀；(3)1 $g \cdot L^{-1}$ 二甲酚橙溶液；(4)1∶1 HCl；(5)1∶98 H_2SO_4；(6)氯酸钾饱和的浓硝酸；(7)抗坏血酸；(8)1∶1 氨水；(9)200 $g \cdot L^{-1}$ 六亚甲基四铵溶液；(10)基准物 ZnO。

2. 主要仪器

(1)定量过滤装置：漏斗、慢速定量滤纸；(2)电炉或电热板；(3)300 mL 烧杯；(4)10 mL 量筒；(5)50 mL 滴定管。

四、实验步骤

1. EDTA 标准溶液的标定

(1)锌标准溶液的配制:准确称取在 800 ~1 000 ℃灼烧过的(需 20 min 以上)的基准物 ZnO 0.5 ~0.6 g 于 100 mL 烧杯中,用少量水润湿,然后逐滴加入(1∶1)HCl,边加边搅拌至完全溶解为止。然后,定量转移到 250 mL 容量瓶中,用水稀释至刻度并摇匀。

(2)标定:移取 25.00mL 锌标准液于 250 mL 锥形瓶中,加约 30 mL 水,2 ~3 滴二甲酚橙指示剂,先加氨水(1∶1)至溶液由黄色刚变橙色(不能多加),然后滴加 200 $g \cdot L^{-1}$ 六亚甲基四胺至溶液呈稳定的紫红色再多加 3 mL,用待标定的 EDTA 标准液滴定至由紫红色变为亮黄色,即为终点。

2. 样品的测定

(1)准确称取矿样约 0.3 g,于 300 mL 烧杯中,用少量水润湿,缓慢加入 15 mL 氯酸钾饱和的浓硝酸,盖上表皿,置于电炉上低温加热溶解,待试样完全溶解后取下稍冷。

(2)加入 10 mL 浓硫酸,继续加热至冒浓烟约 2 min,取下冷却。

(3)用水吹洗表皿及烧杯壁,加水 50 mL。加热微沸 10 min,冷却至室温,放置 1 h。

(4)用慢速定量滤纸过滤,用 H_2SO_4(1∶98)洗涤烧杯 2 次,洗涤沉淀 4 次,用水洗涤烧杯 1 次,洗涤沉淀 2 次,弃去滤液。

(5)将滤纸展开,连同沉淀移入原烧杯中,加入 30 mL 乙酸-乙酸钠缓冲溶液,用水吹洗杯壁,盖上表皿加热微沸 10 min,搅拌使沉淀溶解,取下冷却。

(6)加入 0.1 g 抗坏血酸和 3 ~4 滴 1 $g \cdot L^{-1}$ 二甲酚橙溶液,用 EDTA 标准溶液滴定至溶液由酒红色变为亮黄色,即为终点。

五、注意事项

1. 乙酸钠缓冲溶液应控制 pH 5.5 ~6.0。配制时应检查 pH,如不符合,应进行调整。

2. 冒烟的温度不宜太高,时间不宜过长,否则铁、铝、铋等元素易生成难溶性的硫酸盐,夹杂在硫酸铅沉淀中。

3. Fe^{3+} 会封闭二甲酚橙,使终点变化不明显,故必须洗净或用抗坏血酸掩蔽。

4. 若待测溶液中含铋量大于 1 mg 时,可在滴定前加入 2 ~4 mL 体积分数为 1% 的硫基乙酸后再滴定。

六、思考题

1. 测定 Pb^{2+} 时,样品中的铁、铝、铜、锌等的干扰如何排除?

2. EDTA 滴定 Pb^{2+} 时,选什么作缓冲液? Pb(Ⅱ)在此缓冲液中以什么形式存在?

3. 配 1 L HOAc-NaOAc 缓冲液(pH 5.5 ~6.0),用了 20 mL 冰醋酸,试计算需加醋酸钠多少克?

4. 用 EDTA 滴定 Pb^{2+} 的最低 pH 是多少?

5. 铅被硫酸沉淀时有哪些离子也会生成沉淀?

6. 把 HOAc-NaOAc 加入 $PbSO_4$ 沉淀,并让其微沸一定时间有何作用?

7. 如 $PbSO_4$ 沉淀中含有少量铁时,对测定有何影响,应如何消除?

第十一章　设 计 实 验

实验设计与考核

一、实验设计

（一）设计分析方案实验目的

1. 巩固学过的分析化学实验基本理论，强化分析化学实验的操作技能，拓宽学生的知识面。

2. 培养学生查阅有关书刊、网络查资料的能力。

3. 运用所学知识及参考资料的能力。

4. 在老师的指导下对样品体系的组分含量进行分析，培养学生分析问题、解决问题的能力，以提高学生的分析化学素质。

（二）实验设计应遵循的一些基本原则

1. 科学性原则。实验是人为控制条件下研究事物（对象）的一种科学方法，在实验设计中必须有充分的科学依据，不能凭空想象。确定问题、分析方案设计的全面性和科学性体现了逻辑思维的严密性。

2. 平行性原则。在实验设计时，从原理、方案实施到实验结果的产生，都必须实际可行。

3. 平行重复原则。所谓重复原则，就是在相同实验条件下必须多次独立重复实验。因为在进行实验时，有些实验结果的出现是偶然的，多做几个平行实验，使结果达到一定的精密度，才有可能保证分析结果的准确度。一般认为重复 5 次以上的实验才具有较高的可信度。

4. 简便性原则。不论什么实验，都有它的最优选择方案，分析方案选择时应考虑以下方面：

（1）要考虑到实验材料容易获得，实验装置简单，实验药品较便宜；

（2）实验操作较简便，实验步骤较少；

（3）实验时间较短，必要时可以预测一下自己实验的产出和投入的比值，这个比值越大越好。

5. 排除干扰原则。样品分析中干扰因素有时较多或较严重，在实验设计中应考虑设法排除干扰。通常在预处理步骤中完成干扰因素的排除，例如，在分析一些复杂样品时，就要进行一定的前处理来消除干扰。

（三）设计实验报告要求

1. 实验题目。

2. 作者姓名，单位（班级，学号）。

3. 前言(简单表述此实验的目的或意义)。

4. 设计原理。

(1)总体设计思想,可用框图简单表示。

(2)设计中的理论计算,这是设计报告的重点部分,要求做到思路清晰,理论正确,计算准确,步骤详细,测定结果的公式表达要准确、规范,固体试样通常用质量分数表示,水质试样用质量浓度表示。例如,对滴定分析,通常应有标定或滴定反应方程式,基准物质和指示剂的选择,标定或滴定的计算公式等,对使用特殊仪器的实验装置,应画出实验装置图。

5. 主要仪器和试剂。重点是试剂选择要有依据,取量范围要有计算依据,配制、标定方法要有可行性操作规程。在实验前列出所用仪器和试剂。

6. 分析测试方法。可能存在多种步骤,自拟的操作步骤应有切实的可操作性,还应考虑安全性、准确性,别人能按你的实验步骤重复实验。

7. 原始记录。将实验中观察到的现象数据如实、准确地记录下来,不应有数据的涂改。处理用文字进行记录外,还可以用数据或符号进行记录(要求齐全)。

8. 实验结果与数据处理。设计实验报告的重点部分,也是体现实验成果的部分,要求用表格,表序、表头、表注等均表达清楚。

9. 参考文献。

10. 写出设计总结。

自行设计实验是在选定某实验题目后,在教师指导下,学生自己查阅有关文献资料,运用所学的理论知识和实验技术,按照上述"设计实验报告要求"独立完成实验方案的设计。实验方案确定后,经指导教师审核或讨论,进一步完善后由学生独立完成全部实验内容。实验完成后,学生根据所得实验结果写出实验报告。教师依据学生的理论及设计水平、操作技能的高低、实验数据误差的大小,按照一定评分标准认真评定学生的成绩,作为考核学生综合能力的依据之一。自行设计实验的完成,既可以培养学生查阅文献资料、独立思考、独立实践的能力,又可以提高学生分析问题和解决问题的综合实验能力。

(四)开放实验室实验设计参考项目

1. $HCl-NH_4Cl$ 混合溶液中各组分含量的测定;

2. $H_3BO_3-Na_2B_4O_7$混合溶液中各组分含量的测定;

3. 菠菜、洋葱、竹笋等蔬菜中草酸含量的测定;

4. 福尔马林溶液中甲醛含量的测定(加成法、氧化法-返滴定法);

5. 食品、食品添加剂或药品中铝含量的测定;

6. 豆类、菌类、蔬菜、海产品等食品中钙、镁、铁含量的测定;

7. 石灰石或白云石中钙、镁含量的测定;

8. 黄铜中铜锌含量的测定;

9. 蛋壳中钙含量的测定(EDTA 配位滴定法、高锰酸钾法);

10. 蔬菜中 C_2O,NO_3^- 含量的测定;

11. 熟食类食品中亚硝酸盐含量的测定;

12. 溴酸钾法测定苯酚;

13. 葡萄糖注射液中葡萄糖含量的测定;

14. $PbO-PbO_2$混合液中各组分含量的测定;

15. 可溶性硫酸盐中硫含量的测定；

16. 盐酸黄连素成分的含量测定；

17. 三氯化六氨合钴(Ⅲ)组成的测定；

18. 学生根据自己的兴趣自带题目。

教师根据实验室的具体条件提前一周公布几个设计实验的题目供学生选择，学生根据自己感兴趣的实验内容选定题目，将题目报给老师，在两周内进行准备。要求独立查阅资料，独立设计方案，独立进行实验。但提倡同学之间相互交流，特别是做相同题目的同学，可以在课下、课上讨论，也可同老师讨论，一起归纳总结，待老师指导后，分头实施方案，进行实验。最后学生独立撰写实验报告，并在实验室进行交流、讨论，由教师进行总结，使学生的思路和认识得到升华。

二、考核

(一)成绩考核总则

实验成绩分平时成绩、实验设计和期末考核三部分，平时实验训练写实验报告，期末实验既考实验也考操作。考核学生对分析化学实验基本原理、基本操作和技能技巧的掌握；通过平时写实验报告和期末笔试及实验设计方案书写，提高学生用理论解释实验现象和分析问题的能力。

(二)平时成绩的评定

平时成绩：每次实验课成绩均按照100分计算，即预习报告成绩25%、实验操作及技能25%、实验数据准确度和精密度20%、实验记录及报告25%、纪律与卫生5%。如果发现学生有伪造实验数据或结果的，则取消该次实验成绩，从而培养学生实事求是、一丝不苟的科学态度，所有实验课成绩的平均值即为平时成绩。

(三)期末考核的评定

期末考核方法可分为以下几项：1. 基本操作考核；2. 实验方案设计；3. 某实际样品分析方案(在已做过的实验中选取)；4. 笔试。可以采用其中的一种或几种考核方法。

1. 实验考试基本操作

学生随机抽题后，立即到负责该题目的老师处进行考核，学生与老师一对一、面对面地考核。每位学生在规定时间(一般不超过半小时)内完成规定的操作内容，当面打分，如果有错应当面指出其错处。

期末实验考核参考题目：

(1)分析天平的水平调节。

(2)吸光光度法分析中参比溶液的作用。

(3)碘量法测铜终点时为何加入KSCN?

(4)碘量法测铜实验中KI的作用。

(5)什么是基准物质？你用过哪些基准物质?

(6)$KMnO_4$标准溶液如何配制?

(7)容量瓶定容。

(8)使用移液管从容量瓶中量取25.00 mL溶液于锥形瓶中。

(9)重量分析实验中沉淀陈化的目的。

(10)EDTA 能直接配制标准溶液吗?

(11)滴定管的读数。

(12)移液管的润洗。

(13)写出碘量法测铜的两个反应方程式。

(14)二甲酚橙、甲基橙、淀粉、二苯胺磺酸钠和铬黑 T 分别是哪些测定方法的指示剂?

(15)玻璃仪器洗干净的标志是什么?

(16)沉淀滴定法是如何进行分类的?

(17)用电子天平差减法称某样品 0.25 ~0.30 g。

(18)酸式滴定管排气泡。

(19)碱性滴定管排气泡。

(20)锥形瓶的洗涤。

(21)$K_2Cr_2O_7$法测 Fe 颜色变化(从什么色到什么色),实验中加磷酸的作用。

(22)分光光度法中吸收曲线的作用。

(23)重量法过滤漏斗的准备。

(24)$Na_2S_3O_3$如何配制? 加入 Na_2CO_3目的是什么?

(25)如何正确表示实验的分析结果?

(26)指定称量 0.200 0 g 某样品,将某一称量好的样品定量转移。

(27) 用给定的酸碱标准溶液测定未知的碱酸物质。

2. 期末实验方案设计

设计实验的题目提前一周公布,学生选定题目后在一周内进行准备。自己查阅有关文献资料,运用所学的理论知识和实验技术,按照先前的“设计实验报告要求”在规定时间内独立完成实验方案的设计。

3. 考核某实际样品分析

课堂上学生采取随机抽签的方式确定考核实验内容。由老师把不同的样品给不同的学生,让学生独立分析样品,处理数据。老师根据学生的实验操作和最后的实验结果给出期末成绩。

4. 实验理论闭卷考试成绩

(1)笔试范围:学生对实验原理和实验基本知识的理解;学生对实验基本操作技能掌握的熟练程度;定量分析实验结果的准确度和精密度;实验报告和实验结果的讨论;学生进行综合实验和设计实验能力。

(2)试题形式:选择、填空、改错、问答、判断。

5. 考核评定

实验成绩评定采用平时考核、实验设计与期末考核相结合的办法,平时考核占 60%,期末考核实验操作占 20%,期末考核实验报告占 20%。

每学期如果有 3 次(含 3 次)以上无故不上实验课,则该学生不能参加实验考核,该学生实验课总成绩记为不合格,必须重修。

实验一　混合碱体系组成含量的测定

一、实验目的

1. 了解双指示剂法测定混合碱中各组分含量的原理和方法；
2. 了解双指示剂的使用及优点。

二、实验原理

混合碱是指 Na_2CO_3 与 NaOH 或 Na_2CO_3 与 $NaHCO_3$ 的混合物。当混合碱没有其他酸碱物质时，可用酸碱“双指示剂法”判断其组成并测定各组分的含量。在混合碱试样中加入酚酞指示剂，此时溶液呈红色，用 HCl 标准溶液滴定到溶液由红色恰好变为无色时，则试液中所含 NaOH 完全被中和，Na_2CO_3 则被中和到 $NaHCO_3$，若溶液中含 $NaHCO_3$，则未被滴定，反应如下：

$$NaOH+HCl=NaCl+H_2O$$

$$Na_2CO_3+HCl=NaCl+NaHCO_3$$

设滴定用去的 HCl 标准溶液的体积为 V_1(mL)，再加入甲基橙指示剂，继续用 HCl 标准溶液滴定到溶液由黄色变为橙色。此时试液中的 $NaHCO_3$（或是 Na_2CO_3 第一步被中和生成的，或是试样中含有的）被中和成 CO_2 和 H_2O。

$$NaHCO_3+HCl=NaCl+CO_2\uparrow+H_2O$$

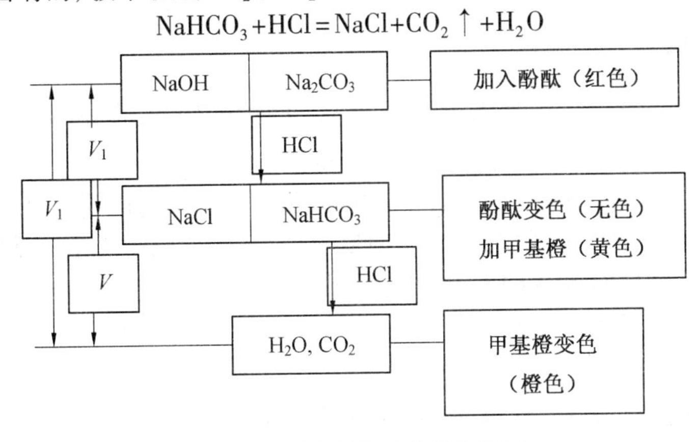

图 11.1　混合碱组分分析方框图

当混合碱为 Na_2CO_3 与 $NaHCO_3$ 的混合物时，可作类似的方框图 11.1 加以分析。

从方框图可以看出，混合碱是 Na_2CO_3 与 NaOH 的混合物时，$V_2<V_1$；混合碱是 Na_2CO_3 与 $NaHCO_3$ 的混合物时 $V_2>V_1$，可根据滴定时两步消耗 HCl 体积的比较，判断混合碱的组成并计算其含量。

HCl 标准溶液用 Na_2CO_3 基准试剂标定：

$$Na_2CO_3+2HCl=2NaCl+CO_2\uparrow+H_2O$$

可选用甲基橙为指示剂，当溶液由黄色变为橙色时停止滴定。

三、实验试剂和仪器

1. 主要试剂

(1)浓 HCl(AR)；(2) Na_2CO_3(基准试剂)；(3)混合碱试样(配好)；(4)酚酞指示剂(0.2% 乙醇溶液)；(5)甲基橙指示剂(0.2% 水溶液)。

2. 主要仪器

(1)电子天平;(2)分析天平;(3)酸式滴定管(50 mL)1 支;(4)移液管(100 mL,25 mL)各 1 支;(5)锥形瓶(250 mL)3 个;(6)烧杯(150 mL)1 个;(7)量筒(100 mL,10 mL)各 1 个;(8)容量瓶(250 mL)1 个。

四、实验步骤

1. 0.1 mol/LHCl 溶液的配制与标定

用量杯量取原装浓盐酸约 4.5 mL,倒入 500 mL 试剂瓶中,加水稀释至 500 mL,充分摇匀,贴上标签,备用。

准确称取基准物 Na_2CO_3 1.5 ~ 2.0 g,倒入烧杯中,加水溶解后转移到 250 mL 容量瓶,定容,摇匀,备用。用移液管准确移取 3 份 25.00 mL 上述溶液置于 250 mL 容量瓶中,分别加入 2 ~ 3 滴甲基橙指示剂,用待标定的 HCl 滴定溶液由黄色恰变为橙色,即为终点。

2. 混合碱各组分含量测定

用 25.00 mL 移液管移取混合碱液于 250 mL 锥形瓶中,加酚酞指示剂 2 ~ 3 滴,用 HCl 标准溶液滴定至溶液刚由红色变为微红色,记下消耗 HCl 的体积 V_1。再加入 1 ~ 2 滴甲基橙指示剂,继续用 HCl 标准溶液滴定,至溶液由黄色变为橙色,记下第二次消耗 HCl 的体积 V_2。平行做 3 次。

混合碱组成判断:根据 V_1,V_2 的大小判断。

五、注意事项

1. 近终点时,滴定剂滴入应慢并充分振荡,以及时赶走生成的 CO_2,否则指示剂变色不敏锐;

2. 混合碱是 NaOH 和 Na_2CO_3 时,指示剂用量稍多一些,结果比较准确;

3. 混合碱系 NaOH 和 Na_2CO_3 组成时,酚酞指示剂可适当多加几滴,否则常因滴定不完全使 NaOH 的测定结果偏低,Na_2CO_3 的测定结果偏高。

六、思考题

1. 用双指示剂法测定混合碱组成的方法原理是什么?

2. 采用双指示剂法测定混合碱,判断下列五种情况下,混合碱的组成?

(1) $V_1=0$, $V_2>0$;(2) $V_1>0$, $V_2=0$;(3) $V_1>V_2$;(4) $V_1<V_2$;(5) $V_1=V_2$。

实验二　洗衣粉中活性组分和碱度的测定

一、实验目的

1. 提高灵活运用定量化学分析知识的能力;

2. 掌握酸碱滴定法的实际应用。

二、实验原理

目前市售绝大多数洗衣粉中的主要活性物是烷基苯磺酸钠。烷基苯磺酸钠是一种阴离子表面活性剂,具有良好的去污能力、发泡力和乳化力,在酸性、碱性和硬水中都很稳定。因此,分析测定洗衣粉中烷基苯磺酸钠的含量是控制洗衣粉产品质量的关键。

烷基苯磺酸钠的分析测定方法为对甲苯胺法,这种方法的原理是使烷基苯磺酸钠与甲苯胺溶液混合,生成能溶于 CCl_4 中的复盐,再用 NaOH 标准溶液滴定。有关反应如下:

$$RC_6H_4SO_3Na+CH_3C_6H_4 \cdot NH_2 \cdot HCl=$$

$$RC_6H_4SO_3H \cdot NH_2C_6H_4CH_3+NaCl$$

$$RC_6H_4SO_3H \cdot NH_2C_6H_4CH_3+NaOH=$$

$$RC_6H_4SO_3Na+CH_3C_6H_4NH_2+H_2O$$

根据消耗 NaOH 标准溶液的体积和浓度,即可求出烷基苯磺酸钠的含量,在本实验中,要求以十二烷基苯磺酸钠来表示其含量。

在对洗衣粉中碱性物质的分析中,常用活性碱度和总碱度两个指标来表示碱性物质的含量。活性碱度是仅指由 NaOH 产生的碱度;总碱度包括由碳酸盐、碳酸氢盐、氢氧化钠及有机碱(如三乙醇胺)等产生的碱度。利用酸碱滴定法可以测定洗衣粉的碱度指标。

三、实验试剂和仪器

1. 主要试剂

(1)洗衣粉;(2)对甲苯胺(AR);(3)NaOH(0.01 $mol \cdot L^{-1}$);(4)HCl(1∶1,0.100 0 $mol \cdot L^{-1}$);(5)无水 Na_2CO_3(AR);(6)邻苯二甲酸氢钾(AR);(7)CCl_4;(8)乙醇(95%);(9)间甲酚紫(0.4 $g \cdot L^{-1}$钠盐);(10)酚酞。

2. 主要仪器

(1)分析天平;(2)台秤;(3)容量瓶(100 mL,250 mL)1 个;(4)酸式、碱式滴定管;(5)250 mL分液漏斗;(6)电炉(1 000 W)。

四、实验步骤

1. 盐酸对甲苯胺溶液的配制。粗称 10 g 对甲苯胺,溶于 20 mL 1∶1 HCl 溶液中,加去离子水至 100 mL,使 pH<2。溶解过程中可适当加热,以促进溶解。

2. 称取 1.5 ~2 g 洗衣粉试样(准确至 0.000 1 g),分批加入 80 mL 去离子水中,搅拌使其溶解(可温热)。转移至 250 mL 容量瓶中,定容,摇匀。如有少许不溶物也一同转移至容量瓶中。

3. 取 25.00 mL 洗衣粉试样溶液于 250 mL 分液漏斗中,用 1∶1 HCl 溶液调 pH≤3。加入 25 mL CCl_4和 15 mL 盐酸对甲苯胺溶液,剧烈震荡 2 min(注意时常放气)、静置 5 min 使之分层。放出 CCl_4层,注意切勿放出水层。再以 15 mL CCl_4和 5 mL 盐酸对甲苯胺溶液重复萃取 2 次,合并 3 次萃取液于 250 mL 锥形瓶中,加入 10 mL 95% 乙醇增溶,再加入 5 滴 0.4 $g \cdot L^{-1}$间甲酚紫指示剂,以 0.01 $mol \cdot L^{-1}$NaOH 标准溶液滴定至溶液由黄色突变为紫蓝色,30 s 内不变色即为终点。重复平行测定 3 次。计算活性物质的质量分数。

4. 活性碱度的测定。吸取 25.00 mL 洗衣粉试液于 250 mL 锥形瓶中,加入 2 滴酚酞指示剂,用 0.1 $mol \cdot L^{-1}$的 HCl 标准溶液滴定至浅粉色,15 s 内不褪色即为终点。重复平行测定 3 次。计算以 Na_2O 形式表示的活性碱度。

5. 总碱度的测定。在已经测定过活性碱度的溶液中再加入 2 滴甲基橙指示剂继续滴定至橙色。重复平行测定 3 次。计算以 Na_2O 形式表示的总碱度。

五、思考题

1. 实验过程中使用分液漏斗应注意哪些问题?

2. 试总结比较实物分析与以前的教学实验之间的异同点?

实验三　福尔马林中甲醛含量的测定

一、实验目的

1. 了解福尔马林溶液中甲醛含量的测定方法;

2. 进一步掌握酸碱滴定法的应用。

二、实验原理

福尔马林中的甲醛含量大致在 37% ~40% 左右,在医学上福尔马林发挥着消毒、灭菌的作用,主要也就是甲醛的作用,所以甲醛的含量直接决定着福尔马林的作用效果。

在 pH=9.3 ~10.5 范围内向甲醛溶液中加入过量的亚硫酸钠溶液后生成产物羟基磺酸钠和 NaOH,以百里香酚蓝为指示剂,用硫酸标准溶液滴定反应生成的氢氧化钠,根据硫酸标准溶液的消耗量计算出试样中甲醛的含量。反应如下式:

$$HCHO+Na_2SO_3+H_2O=OH-H_2C-SO_3Na+NaOH$$

$$2NaOH+H_2SO_4=Na_2SO_4+2H_2O$$

该方法简单,消耗时间少,简单易行,滴定终点的变色也很明显。

三、主要试剂和仪器

1. 主要试剂

(1)百里香酚蓝指示剂(溴甲酚绿-甲基红混合指示剂);(2)甲基橙;(3)无水 Na_2CO_3;(4)浓硫酸;(5)Na_2SO_3溶液(1 mol · L^{-1});(6)福尔马林样品。

2. 主要仪器

(1)分析天平;(2)酸式滴定管;(3)锥形瓶;(4)烧杯(100 mL,250 mL);(5)锥形瓶(250 mL);(6)容量瓶(250 mL);(7)量筒(10 mL);(8)吸量管;(9)称量瓶。

四、实验内容

1. 0.5 mol · L^{-1} H_2SO_4溶液的配制及标定

用量筒量取 2.8 mL 浓 H_2SO_4缓缓注入 100 mL 蒸馏水中,冷却,摇匀。

在电子天平上准确称取三份无水 Na_2CO_3 于 250 mL 锥形瓶中,每份 0.120 0 ~0.130 0 g,记录质量,加入 30 mL 蒸馏水,待试样全部溶解后,加入 1 ~2 滴甲基橙指示剂。用待标定的 H_2SO_4溶液滴定至溶液由黄色变为橙色即为终点,平行 3 份,记录所消耗的 H_2SO_4溶液的体积。

2. 福尔马林溶液的称量福尔马林溶液中的甲醛含量的测定

先准确称量空称量瓶的质量，再用吸量管准确量取 2.00 mL 福尔马林于称量瓶中，称量其准确质量，并记录。

量筒量取 30 mL Na_2SO_3 于锥形瓶中，加 3 滴百里香酚蓝指示剂，用 0.5 mol·L^{-1} H_2SO_4 溶液滴定至蓝色消失，不记录所消耗的 H_2SO_4 溶液体积。

吸量管量取 2.00 mL 福尔马林上层清夜于锥形瓶中，加 3 滴百里香酚蓝指示剂，再用 0.5 mol·L^{-1} H_2SO_4 溶液滴定至蓝色消失即为重点，记录所消耗的 H_2SO_4 溶液体积 V，平行测定 3 次。

五、注意事项

基准物无水 Na_2CO_3 的前处理：取预先在玛瑙研钵中研细之无水 Na_2CO_3 适量，置入洁净的瓷坩埚中，在沙浴上加热，注意使运动坩埚中的无水 Na_2CO_3 面低于沙浴面，坩埚用瓷盖半掩之，沙浴中插一支 360 ℃ 温度计，温度计的水银球与坩埚底平，开始加热，保持 270 ~ 300 ℃ 1 h，加热期间缓缓加以搅拌，防止无水 Na_2CO_3 结块，加热完毕后，稍冷，将 Na_2CO_3 移入干燥好的称量瓶中，于干燥器中冷却后称量。

六、思考题

1. 写出福尔马林溶液中甲醛含量的计算公式。
2. 为什么用硫酸滴定而不用盐酸？
3. 测定福尔马林中甲醛含量还有什么其他的方法？

实验四 配位掩蔽法测定多种金属离子溶液中 Cu^{2+} 的含量

一、实验目的

1. 了解配位滴定中差减法测定金属离子含量的原理和方法；
2. 掌握配位滴定中利用掩蔽消除干扰的原理和方法。

二、实验原理

许多金属离子在 pH<6 的条件下，可用二甲酚橙(XO)为指示剂用 EDTA 直接滴定。例如 Bi^{3+}(pH=1)，Th^{4+}(pH=2.5 ~ 3.5)，Pb^{2+}，Zn^{2+}，Cd^{2+}，Hg^{2+}(pH=5 ~ 6)等，它们与 XO 均能形成紫红色的配合物，用 EDTA 滴定到终点时，溶液转变为指示剂本身在酸性溶液中的黄色，颜色变化非常明显。但是，Al^{3+} 对指示剂有封闭作用，Fe^{3+}，Ni^{2+}，Co^{2+}，Cu^{2+} 等则使指示剂僵化。用 XO 作指示剂滴定这些离子时，采用返滴定法。溶液中加入过量的 EDTA，再用 Zn^{2+} 或 Pb^{2+} 标准溶液回滴。例如测定 Cu^{2+}，先在被测溶液中加入已知过量的 EDTA 标准溶液，Zn^{2+} 与 EDTA 定量配合，反应式为：

$$Cu+Y(过量)=CuY(蓝色)$$

再在 pH=5 时，用 XO 作指示剂，以 Pb^{2+} 标准溶液回滴过量的 EDTA，由于溶液中 Cu^{2+} 与 EDTA 形成了配合物，而 Pb^{2+}，Cu^{2+} 和 EDTA 的配合物都比它们和指示剂的配合物稳定。所以，当滴入 Pb^{2+} 时，溶液中先发生如下反应：

$$Pb+Y(剩余)=PbY$$

式中,EDTA 是与 Cu^{2+} 反应后剩余的,溶液呈黄绿色,是 CuY 和指示剂(游离状态)的混合颜色。滴定到终点,Pb^{2+} 和指示剂发生如下反应:

$$\underset{(黄色)}{H_3In^{3-}(二甲酚橙)}+Pb^{2+}=\underset{(紫红色)}{PbH_2In^{2-}}+H^+$$

溶液从黄绿色突变为蓝色或蓝紫色(CuY 和 PbH_2In^{2-} 的混合颜色)。根据所加 EDTA 的量和滴定时所消耗的 Pb^{2+} 溶液的量,计算 Cu^{2+} 的含量。

如果溶液中除 Cu^{2+} 外,还有 Co^{2+},Ni^{2+} 等其他离子,则在上述条件下,它们也将和 EDTA 反应,测定的就是这些离子的总量。因此,当有这些干扰离子存在时,应用差减法测定 Cu^{2+}。

差减法测定是取同样两份试液(含 Cu^{2+},Co^{2+} 和 Ni^{2+} 等离子),一份加硫脲,一份不加硫脲。分别在 pH=5~6 时,用回滴定法测定与 EDTA 配合的金属离子总量。在 0.2~0.5 $mol\cdot L^{-1}$ 的酸度下,Cu^{2+} 被硫脲还原为 Cu^+ 并与硫脲形成无色的配合物($\lg K_{Cu(CSN_2H_4)_4^+}=15.4$),而 Co^{2+} 和 Ni^{2+} 等离子与硫脲不发生配位反应,试液中加入硫脲后,Cu^{2+} 被掩蔽(Cu^{2+} 蓝色消失),此时用 EDTA 滴定的是 Co^{2+} 和 Ni^{2+} 等离子的量。而未加硫脲的试液,用 EDTA 滴定的是 Cu^{2+},Co^{2+} 和 Ni^{2+} 等离子的总量。二者的差即为 Cu^{2+} 的含量。

另外,若溶液中含有 Al^{3+},它与 EDTA 的配合不完全,所以再加入 EDTA 之前两份溶液中均需加入酒石酸钾掩蔽 Al^{3+},以消除干扰。

三、实验仪器及试剂

1. 主要试剂

(1)EDTA(0.01 $mol\cdot L^{-1}$);(2)$Pb(Ac)_2\cdot 3H_2O$;(3)HCl 溶液(1+2);(4)HAc 溶液(1+3);(5)100 $g\cdot L^{-1}$ 酒石酸钾钠($NaKC_4H_4O_6$);(6)100 $g\cdot L^{-1}$ 硫脲($CS(NH_2)_2$);(7)200 $g\cdot L^{-1}$ 六亚甲基四胺($(CH_2)_6N_4$)-HCl;(8)2g $\cdot L^{-1}$ 二甲酚橙;(9)未知样品溶液。

2. 主要仪器

(1)电子台秤;(2)分析天平;(3)酸式滴定管(50 mL)1 支;(4)移液管(25 mL)1 支;(5)锥形瓶(250 mL)3 个;(6)烧杯(400 mL)1 个;(7)量筒(100 mL,10 mL)各 1 个;(8)容量瓶(250 mL)1 个。

四、实验步骤

1. 0.01 $mol\cdot L^{-1}$ EDTA 溶液的配制与标定

见实验 5.2 步骤 1~3。

2. 0.01 $mol\cdot L^{-1}$ $Pb(Ac)_2$ 溶液的配制

在台秤上称取约 1 g 的 $Pb(Ac)_2\cdot 3H_2O$ 置于已加有 5 mL(1+3)HAc 的 400 mL 烧杯中,然后加 100 mL 水,使其溶解,再稀释至 300 mL 转移至试剂瓶中。

3. 未知溶液中 Cu^{2+} 含量的测定

用移液管准确移取 2 份 25.00 mL 未知试液,分别置于 250 mL 锥形瓶中,各加入 1 mL(1+2)HCl 和 4 mL 10% 酒石酸钾钠。一份继续加 6 mL 10% 硫脲,另一份不加硫脲,然后再各加 20.00 mL EDTA 标准溶液、5 mL $(CH_2)_6N_4$-HCl 及 2 滴二甲酚橙指示剂,立即用 $Pb(Ac)_2$ 标准溶液滴定至终点。加硫脲的一份溶液颜色由黄变紫红,不加硫脲的一份溶液由黄绿色变为蓝色(为什么终点颜色不同?)。记下所消耗的 $Pb(Ac)_2$ 溶液的体积。重复测定 3 次,各取平均值,然后计算试液中铜的含量,以 $g \cdot L^{-1}$ 表示。

五、注意事项

加入硫脲后,应立即滴定,否则在调节 pH = 5 ~ 6 以后,由于硫的析出,使溶液逐渐浑浊,影响准确度。

六、思考题

1. 什么是返滴定法? 什么是差减法?
2. 以本实验为例说明怎样利用返滴定法和差减法测定试液中 Cu^{2+} 含量。
3. 在配制 $Pb(Ac)_2$ 溶液时,为什么在烧杯中先加入 HAc 溶液?
4. 在 EDTA 溶液浓度的标定和未知试液 Cu^{2+} 含量的测定时,都加入 $(CH_2)_6N_4$ 的作用是什么,为什么?

实验五　化学滴定法测定黄连素片中盐酸小檗碱的含量

一、实验目的

1. 学习选择合适的化学滴定分析方法;
2. 掌握氧化还原滴定法测定黄连素片中盐酸小檗碱的含量的方法和原理;
3. 掌握返滴定方式;
4. 提高综合运用知识能力。

二、实验原理

黄连为毛茛科黄连属植物黄连、三角叶黄连或云连的干燥根。黄连的有效成分是生物碱,目前已分离的主要生物碱有小檗碱、黄连碱等。其中小檗碱的含量最高,可达 10% 左右,以盐酸盐的状态存在于黄连中。市售的黄连素片(糖衣片、胶囊)是家庭常备药物,其有效成分即为盐酸小檗碱(分子式为 $C_{20}H_{18}ClNO_4 \cdot 2H_2O$,相对分子量 M_r = 407.85),其为黄色针状结晶,它可溶于热水。

盐酸小檗碱含量的测定方法主要是化学滴定法,盐酸小檗碱具有还原性,能与重铬酸钾($K_2Cr_2O_7$)定量反应生成难溶化合物。实验中可采取返滴定的方式,用过量的 $K_2Cr_2O_7$ 溶液与盐酸小檗碱进行充分反应,剩余的 $K_2Cr_2O_7$ 可利用其氧化性,使用间接碘量法,以硫代硫酸钠($Na_2S_2O_3$)标准溶液进行氧化还原滴定,从而求出盐酸小檗碱的含量。

$$2C_{20}H_{18}ClNO_4 \cdot 2H_2O+K_2Cr_2O_7 = (C_{20}H_{18}ClNO_4)_2Cr_2O_7 \downarrow +2KCl+4H_2O$$

$$Cr_2O_7^{2-}+6I^-+14H^+ = 2Cr^{3+}+3I_2+7H_2O$$

$$I_2+2S_2O_3^{2-} = S_4O_6^{2-}+2I^-$$

三、主要试剂和仪器

1. 主要试剂

(1) $K_2Cr_2O_7$;(2) KI($100\ g \cdot L^{-1}$);(3) $Na_2S_2O_3$($0.05\ mol \cdot L^{-1}$);(4)淀粉指示剂($5\ g \cdot L^{-1}$);(5) H_2SO_4($1\ mol \cdot L^{-1}$);(6) HCl ($6\ mol \cdot L^{-1}$);(7)黄连素片。

2. 实验仪器

(1)分析天平;(2)容量瓶(250 mL);(3)烧杯(100 mL)1 个;(4)台秤;(5)锥形瓶(250 mL)3 个;(6)移液管(25 mL)1 支;(7)吸量管(10 mL)1 支;(8)酸式滴定管;(9)干燥滤纸;(10)漏斗;(11)研钵。

四、实验步骤

1. 0.02 mol · L^{-1} $K_2Cr_2O_7$标准溶液的配制

基准级或优级纯重铬酸钾预先在 120 ℃下烘干 2 h,然后用分析天平准确称量 1.5 g 于烧杯中,加蒸馏水溶解,然后转移到 250 mL 容量瓶中,加蒸馏水稀释至刻度,定容,摇匀。

2. $Na_2S_2O_3$溶液的标定

准确称取 0.45 g KIO_3于烧杯中,加水溶解后,定量转入 250 mL 容量瓶中,加水稀释至刻度,充分摇匀。吸取 25.00 mL KIO_3标准溶液 3 份,分别置于 250 mL 锥形瓶中,加入 20 mL 100 g · L^{-1}KI 溶液,5 mL 1 mol · L^{-1} H_2SO_4,加水稀释至约 200 mL,立即用待标定的 $Na_2S_2O_3$滴定至浅黄色,加入 5 mL 淀粉溶液,继续滴定至蓝色消失即为终点。

3. 盐酸小檗碱样品溶液的配制

根据盐酸小檗碱溶于热水的特点,取若干黄连素片(糖衣片剥去糖衣,胶囊取其内容物)于研钵中,研细。准确称取本品粉末 0.2 g(同时另取本品粉末,100 ℃下干燥,测量干燥失重)于烧杯中,加沸水 50 mL 使之溶解,冷却后,转入 100 mL 容量瓶中,用干燥滤纸进行干过滤,滤液即为氧化还原滴定的试剂。

4. 盐酸小檗碱含量的测定

用 25.00 mL 移液管吸取上述盐酸小檗碱样品溶液于锥形瓶中,用吸量管准确吸取 10.00 mL $K_2Cr_2O_7$标准溶液,震荡 5 min,然后加入 3 mL 6 mol · L^{-1} HCl 溶液,再加入 10 mL 100 g · L^{-1}KI 溶液,摇匀后放到暗处 5 min。待反应完全后加入 5 mL 蒸馏水,立即用 $Na_2S_2O_3$标准溶液滴定至终点(即溶液呈黄色),加入 5 mL 淀粉溶液,继续滴定至蓝色消失即为终点。

五、注意事项

1. 移取各试液时注意吸量管的正确使用。

2. 控制溶液的酸度。滴定必须在中性或酸性溶液中进行,因为 I_2在碱性溶液中会发生歧化反应。

3. 防止 I_2的挥发和被空气中的 O_2氧化。加入过量 KI 可以使 I_2生成 I_3^-络离子,且滴定时不要剧烈摇动锥形瓶,以减少 I_2的挥发。I_2被空气中的 O_2所氧化的反应,随光照及溶液酸度增高而加快,因此,在反应时应置于暗处,滴定前调好酸度,I_2析出后应立即滴定。

4. 加淀粉不能太早。

六、思考题

1. 写出试样中盐酸小檗碱含量的计算公式。

2. 测定盐酸小檗碱含量时,如何做空白试验? 如何用空白试验结果对测定结果进行校正?

3. $K_2Cr_2O_7$与 KI 反应时,为什么必须置于暗处并须放置 5 min?

实验六　丁二酮肟镍重量法测定钢样中镍含量

一、实验目的

1. 了解有机沉淀剂在重量分析中的应用；
2. 了解丁二酮肟镍重量法测定镍的原理和方法；
3. 掌握用玻璃坩埚过滤等重量分析法基本操作。

二、实验原理

镍铬合金钢中有百分之几至百分之几十的镍，可用丁二酮肟重量法或 EDTA 络合滴定法进行测定。EDTA 方法简单，但干扰离子分离较难。利用丁二酮肟有机试剂沉淀重量分析法测定镍选择性高、溶解度小、组成恒定。该法中，丁二酮肟与镍在氨性溶液中与 Ni^{2+} 进行络合反应生成红色沉淀。

丁二酮肟是一种高选择性的有机沉淀剂，其结构见图 11.2。它只与 Ni^{2+}，Pd^{2+}，Fe^{2+} 生成沉淀。Co^{2+}，Cu^{2+} 与其生成水溶性络合物，不仅会消耗丁二酮肟，且会引起共沉淀现象。当 Co^{2+}，Cu^{2+} 含量高时，最好进行两次沉淀或预先分离。由于 Fe^{3+}，Al^{3+}，Cr^{3+}，Ti^{4+} 等离子在氨性溶液中生成氢氧化物沉淀，干扰测定，故须进行预处理，需加入酒石酸或柠檬酸进行掩蔽，使其生成水溶性的络合物。

沉淀经过滤、洗涤，在 120 ℃下烘干恒重，称丁二酮肟镍沉淀的质量，可计算出 Ni 的质量分数。

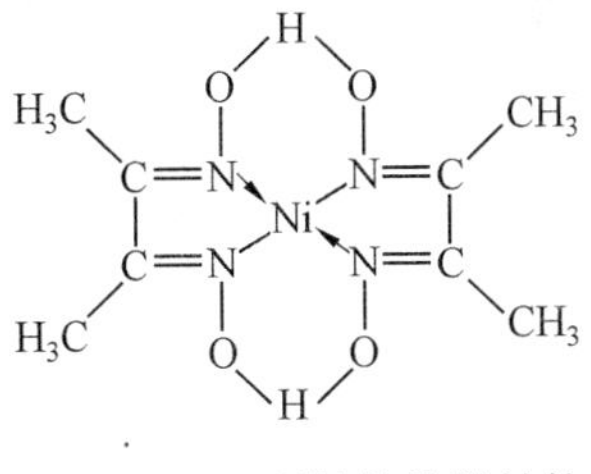

图 11.2　丁二酮肟的化学结构式

三、主要试剂和仪器

1. 主要试剂

(1) 混合酸 $HCl+HNO_3+H_2O(3+1+2)$；(2) 50% 酒石酸或柠檬酸溶液；(3) 丁二酮肟(1% 乙醇溶液)；(4) 氨水(1∶1)；(5) HNO_3($2\ mol\cdot L^{-1}$)；(6) HCl(1∶1)；(7) $AgNO_3$($0.1\ mol\cdot L^{-1}$)；(8) 氨-氯化铵洗涤液(100 mL 水中加 1 mL $NH_3\cdot H_2O$+1 g NH_4Cl)；(9) 钢铁试样。

2. 主要仪器

(1) G_4 微孔玻璃坩埚 2 个；(2) 分析天平；(3) 烧杯(400 mL)；(4) 布氏漏斗；(5) 抽滤瓶；(6) 真空泵；(7) 烘箱。

四、实验方法

1. 溶解样品及制备沉淀

准确称取钢样(含 Ni 30～80 mg)两份(Ni 要适当，不能过多，否则沉淀过多，操作不便），分别置于400 mL烧杯中，加入20～40 mL混合酸，盖上表面皿，低温加热溶解后，煮沸除去氮的氧化物，加入5～10 mL 50 %的酒石酸溶液（每g试样加10 mL），然后，在不断搅动下，滴加1∶1 $NH_3 \cdot H_2O$至溶液pH=8～9，此时溶液转变为蓝绿色。如有不溶物，应将沉淀过滤，并用热的$NH_3 \cdot H_2O + NH_4Cl$洗涤液，洗涤3次，洗涤液与滤液合并。滤液用1∶1 HCl酸化（在酸性溶液中，逐步中和而形成均相沉淀，有利于大晶体产生），用热水稀释至300 mL，加热至70～80 ℃，在搅拌下，加入1%丁二酮肟乙醇溶液（每毫克Ni^{2+}约需1 mL 10 %丁二酮肟溶液），最后再多加20～30 mL。但所加试剂的总量不要超过试液体积的1/3，以免增大沉淀的溶解度。然后再不断搅拌下，滴加1∶1氨水，至pH为8～9。在60～70 ℃下保温30～40 min（加热陈化）。

2. 过滤、干燥、恒重

冷却后，用G_4微孔玻璃坩埚进行减压过滤，用微氨性的2 %酒石酸洗涤烧杯和沉淀8～10次，再用温热水洗涤沉淀至无Cl^-为止（检查Cl^-时，可将滤液以稀HNO_3酸化，用$AgNO_3$检查）。将带有沉淀的微孔玻璃坩埚在130～150 ℃烘箱中烘1 h，冷却，称重，再烘干，冷却称量直至恒重（对丁二酮肟镍沉淀的恒重，可视两次质量只差不大于0.4 mg为符合要求）。根据沉淀质量计算镍的质量分数。

五、注意事项

1. 每次恒重加热时间和冷却时间尽量保持一致。

2. 溶解样品时先小火加热使盐酸和硝酸不要过早挥发，等样品溶解后火稍大，除去氮的氧化物，但必须保持一定的液体，防止有固体析出。

3. 用氨水调节pH=3～4要准确，丁二酮肟的加入量要准确才能使沉淀完全。

4. 微孔玻璃坩埚实验前已恒重。

六、思考题

1. 溶解试样时加氨水起什么作用？

2. 用丁二酮肟沉淀应控制的条件是什么？

3. 实验中，丁二酮肟沉淀也可灼烧，试比较，灼烧与烘干的利弊。

实验七　菠菜中草酸的提取及含量测定

一、实验目的

1. 学会沉淀法提取操作，进一步熟悉过滤、离心、提取等操作，掌握均匀沉淀法的原理；

2. 学会制作实验方案，综合运用各种分析方法解决实际问题；

3. 学习食品采样方法，综合分析菠菜中草酸的含量分布情况。

二、实验原理

草酸是一种二元羧酸，是植物体内普遍存在的一种组分，在菠菜、苋菜、生菜等许多蔬菜作物体内都有较高的含量。从环境毒理学和食品营养学角度看，草酸在蔬菜作物可食部位的大量累积会影响到人类的身体健康。

本实验采取灵敏度较高的比色法测菠菜中草酸含量。采用722型分光光度计测定，Fe在pH值1.8~2.5的KCl-HCl缓冲液中与磺基水杨酸(SSAL)和草酸均生成络合物，Fe^{3+}和草酸的络合物能使与Fe^{3+}磺基水杨酸的紫色络合物颜色变浅，测定Fe^{3+}的磺基水杨酸络合物的吸光度，随着草酸量的增加而降低，据此可计出样品中草酸根的含量。

三、主要仪器和试剂

1. 主要试剂

(1)新鲜菠菜；(2)磺基水杨酸(分析纯)；(3)$FeCl_3$；(4)草酸钠(s)；(5)KCl-HCl缓冲溶液；(6)盐酸(12 $mol \cdot L^{-1}$，0.5 $mol \cdot L^{-1}$)。

2. 主要仪器

(1)榨汁机；(2)722型分光光度计；(3)水浴锅；(4)分析天平；(5)台秤；(6)容量瓶(100 mL 3个，250 mL 4个)；(7)烧杯(200 mL 2个，500 mL 2个)；(8)离心机及离心管；(9)长颈漏斗；(10)滤纸；(11)pH试纸。

四、实验步骤

1. 0.5 mg/mL铁标准液的配制

称取0.4 g $FeCl_3$于500 mL烧杯中，加入250 mL去离子水溶解。

2. 0.5%磺基水杨酸(SSAL)的配制

称取0.5 g磺基水杨酸于100 mL容量瓶中，加水稀释至刻度，定容，摇匀。

3. 2 mg/mL草酸钠标准液的配制

称取0.200 0 g草酸钠于200 mL烧杯中，加入去离子水，稍加热，使其溶解，移入100 mL容量瓶中，加水稀释至刻度，定容，摇匀。

4. 草酸待测样品溶液的制备

将新鲜菠菜在去离子水中洗涤2次，晾干。称取菠菜可食部位100 g，加入100 mL水，压榨2~3 min，每2 g匀浆折算为1 g试样，称取1份匀浆50 g，用100 mL水洗入250 mL容量瓶，加入0.5 mL浓度为0.5 mol/L的HCl溶液，置于70~80 ℃水浴上加热30 min，其间摇动数次，取出冷却，加水至刻度，摇匀过滤，将滤液经10 000 r/min离心10 min，得到的即是草酸待测液。

5. 分光光度法测定菠菜中草酸含量的条件研究

该最大吸收波长即为测定时所要选择的最佳波长508 nm。

标准曲线的制作按照以上确定的条件，按下列顺序：

加液：2 mL Fe^{3+}，20 mL缓冲液，1.2 mL磺基水杨酸，从容量瓶中依次取出已经配制的草酸钠溶液体积为：0，0.1，0.2，0.4，0.8 mL，再用蒸馏水定容至100 mL容量瓶中，显色30 min后，以蒸馏水为参比液，在508 nm波长处进行比色测定。根据测定结果，绘制草酸含量的标准曲线，通过计算机拟合，获得该标准曲线A关于x的方程$A=b-kx$(b为截距，k为斜率)。其中式中，x为显色体系的草酸的质量浓度(mg/mL)，A为吸光度。

6. 菠菜样品溶液中草酸含量的测定

用菠菜样品溶液替代草酸根溶液，依次取0，0.2，0.4，0.6 mL，用蒸馏水定容至100 mL容量瓶中。显色30 min后，以蒸馏水为参比液，在508 nm波长处进行比色测定，其余按照制作标准曲线同样的方法，进行显色反应，并测定其吸光度，填入表11.1中。根据标准曲线方程,计算待测液中草酸含量。

表 11.1　测定吸光度

波长/nm	508	508	508	508
菠菜待测液体积/mL	0.00	0.20	0.40	0.60
吸光度				

五、注意事项

1. 比色实验的选择:在显色 30 min 后进行比较合适;
2. 在比色测定时,都要以蒸馏水为参比溶液注意不能用 1 号溶液作为参比;
3. 加液时要按顺序加入,分光光度计使用之前要预热;
4. 用标准曲线法测草酸含量时注意草酸的浓度要在限行范围内;
5. 要使吸光度控制在 0.05 至 0.8,这样才能提高准确度;
6. 为了使草酸提取完全,应将菠菜的榨汁在 70 ~80 ℃下水浴加热。

六、思考题

1. 试述本实验中测定菠菜中草酸含量的基本原理。
2. 本实验中,各种试剂的加入顺序是否可以任意改变,如何确定?

实验八　$HCl-NH_4Cl$ 各组分含量的测定*

一、实验目的

1. 运用酸碱滴定法的原理设计测定酸、碱混合体系中各组分含量的分析方案;
2. 进一步熟悉标准溶液的配制和标定方法;
3. 学会指示剂及其他试剂的配制和使用方法;
4. 巩固酸碱滴定的基本操作原理和测定规程。

二、分析方案应包括

1. 分析方法及原理;
2. 所需试剂和仪器;
3. 实验步骤;
4. 实验结果的计算式;
5. 实验中应注意的事项;
6. 参考文献。

实验结束后,要写出实验报告,其中除分析方案的内容外,还应包括下列内容:
1. 实验原始数据;
2. 实验结果;
3. 如果实际做法与分析方案不一致,应重新写明操作步骤,改动不多的可加以说明;
4. 对自己设计的分析方案的评价及问题的讨论。

三、注意事项

用甲基红为指示剂,以 NaOH 标准溶液滴定 HCl 溶液至 NaCl。甲醛强化 NH_4^+,酚酞为指示剂,用 NaOH 标准溶液滴定。

四、思考题

1. 甲醛是如何强化 NH_4^+的?

2. 试样中如果含有的是$(NH_4)_2SO_4$,NH_4NO_3,NHCl,NH_4HCO_3,则可否用所设计的实验方案测定,为什么?

实验九　蛋壳中钙、镁含量的测定*

一、实验内容

1. 自拟蛋壳的预处理过程,设计确定蛋壳称量范围的实验方案;

2. 设计三种方案进行 Ca,Mg 含量的测定;

3. 按前面学过的分析记录格式作表格,记录数据并进行数据计算处理。试列出求钙镁总量的计算式(以 CaO 含量表示);

4. 通过对三种方案的设计与实施,总结并比较三种测定蛋壳中钙含量方法的优缺点。

二、注意事项

1. 鸡蛋壳的主要成分为 $CaCO_3$,其次为 $MgCO_3$、蛋白质、色素以及少量 Fe 和 Al。

2. 蛋壳需要经过预处理,才能达到分析的要求。

3. 经过预处理的蛋壳可以设计三种方案进行测定。

(1)配位滴定法测定蛋壳中 Ca 和 Mg 的总量。在 pH=10 时,用铬黑 T 作指示剂,EDTA 可直接测量 Ca^{2+},Mg^{2+}总量,为提高配位选择性,在 pH=10 时,加入掩蔽剂三乙醇胺使之与 Fe^{3+},Al^{3+}等离子生成更稳定的配合物,以排除它们对 Ca^{2+},Mg^{2+}离子测量的干扰。

(2)酸碱滴定法测定蛋壳中 CaO 含量。蛋壳中碳酸盐能与 HCl 发生反应,过量酸可用标准 NaOH 返滴,根据实际与 $CaCO_3$反应的标准盐酸体积求得蛋壳中 CaO 含量,以 CaO 质量分数表示。

(3)高锰酸钾法测定蛋壳中 CaO 的含量。利用蛋壳中的 Ca^{2+}与草酸盐形成难溶的草酸盐沉淀,将沉淀经过滤洗涤分离后溶解,用高锰酸钾法测定 Ca^{2+}含量,换算出 CaO 的含量。

4. 蛋壳中钙主要以 $CaCO_3$形式存在,同时也有 $MgCO_3$,故以 CaO 含量表示 Ca 和 Mg 总量。

5. 由于酸较稀,溶解时需加热一定时间,试样中有不溶物(如蛋白质之类)不影响测定。

三、思考题

1. 如何确定蛋壳粉末的称量范围(先粗略确定蛋壳中钙、镁含量,再估算蛋壳粉的称量范围)?

2. 蛋壳粉溶解稀释时为什么会出现泡沫？应如何消除泡沫？

实验十　茶叶中微量元素的鉴定与定量测定*

一、实验目的

1. 设计茶叶等植物类灰化和试液的制备方案；

2. 设计合适的化学分析方法，定性鉴定和定量检测茶叶中 Fe，Al，Ca 及 Mg 微量元素；

3. 通过本实验方案的设计与实施，总结植物类样品的定性鉴定和定量检测的方法，提高综合运用知识的能力。

二、实验内容

1. 首先需对茶叶进行“干灰化”，即试样在空气中置于敞口的蒸发皿或坩埚中加热，把有机物经氧化分解而烧成灰烬。这一方法特别适用于植物和食品的预处理。

2. 灰化后，经酸溶解，即得试液，可逐级进行分析。

(1)铁、铝、钙及镁元素的鉴定。根据铁、铝、钙、镁元素的特性分别设计方案进行鉴定。

(2)茶叶中 Ca 及 Mg 总量的测定。可选用 EDTA 容量法。

(3)Fe 含量的测定。可用分光光度法。

三、注意事项

茶叶属植物类，为有机体，主要成分由 C，H，N 和 O 等元素组成，另外还含有 Fe，Al，Ca 及 Mg 等微量金属元素。要对茶叶中的微量元素 Fe，Al，Ca 及 Mg 等元素定性鉴定，并对 Fe，Al，Ca 及 Mg 进行定量检测，必须经过预处理。

四、思考题

1. 应如何选择灰化的温度？

2. 欲测茶叶中 Al 含量，应如何设计方案？

3. 试讨论，pH 为何值时，能将 Fe^{3+}，Al^{3+}离子与 Ca^{2+}，Mg^{2+}离子分离完全？

4. 怎样鉴定大豆中微量铁？面粉中微量元素锌如何鉴定？

*实验项目可作为期末考核用综合设计性实验。

附　　录

附录一　分析化学实验中常用术语解释

(1)取样　根据待分析物质的不同状态(气、液、固及其均匀程度),按规范的方法采集有代表性待分析物质的过程成为取样。

(2)样品(试样)　采集的有代表性待分析物质经过烘干、破碎、过筛、缩分等一系列的手续制备后的待分析物质称为样品或试样。

(3)称小样　分析测试时,样品的称取量一般是根据每份消耗标准溶液 20～30 mL 为依据,所称取的样品量称为小样,称量的方法称为称小样。

(4)称大样和配大样　对于某些实际样品,由于组分复杂且不均匀,若称小样进行分析,将引起大误差,此时可称取 4～10 倍小样的样品质量,将其配成溶液,再吸取相当于一份小样样品量体积的溶液进行测定。按上述操作称取的样品量称之为大样。将大样的试样配成试液的操作称为配大样。

(5)试液　通过溶解或分解,将试样配成的溶液称为试液。

(6)定容　指用容量瓶配制溶液的规范操作过程,包括溶液的转移、用指定的溶液稀释至刻度和摇匀的全过程。

(7)移取　用移液管或刻度吸量管从容量瓶或试剂瓶中吸取一定量的溶液并按移液管或刻度吸量管的正确操作放出溶液的过程称为移取。

(8)全分析　将样品中存在的所有组分进行定性或将各组分的相对含量全部测定出来的测试过程称为全分析。

(9)指定成分分析　不管样品中有多少种成分,仅对指定的组分进行定性或定量的过程称为指定成分分析。

(10)组分　即构成物质各种成分,包括元素、原子团、官能团、离子和化合物。如水中氢元素和氧元素,硫酸中的硫酸根,醋酸中的羧基—COOH,氯化钠中的氯离子,黑火药中的碳、硫黄和硝酸钾,蔗糖溶液中的蔗糖和水。

(11)加重法称量　指准确称取指定质量物质的操作。如称取 0.203 4 g ZnO 基准物,先准确称量用来盛载基准物的小铲子(可用油光纸叠成)的质量如 0.226 8 g,将砝码加至(0.203 4+0.226 8=0.430 2)0.430 2 g 后,再用小药勺取少量 ZnO 基准物,用食指轻轻敲动角匙,ZnO 慢慢加在铲子上,当天平达到平衡时,则所称取的质量即为 0.203 4 g。此种称量方法,称为加重法称量。

(12)减重法称量　指要求称取物质的质量在一定范围内的称量方法。这种方法适于称量时易吸潮的样品,并可连续称取多份试样。而被称取物质一般用称量瓶装盛。先称取称量瓶和被称取物的总质量记为 m,按规定的操作方法将样品轻轻敲出置于选定的容器中。待容器中的被称取物质质量在规定的范围时,按规定的操作方法称取称量瓶,此时称量瓶的质量记为 m_1,$m-m_1=m_{\mathrm{I}}$,m_{I} 为称得的第一份样品质量,依此操作可称得 m_{II},m_{III}等。这种称量方法，称为减重称量法。

(13)沉淀形式与称量形式　在一定条件下，沉淀剂与被沉淀组分反应生成的沉淀，称为沉淀形式。沉淀形式经过炭化、灰化和灼烧后的物质形式称为称量形式。沉淀重量法就是根据称取物质的称量形式的质量来计算被测组分的。沉淀形式和称量形式可能相同，也可能不同。

(14)沉淀的陈化　沉淀析出以后，让初生的沉淀与原溶液一起继续放置一段时间的过程，称为陈化。经过陈化作用，可以使微小的晶体溶解，而较大的晶体长得更大，易于过滤，沉淀在这过程中也变得更纯净(但若溶液中有混晶、共沉淀或伴随有后沉淀时，不一定能提高沉淀的纯度)。

(15)灰化　将沉淀和坩埚一起用酒精灯或电炉使滤纸先炭化后变成灰的过程，称为灰化。

(16)恒重　试样经烘干或灼烧前后两次的称量差值小于0.000 2 g(空气阻尼天平)或小于0.000 1 g(半自动、全自动、电子天平)时，则称为恒重。

(17)直接法配制标准溶液　用基准物配制准确浓度标准溶液的方法。

(18)标定法配制标准溶液　先近似配制所需浓度的溶液，再用基准物或另一种标准溶液确定其准确的浓度。如HCl，因它易吸水、易挥发，无法称准，不能用直接法配制其标准溶液。通常都是先近似配制所需浓度的溶液，再用Na_2CO_3(无水)基准物或用NaOH标准溶液进行标定。

(19)标定　用基准物或另一种标准溶液来确定未知浓度溶液的准确浓度的操作称为标定。

(20)一级基准　直接用基准物确定未知浓度溶液的准确浓度称为一级基准。

(21)二级基准　用另一种标准溶液(此溶液用另一种基准物标定)确定未知浓度溶液的准确浓度称为二级基准。

(22)滴定　在滴定分析中，将滴定剂(标准溶液)从滴定管加到被测物质溶液中的操作称为滴定。

(23)滴定剂　在滴定分析中，已知准确浓度的标准溶液称为滴定剂。

(24)指示剂　一类化学试剂。通常能由于某种化合物的存在，或由于试液中某种性质(如酸碱性、氧化还原电位等)的改变，而改变自身的颜色。常用来作为指示反应终点的信号、检验试样和有何种元素的存在。在滴定分析中常用的指示剂有酸碱指示剂、金属指示剂、氧化还原指示剂、沉淀滴定指示剂等。

(25)指示剂的封闭　在配位滴定法中，由于金属离子与金属指示剂形成配合物的稳定常数大于金属离子与EDTA反应生成的配合物的稳定常数，致使EDTA不能将金属指示剂置换出来，无法指示终点的现象，称为指示剂封闭。

(26)指示剂的僵化　在配位滴定中，由于指示剂与被测离子形成的配合物为沉淀胶体或在水中溶解度较小，使化学计量点时的置换反应缓慢而终点拖长的现象，称为指示剂的僵化。

(27)干扰　测试分析时，由于存在某些因素影响对被测组分进行准确测定的现象称为干扰。

(28)直接滴定法　用标准溶液直接滴定被测物质。

(29)返滴定法(或称剩余量滴定法)　由于反应较慢或反应物是固体，加入与被测物相当的滴定剂时,反应不能立即完成,可以先加入一定过量的标准溶液,待反应完全后,用另一种标准溶液来滴定前面的剩余标准溶液。例如用配合滴定法测定 Al^{3+}。由于 Al^{3+} 与 EDTA的反应速度比较慢,故不能直接滴定,可以加入一定过量的 EDTA 标准溶液,使 Al^{3+} 与 EDTA 配合完全,过量的 EDTA 再用 $CuSO_4$ 标准溶液或锌的标准溶液回滴。根据反应物之间量的关系,计算样品中 Al^{3+} 的含量。

(30)间接滴定法　不能与标准溶液直接反应的物质,有时可以通过另外的化学反应,以滴定法间接进行测定。

(31)置换反应滴定法　不按确定的反应式进行(或伴有副反应)的反应,不能直接法测定被测物质,可以先用适当的试剂与被测物质起反应,置换出与被测物质相当的生成物,再用标准溶液滴定此生成物,这种滴定方式称为置换滴定法。

(32)连续滴定法　滴定多组分试液,测定完第一个组分后,无须分离,在原溶液中继续对第 2 和第 3 种组分的测定称为连续滴定法。例如 Fe^{3+},Al^{3+} 的连续滴定。

(33)差减法　样品中的两个组分,先测出总量,再测出其中一个单独组分的含量,用总量减去其中一个单独组分的量求得另一组分的含量的测定方法,称为差减法。

(34)平行测定　在相同条件下对某个样品进行的多次测定,称平行测定。

(35)对照试验　用已知物质代替试样,在同一条件下用相同的方法进行测定,称为对照试验。常用于检查试剂是否失效或反应条件是否控制正确,这是检查是否存在系统误差、保证测定准确度的有效方法。

(36)空白试验　化学分析中,为了正确判断分析结果,常在不加试样的情况下,用蒸馏水代替试液,在同一条件下,用同样的方法进行试验,称为空白试验。空白试验用来校正试剂、蒸馏水中杂质对分析结果的影响。

附录二　洗液的配制和使用

1. 铬酸洗液

铬酸洗液常用来洗涤不宜用毛刷刷洗的器皿,可洗油脂及还原性污垢。

(1)配制方法　称取 10 g 工业用 $K_2Cr_2O_7$ 固体于烧杯中,加入 20 mL 水,加热溶解后,冷却,在搅拌下慢慢加入 200 mL 浓 H_2SO_4,溶液呈暗红色,贮存于玻璃瓶中备用。因浓硫酸易吸水,应用磨口玻璃塞子塞好。

(2)由于铬酸洗液是一种酸性很强的强氧化剂,腐蚀性很强,易烫伤皮肤,烧坏衣服,且铬有毒,所以使用时要注意安全,注意事项如下:

①使用洗液前,必须将仪器用自来水和毛刷洗刷,倾尽水,以免洗液稀释后降低洗涤的效率。

②用过的洗液不能随意乱倒,应倒回原瓶,以备下次再用。当洗液变为绿色($K_2Cr_2O_7$ 被还原成 Cr^{3+})时表示洗液失效,必须重新配制。而失效洗液决不能倒入下水道,只能倒入废液缸内,另行处理,以免造成环境污染。

2. 合成洗涤剂

可用洗衣粉或洗洁精配成 0.1% ~0.5% 的水溶液,适合于洗涤被油脂或某些有机物沾污的容器。此洗液也可反复使用多次。

3. 还原性洗液

用以洗涤氧化性物质，如二氧化锰可用草酸的酸性溶液（10 g 草酸溶于 100 mL 20% 的 HCl 溶液中）洗涤。

4. 硝酸洗涤液

比色皿被沾污时，可用 1 : 1 或 1 : 2 的硝酸泡洗。

附录三　滴定分析实验仪器清单

仪器（用器）名称	规格	数量
酸式滴定管	50 mL	1 支
碱式滴定管	50 mL	1 支
移液管	25 mL	1 支
烧杯	400 mL，250 mL，100 mL	各 1 个
量筒（量杯）	100 mL，10 mL	各 1 个
容量瓶	250 mL	1 个
锥形瓶	250 mL	3 个
玻璃试剂瓶	1 000 mL	1 个
塑料试剂瓶	1 000 mL	1 个
塑料洗瓶	500 mL	1 个
洗耳球		1 个
玻璃棒		2 个
玻璃球		8 颗
小滴管		2 支

附录四　相对原子质量表（国际纯粹与应用化学联合会 1993 年公布）

元素		原子量	元素		原子量	元素		原子量	元素		原子量
符号	名称		符号	名称		符号	名称		符号	名称	
Ac	锕	[227]	Er	铒	167.26(3)	Mn	锰	54.936 809(9)	Ru	钌	101.07(2)
Ag	银	107.868 2(2)	Es	锿	[252]	Mo	钼	95.94(1)	S	硫	32.066(6)
Al	铝	26.981 538(2)	Eu	铕	151.964(1)	N	氮	14.006 74(7)	Sb	锑	121.760(1)
Am	镅	[243]	F	氟	18.998 403 2(5)	Na	钠	22.989 770(2)	Sc	钪	44.955 910(8)
Ar	氩	39.948(1)	Fe	铁	55.845(2)	Nb	铌	92.906 38(2)	Se	硒	78.96(3)
As	砷	74.921 60(2)	Fm	镄	[257]	Nd	钕	144.24(3)	Si	硅	28.085 5(3)
At	砹	[210]	Fr	钫	[223]	Ne	氖	20.179 7(6)	Sm	钐	150.36(3)

续附录四

元素		原子量	元素		原子量	元素		原子量	元素		原子量
符号	名称		符号	名称		符号	名称		符号	名称	
Au	金	196.966 55(2)	Ga	镓	69.723(1)	Ni	镍	58.693 4(2)	Sn	锡	118.710(7)
B	硼	10.811(7)	Gd	钆	157.25(3)	No	锘	[259]	Sr	锶	87.62(1)
Ba	钡	137.327(7)	Ge	锗	72.61(2)	Np	镎	[237]	Ta	钽	180.947 9(1)
Bc	铍	9.012 182(3)	H	氢	1.007 94(7)	O	氧	15.999 4(3)	Tb	铽	158.925 34(2)
Bi	铋	208.980 38(2)	He	氦	4.002 602(2)	Os	锇	190.23(3)	Tc	锝	[98]
Bk	锫	[247]	Hf	铪	178.49(2)	P	磷	30.973 761(2)	Te	碲	127.60(3)
Br	溴	79.904(1)	Hg	汞	200.59(2)	Pa	镤	231.035 88(2)	Th	钍	232.038 1(1)
C	碳	12.010 7(8)	Ho	钬	164.930 32(2)	Pb	铅	207.2(1)	Ti	钛	47.867(1)
Ca	钙	40.078	I	碘	126.904 47(3)	Pd	钯	106.42(1)	Tl	铊	204.383 3(2)
Cd	镉	112.411(8)	In	铟	114.818(3)	Pm	钷	[145]	Tm	铥	168.934 21(2)
Ce	铈	140.116(1)	Ir	铱	192.217(3)	Po	钋	[209]	U	铀	238.028 9(1)
Cf	锎	[251]	K	钾	39.098 3(1)	Pr	镨	140.907 65(2)	V	钒	50.941 5(1)
Cl	氯	35.452 7(9)	Kr	氪	83.80(1)	Pt	铂	[244]	W	钨	183.84(1)
Cm	锔	[247]	La	镧	138.905 5(2)	Pu	钚	[226]	Xe	氙	131.29(2)
Co	钴	58.933 200(9)	Li	锂	6.941(2)	Ra	镭	85.467 8(3)	Y	钇	88.908 5(2)
Cr	铬	51.996 1(6)	Lr	铹	[262]	Rb	铷	186.207(1)	Yb	镱	173.04(3)
Cs	铯	132.905 45(2)	Lu	镥	174.967(1)	Re	铼	186.207(1)	Zn	锌	65.39(2)
Cu	铜	63.546(3)	Md	钔	[258]	Rh	铑	102.905 50(2)	Zr	锆	91.224(2)
Dy	镝	162.50(3)	Mg	镁	24.305 0(6)	Rn	氡	[222]			

附录五　常用化合物的相对分子质量表

Ag_3AsO_4	462.52	CaO	56.08	CuI	190.45
$AgBr$	187.77	$CaCO_3$	100.09	$Cu(NO_3)_2$	187.56
$AgCl$	143.32	CaC_2O_4	128.10	$Cu(NO_3)_2 \cdot 3H_2O$	241.60
$AgCN$	133.89	$CaCl_2$	110.99	CuO	79.55
$AgSCN$	165.95	$CaCl_2 \cdot 6H_2O$	219.08	Cu_2O	143.09
Ag_2CrO_4	331.73	$Ca(NO_3)_2 \cdot 4H_2O$	236.15	CuS	95.61
AgI	234.77	$Ca(OH)_2$	74.10	$CuSO_4$	159.06
$AgNO_3$	169.87	$Ca_3(PO_4)_2$	310.18	$CuSO_4 \cdot 5H_2O$	249.68

续附录五

$AlCl_3$	133.34	$CaSO_4$	136.14	$FeCl_2$	126.75
$AlCl_3 \cdot 6H_2O$	241.43	$CdCO_3$	172.42	$FeCl_2 \cdot 4H_2O$	198.81
$Al(NO_3)_3$	213.00	$CdCl_2$	183.32	$FeCl_3$	162.21
$Al(NO_3)_3 \cdot 9H_2O$	375.13	CdS	144.47	$FeCl_3 \cdot 6H_2O$	270.30
Al_2O_3	101.96	$Ce(SO_4)_2$	332.24	$FeNH_4(SO_4)_2 \cdot 12H_2O$	482.18
$Al(OH)_3$	78.00	$Ce(SO_4)_2 \cdot 4H_2O$	404.30	$Fe(NO_3)_3$	241.86
$Al_2(SO_4)_3$	342.14	$CoCl_2$	129.84	$Fe(NO_3)_3 \cdot 9H_2O$	404.00
$Al_2(SO_4)_3 \cdot 18H_2O$	666.41	$CoCl_2 \cdot 6H_2O$	237.93	FeO	71.85
As_2O_3	197.84	$Co(NO_3)_2$	182.94	Fe_2O_3	159.69
As_2O_5	229.84	$Co(NO_3)_2 \cdot 6H_2O$	291.03	Fe_3O_4	231.54
As_2S_3	246.02	CoS	90.99	$Fe(OH)_3$	106.87
$BaCO_3$	197.34	$CoSO_4$	154.99	FeS	87.91
BaC_2O_4	225.35	$CoSO_4 \cdot 7H_2O$	281.10	Fe_2S_3	207.87
$BaCl_2$	208.24	$Co(NH_2)_2$	60.06	$FeSO_4$	151.91
$BaCl_2 \cdot 2H_2O$	244.27	$CrCl_3$	158.36	$FeSO_4 \cdot 7H_2O$	278.01
$BaCrO_4$	253.32	$CrCl_3 \cdot 6H_2O$	266.45	$Fe(NH_4)_2(SO_4)_2 \cdot 6H_2O$	392.13
BaO	153.33	$Cr(NO_3)_3$	238.01	H_3AsO_3	125.94
$Ba(OH)_2$	171.34	Cr_2O_3	151.99	H_3AsO_4	141.94
$BaSO_4$	233.39	CuCl	99.00	H_3BO_3	61.83
BiCl3	315.34	$CuCl_2$	134.45	HBr	80.91
BiOCl	260.43	$CuCl_2 \cdot 2H_2O$	170.48	HCN	27.03
CO_2	44.01	CuSCN	121.62	HCOOH	46.03
CH_3COOH	60.05	KCN	65.12	$MnCO_3$	114.95
H_2CO_3	62.03	KSCN	97.18	$MnCl_2 \cdot 4H_2O$	197.91
$H_2C_2O_4$	90.04	K_2CO_3	138.21	$Mn(NO_3)_2 \cdot 6H_2O$	287.04
$H_2C_2O_4 \cdot 2H_2O$	126.07	K_2CrO_4	194.19	MnO	70.94
HCl	36.46	K_2CrO_7	294.18	MnO_2	86.94
HF	20.01	$K_3Fe(CN)_6$	329.25	MnS	87.00
HI	127.91	$K_4Fe(CN)_6$	368.35	$MnSO_4$	151.00
HIO_3	175.91	$KFe(SO_4)_2 \cdot 12H_2O$	503.24	$MnSO_4 \cdot 4H_2O$	223.06
HNO_3	63.01	$KHC_2O_4 \cdot H_2O$	146.14	NO	30.01

续附录五

HNO_2	47.01	$KHC_2O_4 \cdot H_2C_2O_4 \cdot 2H_2O$	254.19	NO_2	46.01
H_2O	18.015	$KHC_4H_4O_6$	188.18	NH_3	17.03
H_2O_2	34.02	$KHSO_4$	136.16	CH_3COONH_4	77.08
H_3PO_4	98.00	KI	166.00	NH_4Cl	53.49
H_2S	82.07	KIO_3	214.00	$(NH_4)_2CO_3$	96.09
H_2SO_3	98.07	$KIO_3 \cdot HIO_3$	389.91	$(NH_4)_2C_2O_4$	124.10
H_2SO_4	252.63	$KMnO_4$	158.03	$(NH_4)_2C_2O_4 \cdot H_2O$	142.11
$HgCl_2$	271.50	$KNaC_4H_4O_6 \cdot 4H_2O$	282.22	NH_4SCN	76.12
Hg_2Cl_2	472.09	KNO_3	101.10	NH_4HCO_3	79.06
HgI_2	454.40	KNO_2	85.10	$(NH_4)_2MoO_4$	196.01
$Hg_2(NO_3)_2$	525.19	K_2O	94.20	NH_4NO_3	80.04
$Hg_2(NO_3)_2 \cdot 2H_2O$	561.22	KOH	56.11	$(NH_4)_2HPO_4$	132.06
$Hg(NO_3)_2$	324.60	K_2SO_4	174.25	$(NH_4)_2S$	68.14
HgO	216.59	$MgCO_3$	84.31	$(NH_4)_2SO_4$	132.13
HgS	232.65	$MgCl_2$	95.21	NH_4VO_3	116.98
$HgSO_4$	296.65	$MgCl_2 \cdot 6H_2O$	203.30	Na_3ASO_3	191.89
Hg_2SO_4	497.64	MgC_2O_4	112.33	$Na_2B_4O_7$	201.22
$KAl(SO_4)_2 \cdot 12H_2O$	474.38	$Mg(NO_3)_2 \cdot 6H_2O$	256.41	$Na_2B_4O_7 \cdot 10H_2O$	381.37
KBr	119.00	$MgNH_4PO_4$	137.32	Na_2BiO_3	279.97
$KBrO_3$	167.00	MgO	40.30	$NaCN$	49.01
KCl	74.55	$Mg(OH)_2$	58.32	$NaSCN$	81.07
$KClO_3$	122.55	$Mg_2P_2O_7$	222.55	Na_2CO_3	105.99
$KClO_4$	138.55	$MgSO_4 \cdot 7H_2O$	246.47	$Na_2CO_3 \cdot 10H_2O$	286.14
$Na_2C_2O_4$	134.00	$NiSO_4 \cdot 7H_2O$	280.86	$SnCl_2 \cdot 2H_2O$	225.63
CH_3COONa	82.03	P_2O_5	141.95	$SnCl_4$	260.50
$CH_3COONa \cdot 3H_2O$	136.08	$PbCO_3$	267.21	$SnCl_4 \cdot 5H_2O$	350.58
$NaCl$	58.44	PbC_2O_4	295.22	SnO_2	150.69
$NaClO$	74.44	$PbCl_2$	278.11	SnS_2	150.75
$NaHCO_3$	84.01	$PbCrO_4$	323.19	$SrCO_3$	147.68
$Na_2HPO_4 \cdot 12H_2O$	358.14	$Pb(CH_3COO)_2$	325.29	SrC_2O_4	175.64
$Na_2H_2Y \cdot 2H_2O$	372.24	$Pb(CH_3COO)_2 \cdot 3H_2O$	379.34	$SrCrO_4$	203.61

续附录五

Ag_3AsO_4	462.52	CaO	56.08	CuI	190.45
$NaNO_2$	69.00	PbI_2	461.01	$Sr(NO_3)_2$	211.63
$NaNO_3$	85.00	$Pb(NO_3)_2$	331.21	$Sr(NO_3)_2 \cdot 4H_2O$	283.69
Na_2O	61.98	PbO	223.20	$SrSO_4$	183.69
Na_2O_2	77.98	PbO_2	239.20	$UO_2(CH_3COO)_2 \cdot 2H_2O$	424.15
$NaOH$	40.00	$Pb_3(PO_4)_2$	811.54	$ZnCO_3$	125.39
Na_3PO_4	163.94	PbS	239.26	ZnC_2O_4	153.40
Na_2S	78.04	$PbSO_4$	303.26	$ZnCl_2$	136.29
$Na_2S \cdot 9H_2O$	240.18	SO_3	80.06	$Zn(CH_3COO)_2$	183.47
Na_2SO_3	126.04	SO_2	64.06	$Zn(CH_3COO)_2 \cdot 2H_2O$	219.50
Na_2SO_4	142.04	$SbCl_3$	228.11	$Zn(NO_3)_2$	189.39
$Na_2S_2O_3$	158.10	$SbCl_5$	299.02	$Zn(NO_3)_2 \cdot 6H_2O$	297.48
$Na_2S_2O_3 \cdot 6H_2O$	248.17	Sb_2O_3	291.50	ZnO	81.38
$NiCl_2 \cdot 6H_2O$	237.70	Sb_2S_3	339.68	ZnS	97.44
NiO	74.70	SiF_4	104.08	$ZnSO_4$	161.44
$Ni(NO_3)_2 \cdot 6H_2O$	290.80	SiO_2	60.08	$ZnSO_4 \cdot 7H_2O$	287.55
NiS	90.76	$SnCl_2$	189.60		

附录六　化学试剂等级对照表

质量次序		1	2	3	4	5
我国化学试剂等级和符号	等级	一级品 保证试剂 优级纯	二级品 分析试剂 分析纯	三级品 化学纯 纯	四级品 医用 实验试剂	生物试剂
	符号	GR	AR	CP，P	LR	BR，CR
	瓶颜色签	绿色	红色	蓝色	棕色等	黄色等
德、美、英等国通用等级和符号		GR	AR	CP		

附录七　常用酸碱试剂的密度、含量和近似浓度

名称	化学式	密度/g·cm^{-3}	体积百分含量/%	近似浓度/mol·L^{-1}
盐酸	HCl	1.18～1.19	36～38	12
硝酸	HNO_3	1.40～1.42	67～72	15-16
硫酸	H_2SO_4	1.83～1.84	95～98	18
磷酸	H_3PO_4	1.69	不小于85	15
高氯酸	$HClO_4$	1.68	70～72	12
冰乙酸	CH_3COOH	1.05	不小于99	17
甲酸	HCOOH	1.22	不小于88	23
氢氯酸	HE	1.15	不小于40	23
氢溴酸	HBr	1.38	不小于40	6.8
氨水	NH_3	0.90	25～28(NH_3)	14

附录八　常用指示剂

1.酸碱指示剂

指示剂	变色pH范围	颜色变化	pK_{HIn}	配制方法
百里酚蓝	1.2-2.8	红-黄	1.65	0.1 g指示剂与4.3 mL 0.05 mol·L^{-1} NaOH溶液一起研匀,加水稀释成100 mL
甲基黄	2.9-4.4	红-黄	3.25	
甲基橙	3.1-4.4	红-黄	3.45	将0.1 g甲基橙溶于100 mL热水
溴酚蓝	3.0-4.6	黄-紫	4.1	0.1 g溴酚蓝与3 mL 0.05 mol·L^{-1} NaOH溶液一起研匀,加水稀释成100 mL
溴甲酚绿	4.0-5.6	黄-蓝	4.9	0.1 g指示剂与21 mL 0.05 mol·L^{-1} NaOH溶液一起研匀,加水稀释成100 mL
甲基红	4.8-6.0	红-黄	5.0	将0.1 g甲基红溶于60 mL乙醇中,加水到100 mL
溴百里酚蓝	6.2-7.6	黄-蓝	7.3	
中性红	6.8-8.0	红-黄橙	7.4	将0.1 g中性红溶于60 mL乙醇中,加水到100 mL
苯酚红	6.8-8.4	黄-红	8.0	
酚酞	8.0-10.0	无-淡红	9.1	将1 g酚酞溶于90 mL乙醇中,加水到100 mL
百里酚酞	9.4-10.6	无-蓝	10.0	将0.1 g指示剂溶于90 mL乙醇中,加水至100 mL
茜素黄R	10.1-12.1	黄-紫		将0.1 g茜素黄溶于100 mL水中
混合指示剂:				
甲基橙-溴甲酚绿	5.1(灰)	红-绿		3份1 g·L溴甲酚绿乙醇溶液与1份2 g·L甲基红乙醇溶液混合
百里酚酞-茜素黄R	10.2	黄-紫		将0.1 g茜素黄和0.2 g百里酚酞溶于100 mL乙醇中
甲酚红-百里酚酞	8.3	黄-紫		3份1 g·L百里酚酞钠盐水溶液与1份1 g·L甲酚红钠盐水溶液

2. 氧化还原指示剂

名称	配　制	φ^0/V(pH=0)	氧化型颜色	还原型颜色
二苯胺	1%浓硫酸溶液	+0.76	紫	无色
二苯胺磺酸钠	0.2%水溶液	+0.85	红紫	无色
中性红	0.05%的60%乙醇溶液	+0.24	红	无色
变胺蓝	0.05%水溶液	+0.59(pH=2)	无色	蓝色
邻二氮菲-Fe(Ⅱ)	1.485 g 邻二氮菲加 0.965 g $FeSO_4$，溶于 100 mL 水中($0.025\ mol \cdot L^{-1}$水溶液)	+1.06	浅蓝	红
5-硝基邻二氮菲-Fe(Ⅱ)	1.608 g 5-硝基邻二氮菲加 0.695 g $FeSO_4$，溶于 100 mL 水中($0.025\ mol \cdot L^{-1}$水溶液)	+1.25	浅蓝	紫红
次甲基蓝	0.05%水溶液	+0.36	蓝	无色
邻苯氨基苯甲酸	0.2%水溶液	+0.89	红紫	无色

3. 络合指示剂

名　称	配　制	用　于　测　定		
		元　素	颜色变化	测定条件
酸性铬蓝 K	0.1%乙醇溶液	Ca Mg	红-蓝 红-蓝	pH=12 pH=10(氨性缓冲溶液)
钙指示剂	与 NaCl 配成 1∶100 的固体混合物	Ca	酒红-蓝	pH>12 (KOH 或 NaOH)
铬黑 T	与 NaCl 配成 1∶100 的固体混合物或将 0.5 g 铬黑 T 溶于含有 25 mL 三乙醇胺及 75 mL 无水乙醇的溶液中	Al Bi Ca Cd Mg Mn Ni Pb Zn	蓝-红 蓝-红 红-蓝 红-蓝 红-蓝 红-蓝 红-蓝 红-蓝 红-蓝	pH=7～8，吡啶存在下，以 Zn^{2+}离子回滴 pH=9～10，以 Zn^{2+}离子回滴 pH=10，加入 EDTA-Mg pH=10(氨性缓冲溶液) pH=10(氨性缓冲溶液) 氨性缓冲溶液，加羟胺 pH=6.8～10(氨性缓冲溶液) 氨性缓冲溶液，加酒石酸钾 氨性缓冲溶液
O-PAN	0.1%乙醇溶液(或甲醇溶液)	Cd Co Cu Zn	红-黄 黄-红 紫-黄 红-黄 粉红-黄	pH=6(醋酸缓冲溶液) 醋酸缓冲溶液，70～80 ℃，以 Cu^{2+}离子回滴 pH=10(氨性缓冲溶液) pH=6(醋酸缓冲溶液) pH=5～7(醋酸缓冲溶液)
磺基水杨酸	1%～2%水溶液	Fe(Ⅲ)	红紫-黄	pH=1.5～3
二甲酚橙	0.5%乙醇溶液(或水溶液)	Bi Cd Pb Th(Ⅳ) Zn	红-黄 粉红-黄 红紫-黄 红-黄 红-黄	pH=1～2(HNO_3) pH=5～6(六亚甲基四胺) pH=5～6(六亚甲基四胺) pH=1.6～3.5(HNO_3) pH=5～6(醋酸缓冲溶液)

附录九　常用缓冲溶液的配制

缓冲溶液的组成	pK_a	缓冲溶液 pH	缓冲溶液配制方法
氨基乙酸-HCl	2.35(pK_{a_1})	2.3	取氨基乙酸 150 g 溶于 500 mL 水中后,加浓 HCl 溶液 80 mL,加水稀释至 1 L
H_3PO_4-柠檬酸盐		2.5	取 $Na_2HPO_4 \cdot 12H_2O$ 113 g 溶于 200 mL 水后,加柠檬酸 387 g,溶解,过滤后,稀释至 1 L
一氯乙酸-NaOH	2.86	2.8	取 200 g 一氯乙酸溶于 200 mL 水后,加 NaOH 40 g,溶解后,稀释至 1 L
邻苯二甲酸氢钾- HCl	2.95(pK_{a_1})	2.9	取 500 g 邻苯二甲酸氢钾溶于 500 mL 水后,加浓 HCl 溶液 80 mL,稀释至 1 L
甲酸-NaOH	3.76	3.7	取 95 g 甲酸和 NaOH 40 g 于 500 mL 水中,溶解,稀释至 1 L
NaAc-HAc	4.74	4.7	取无水 NaAc 83 g 溶于水中,加冰醋酸 60 mL,稀释至 1 L
六亚甲基四胺- HCl	5.15	5.4	取六亚甲基四胺 40 g 溶于 200 mL 水中,加浓 HCl 10 mL,稀释至 1 L
NH_3-NH_4Cl	9.26	9.2	取 NH_4Cl 54 g 溶于水中,加浓 NH_3 水 63 mL,稀释至 1 L

附录十　常用酸碱溶液的配制

名称	浓度 $c/(mol \cdot L^{-1})$(近似)	相对密度(20 ℃)	质量分数/%	配制方法
浓 HCl	12	1.19	37.23	
稀 HCl	6	1.10	20.0 7.15	取浓盐酸与等体积水混合 取浓盐酸 167 mL,稀释成 1 L
浓 HNO_3	6 2	1.20	32.36	取浓硝酸 381 mL,稀释成 1 L 取浓硝酸 128 mL,稀释成 1 L
浓 H_2SO_4	18	1.84	95.6	
稀 H_2SO_4	3	1.18	24.8	取浓硫酸 167 mL,缓缓倾入 833 mL 水中 取浓硫酸 56 mL,缓缓倾入 944 mL 水中
浓 HOAC	6 2		35.0	取浓 HOAC 350 mL,稀释成 1 L 取浓 HOAC 118 mL,稀释成 1 L
浓 $NH_3 \cdot H_2O$	15	0.90	25-27	
稀 $NH_3 \cdot H_2O$	6 2	10		取浓 $NH_3 \cdot H_2O$ 400 mL,稀释成 1 L 取浓 $NH_3 \cdot H_2O$ 134 mL,稀释成 1 L
NaOH	6 2	1.22	19.7	将 NaOH 240 g 溶于水,稀释成 1 L 将 NaOH 80 g 溶于水,稀释成 1 L

附录十一　常用基准物质及其干燥条件与应用

基准物质		干燥后组成	干燥条件 t/℃	标定对象
名称	分子式			
碳酸氢钠	$NaHCO_3$	Na_2CO_3	270～300	酸
碳酸钠	Na_2CO_3	Na_2CO_3	270～300	酸
硼砂	$Na_2B_4O_7 \cdot 10H_2O$	$Na_2B_4O_7 \cdot 10H_2O$	放在含 NaCl 和蔗糖饱和液的干燥器中	酸
碳酸氢钾	$KHCO_3$	K_2CO_3	270～300	酸
草酸	$H_2C_2O_4 \cdot H_2O$	$H_2C_2O_4 \cdot H_2O$	室温空气干燥	碱或 $KMnO_4$
邻苯二甲酸氢钾	$KHC_8H_4O_4$	$KHC_8H_4O_4$	110～120	碱
重铬酸钾	$K_2Cr_2O_7$	$K_2Cr_2O_7$	140～150	还原剂
溴酸钾	$KBrO_3$	$KBrO_3$	130	还原剂
碘酸钾	KIO_3	KIO_3	130	还原剂
铜	Cu	Cu	室温干燥器中保存	还原剂
三氧化二砷	As_2O_3	As_2O_3	室温干燥器中保存	氧化剂
草酸钠	$Na_2C_2O_4$	$Na_2C_2O_4$	130	氧化剂
碳酸钙	$CaCO_3$	$CaCO_3$	110	EDTA
锌	Zn	Zn	室温干燥器中保存	EDTA
氧化锌	ZnO	ZnO	900～1 000	EDTA
氯化钠	NaCl	NaCl	500～600	$AgNO_3$
氯化钾	KCl	KCl	500～600	$AgNO_3$
硝酸银	$AgNO_3$	$AgNO_3$	280～290	氯化物
氨基磺酸	$HOSO_2NH_2$	$HOSO_2NH_2$	在真空 H_2SO_4 干燥器中保存 48 h	碱
氟化钠	NaF	NaF	铂坩埚中 500～550 ℃下保存 40～50 min 后，H_2SO_4 干燥器中冷却	

附录十二　常用熔剂和坩埚

熔剂(混合溶剂)名称	所用溶剂量(对试样量而言)	熔融用坩埚材料						熔剂的性质和用途
		铂	铁	镍	磁	石英	银	
Na_2CO_3(无水)	6~8倍	+	+	+	—	—	—	碱性熔剂,用于分析酸性矿渣黏土,耐火材料,不溶于酸的残渣,难溶硫酸盐等
$NaHCO_3$	12~14倍	+	+	+	—	—	—	碱性熔剂,用于分析酸性矿渣黏土,耐火材料,不溶于酸的残渣,难溶硫酸盐等
$Na_2CO_3-K_2CO_3$ (1∶1)	6~8倍	+	+	+	—	—	—	碱性熔剂,用于分析酸性矿渣黏土,耐火材料,不溶于酸的残渣,难溶硫酸盐等
$Na_2CO_3-KNO_3$ (6∶0.5)	8~10倍	+	+	+	—	—	—	碱性氧化熔剂,用于测定矿石中的总S,As,Cr,V,分离V,Cr等物中的Ti
$KNaCO_3-Na_2B_4O_7$ (3∶2)	10~12倍	+	+	—	+	+	—	碱性氧化熔剂,用于分析铬铁矿、钛铁矿等
Na_2CO_3-MgO (2∶1)	10~14倍	+	+	+	+	+	—	碱性氧化熔剂,用于分析铁合金、铬铁矿等
Na_2CO_3-ZnO (2∶1)	8~10倍	—	—	—	+	+	—	碱性氧化熔剂,用于测定矿石中的硫
Na_2O_2	6~8倍	—	+	+	—	—	—	碱性氧化熔剂,用于测定矿石和铁合金中的S,Cr,V,Mn,Si,P,辉钼矿中的Mo等
NaOH(KOH)	8~10倍	—	+	+	—	—	+	碱性熔剂,用以测定锡石中的Sn,分解硅酸盐等
$KHSO_4$($K_2S_2O_7$)	12~14(8~12倍)	+	—	—	+	+	—	酸性熔剂,用以分解硅酸盐、钨矿石,熔融Ti,Al,Fe,Cu等的氧化物
Na_2CO_3:粉末结晶硫磺	8~12倍	—	—	—	+	+	—	碱性硫化熔剂,用于自铅、铜、银等中分离钼、锑、砷、锡;分解有色矿石焙烧后的产品,分离钛和钒等
硼酸酐(熔融、研细)	5~8倍	+	—	—	—	—	—	主要用于分解硅酸盐(当测定其中的碱金属时)

附录十三　弱酸及其共轭碱在水中的解离常数(25 ℃,I=0)

弱酸	分子式	K_a	pK_a	共轭碱	
				pK_b	K_b
砷酸	H_3AsO_4	$6.3\times10^{-3}(K_{a_1})$ $1.0\times10^{-7}(K_{a_2})$ $3.2\times10^{-12}(K_{a_3})$	2.20 7.00 11.50	11.80 7.00 2.50	$1.6\times10^{-12}(K_{b_3})$ $1.0\times10^{-7}(K_{b_2})$ $3.1\times10^{-3}(K_{b_1})$
亚砷酸	$HAsO_2$	6.0×10^{-10}	9.22	4.78	1.7×10^{-5}
硼酸	H_3BO_3	5.8×10^{-10}	9.24	4.76	1.7×10^{-5}
焦硼酸	$H_2B_4O_7$	$1\times10^{-4}(K_{a_1})$ $1\times10^{-9}(K_{a_2})$	4 9	10 5	$1\times10^{-10}(K_{b_2})$ $1\times10^{-5}(K_{b_1})$
碳酸	H_2CO_3	$4.2\times10^{-7}(K_{a_1})$ $5.6\times10^{-11}(K_{a_2})$	6.38 10.25	7.62 3.75	$2.4\times10^{-8}(K_{b_2})$ $1.8\times10^{-4}(K_{b_1})$
氢氰酸	HCN	6.2×10^{-10}	9.21	4.79	1.6×10^{-5}
铬酸	H_2CrO_4	$1.8\times10^{-1}(K_{a_1})$ $3.2\times10^{-7}(K_{a_2})$	0.74 6.50	13.26 7.50	$5.6\times10^{-14}(K_{b_2})$ $3.1\times10^{-8}(K_{b_1})$
氢氟酸	HF	6.6×10^{-4}	3.18	10.82	1.5×10^{-11}
亚硝酸	HNO_2	5.1×10^{-4}	3.29	10.71	1.2×10^{-11}
过氧化氢	H_2O_2	1.8×10^{-12}	11.75	2.25	5.6×10^{-3}
磷酸	H_3PO_4	$7.6\times10^{-3}(K_{a_1})$ $6.3\times10^{-8}(K_{a_2})$ $4.4\times10^{-13}(K_{a_3})$	2.12 7.20 12.36	11.88 6.80 1.64	$1.3\times10^{-12}(Kb_3)$ $1.6\times10^{-7}(K_{b_2})$ $2.3\times10^{-2}(K_{b_1})$
焦磷酸	$H_4P_2O_7$	$3.0\times10^{-2}(K_{a_1})$ $4.4\times10^{-3}(K_{a_2})$ $2.5\times10^{-7}(K_{a_3})$ $5.6\times10^{-10}(K_{a_4})$	1.52 2.36 6.60 9.25	12.48 11.64 7.40 4.75	$3.3\times10^{-13}(Kb_4)$ $2.3\times10^{-12}(Kb_3)$ $4.0\times10^{-8}(K_{b_2})$ $1.8\times10^{-5}(K_{b_1})$
亚磷酸	H_3PO_3	$5.0\times10^{-2}(K_{a_1})$ $2.5\times10^{-7}(K_{a_2})$	1.30 6.60	12.70 7.40	$2.0\times10^{-13}(K_{b_2})$ $4.0\times10^{-8}(K_{b_1})$
氢硫酸	H_2S	$1.3\times10^{-7}(K_{a_1})$	6.88	7.12	$7.7\times10^{-8}(K_{b_2})$
硫酸	HSO_4^-	$1.0\times10^{-2}(K_{a_2})$	1.99	12.01	$1.0\times10^{-12}(K_{b_1})$
亚硫酸	H_2SO_3 (SO_2+H_2O)	$1.3\times10^{-2}(K_{a_1})$ $6.3\times10^{-8}(K_{a_2})$	1.90 7.20	12.10 6.80	$7.7\times10^{-13}(K_{b_2})$ $1.6\times10^{-7}(K_{b_1})$
偏硅酸	H_2SiO_3	$1.7\times10^{-10}(K_{a_1})$ $1.6\times10^{-12}(K_{a_2})$	9.77 11.80	4.23 2.20	$5.9\times10^{-5}(K_{b_2})$ $6.2\times10^{-3}(K_{b_1})$
甲酸	$HCOOH$	1.8×10^{-4}	3.74	10.26	5.5×10^{-11}
乙酸	CH_2COOH	1.8×10^{-5}	4.74	9.26	5.5×10^{-10}
一氯乙酸	$CH_2ClCOOH$	1.4×10^{-3}	2.86	11.14	6.9×10^{-12}

续附录十三

弱酸	分子式	K_a	pK_a	共轭碱	
				pK_b	K_b
二氯乙酸	CH_2Cl_2COOH	5.0×10^{-2}	1.30	12.70	2.0×10^{-13}
三氯乙酸	CH_2Cl_3COOH	0.23	0.64	13.36	4.3×10^{-14}
氨基乙酸盐	$^{+}NH_3CH_2COOH$ $^{+}NH_3CH_2COO^{-}$	$4.5\times10^{-3}(K_{a_1})$ $2.5\times10^{-10}(K_{a_2})$	2.35 9.60	11.65 4.40	2.2×10^{-12} $4.0\times10^{-5}(K_{b1})$
乳酸	$CH_3CHOHCOOH$	1.4×10^{-4}	3.86	10.14	7.2×10^{-11}
苯甲酸	C_6H_5COOH	6.2×10^{-5}	4.21	9.79	1.6×10^{-10}
草酸	$H_2C_2O_4$	$5.9\times10^{-2}(K_{a_1})$ $6.4\times10^{-5}(K_{a_2})$	1.22 4.19	12.78 9.81	$1.7\times10^{-13}(K_{b_2})$ $1.6\times10^{-10}(K_{b_1})$
d-酒石酸	$CH(OH)COOH-$ $CH(OH)COOH$	$9.1\times10^{-4}(K_{a_1})$ $4.3\times10^{-5}(K_{a_2})$	3.04 4.37	10.96 9.63	$1.1\times10^{-11}(K_{b_2})$ $2.3\times10^{-10}(K_{b_1})$
邻苯二甲酸		$1.1\times10^{-3}(K_{a_1})$ $3.9\times10^{-5}(K_{a_2})$	2.95 5.41	11.05 8.59	$9.1\times10^{-12}(K_{b_2})$ $2.6\times10^{-9}(K_{b_1})$
柠檬酸		$7.4\times10^{-4}(K_{a_1})$ $1.7\times10^{-5}(K_{a_2})$ $4.0\times10^{-7}(K_{a_3})$	3.13 4.76 6.40	10.87 9.26 7.60	$1.4\times10^{-11}(K_{b_3})$ $5.9\times10^{-10}(K_{b_2})$ $2.5\times10^{-8}(K_{b_1})$
苯酚	C_6H_5OH	1.1×10^{-10}	9.95	4.05	9.1×10^{-5}
乙二胺四乙酸	H_6-EDTA^{2+} H_5-EDTA^{+} H_4-EDTA H_3-EDTA^{-} H_2-EDTA^{2-} $H-EDTA^{3-}$	$0.13\ (K_{a_1})$ $3\times10^{-2}(K_{a_2})$ $1\times10^{-2}(K_{a_3})$ $2.1\times10^{-3}(K_{a_4})$ $6.9\times10^{-7}(K_{a_5})$ $5.5\times10^{-11}(K_{a_6})$	0.9 1.6 2.0 2.67 6.16 10.26	13.1 12.4 12.0 11.33 7.84 3.74	$7.7\times10^{-14}(K_{b_6})$ $3.3\times10^{-13}(K_{b_5})$ $1\times10^{-12}(K_{b_4})$ $4.8\times10^{-12}(K_{b_3})$ $1.4\times10^{-8}(K_{b_2})$ $1.8\times10^{-4}(K_{b_1})$
氨离子	NH_4^{+}	5.5×10^{-10}	9.26	4.74	1.8×10^{-5}
连氨离子	$^{+}H_3NNH_3^{+}$	3.3×10^{-9}	8.48	5.52	3.0×10^{-6}
羟氨离子	$NH_3^{+}OH$	1.1×10^{-6}	5.96	8.04	9.1×10^{-9}
甲胺离子	$CH_3NH_3^{+}$	2.4×10^{-11}	10.62	3.38	4.2×10^{-4}
乙胺离子	$C_2H_5NH_3^{+}$	1.8×10^{-11}	10.75	3.25	5.6×10^{-4}
二甲胺离子	$(CH_3)_2NH_3^{+}$	8.5×10^{-11}	10.07	3.93	1.2×10^{-4}
二乙胺离子	$(C_2H_5)_2NH_3^{+}$	7.8×10^{-12}	11.11	2.89	1.3×10^{-3}
乙醇胺离子	$HOCH_2CH_2NH_3^{+}$	3.2×10^{-10}	9.50	4.50	3.2×10^{-5}
三乙醇胺离子	$(HOCH_2CH_2)_3NH^{+}$	1.7×10^{-8}	7.76	6.24	5.8×10^{-7}
六亚甲基四胺离子	$(CH_2)_6NH^{+}$	7.1×10^{-6}	5.15	8.85	1.4×10^{-9}
乙二胺离子	$^{+}H_3NCH_2NH_3^{+}$ $H_2NCH_2NH_3^{+}$	1.4×10^{-7} 1.2×10^{-10}	6.85 9.93	7.15 4.07	$7.1\times10^{-8}(K_{b_2})$ $8.5\times10^{-5}(K_{b_1})$
吡啶离子		5.9×10^{-6}	5.23	8.77	1.7×10^{-9}

附录十四　溶度积常数

化合物	溶度积(K_{sp})	化合物	溶度积(K_{sp})	化合物	溶度积(K_{sp})
AgAc	1.94×10^{-3}	$SrCrO_4$	2.2×10^{-5}	$PbSO_4$	1.82×10^{-8}
AgBr	5.35×10^{-13}	AgOH	2.0×10^{-8}	$SrSO_4$	3.44×10^{-7}
AgCl	1.77×10^{-10}	$Al(OH)_2$(无定形)	1.3×10^{-33}	Ag_2S	6.69×10^{-50}
AgI	8.51×10^{-17}	$Be(OH)_2$(无定形)	1.6×10^{-22}	CdS	1.40×10^{-29}
BaF_2	1.84×10^{-7}	$Ca(OH)_2$	4.68×10^{-6}	CoS	2.0×10^{-25}
CaF_2	1.46×10^{-10}	$Cd(OH)_2$(新制备)	5.27×10^{-15}	Cu_2S	2.26×10^{-48}
CuBr	6.27×10^{-9}	$Co(OH)_2$(新制备)	1.09×10^{-15}	CuS	1.27×10^{-36}
CuCl	1.72×10^{-7}	$Co(OH)_2$	1.6×10^{-44}	FeS	1.59×10^{-19}
CuI	1.27×10^{-12}	$Cr(OH)_2$	2×10^{-16}	HgS	6.44×10^{-53}
Hg_2I_2	5.33×10^{-29}	$Cr(OH)_3$	6.3×10^{-31}	MnS	4.65×10^{-14}
$PbBr_2$	6.60×10^{-6}	$Cu(OH)_2$	2.2×10^{-20}	NiS	1.07×10^{-21}
$PbCl_2$	1.17×10^{-5}	$Fe(OH)_2$	4.87×10^{-17}	PbS	9.04×10^{-29}
PbF_2	7.12×10^{-7}	$Fe(OH)_3$	2.64×10^{-39}	SnS	3.25×10^{-28}
PbI_2	8.49×10^{-9}	$Mg(OH)_2$	5.61×10^{-12}	ZnS	2.93×10^{-25}
SrF_2	4.33×10^{-9}	$Mn(OH)_2$	2.06×10^{-13}	Ag_3PO_4	8.88×10^{-17}
Ag_2CO_3	8.45×10^{-12}	$Ni(OH)_2$(新制备)	2.0×10^{-15}	$AlPO_4$	6.3×10^{-19}
$BaCO_3$	2.58×10^{-9}	$Pb(OH)_2$	1.2×10^{-15}	$CaHPO_4$	1×10^{-7}
$CaCO_3$	4.96×10^{-9}	$Sn(OH)_2$	5.45×10^{-25}	$Ca_3(PO_4)_2$	2.07×10^{-33}
$CdCO_3$	6.18×10^{-12}	$Sr(OH)_2$	9×10^{-4}	$Cd_3(PO_4)_2$	2.53×10^{-33}
$CuCO_3$	1.4×10^{-10}	$Zn(OH)_2$	6.86×10^{-17}	$Cu_3(PO_4)_2$	1.39×10^{-37}
$FeCO_3$	3.07×10^{-11}	$Ag_2C_2O_4$	5.4×10^{-12}	$FePO_4\cdot2H_2O$	9.92×10^{-29}
Hg_2CO_3	1.45×10^{-18}	$BaC_2O_4\cdot2H_2O$	1.2×10^{-7}	$MgNH_4PO_4$	2.5×10^{-13}
$MgCO_3$	6.82×10^{-6}	CaC_2O_4	4×10^{-9}	$Mg_3(PO_4)_2$	9.86×10^{-25}
$MnCO_3$	2.24×10^{-11}	CuC_2O_4	4.43×10^{-10}	$Pb_3(PO_4)_2$	8.0×10^{-43}
$NiCO_3$	1.42×10^{-7}	$FeC_2O_4\cdot2H_2O$	3.2×10^{-7}	$Zn_3(PO_4)_2$	9.0×10^{-33}
$PbCO_3$	1.46×10^{-13}	$Hg_2C_2O_4$	1.75×10^{-13}	$[Ag+][Ag(CN)_2^-]$	7.2×10^{-11}
$SrCO_3$	5.6×10^{-10}	$MgC_2O_4\cdot2H_2O$	4.83×10^{-6}	AgSCN	1.03×10^{-12}
Zn CO_3	1.19×10^{-10}	$MnC_2O_4\cdot2H_2O$	1.70×10^{-7}	CuSCN	1.77×10^{-13}
Ag_2CrO_4	1.12×10^{-12}	PbC_2O_4	8.51×10^{-10}	$Cu_2[Fe(CN)_6]$	1.3×10^{-16}
$Ag_2Cr_2O_7$	2.0×10^{-7}	$SrC_2O_4\cdot2H_2O$	1.6×10^{-7}	$Ag_3[Fe(CN)_6]$	1.6×10^{-41}
$BaCrO_4$	1.17×10^{-10}	$ZnC_2O_4\cdot2H_2O$	1.37×10^{-9}	$K_2Na[Co(NO_2)_6]\cdot H_2O$	2.2×10^{-11}
$CaCrO_4$	7.1×10^{-4}	$AgSO_4$	1.20×10^{-5}	$Na(NH_4)_2\cdot[Co(NO_2)_6]$	4×10^{-12}
$CuCrO_4$	3.6×10^{-6}	$BaSO_4$	1.07×10^{-10}	$Cu(IO_3)_2\cdot H_2O$	6.94×10^{-8}
Hg_2CrO_4	2.0×10^{-9}	$CaSO_4$	9.1×10^{-6}	$Cu(IO_3)_2$	1.4×10^{-7}
$PbCrO_4$	2.8×10^{-13}	Hg_2SO_4	7.99×10^{-7}		

附录十五　配离子的稳定常数

（温度 293 ~ 298 K，离子强度 $\mu \approx 0$）

配离子	稳定常数（$K_{稳}$）	$\log K_{稳}$	配离子	稳定常数（$K_{稳}$）	$\log K_{稳}$
$[Ag(NH_3)_2]^+$	1.11×10^{7}	7.05	$[Zn(CN)_4]^{2-}$	5.01×10^{16}	16.7
$[Cd(NH_3)_4]^{2+}$	1.32×10^{7}	7.12	$[Ag(Ac)_2]^-$	4.37	0.64
$[Co(NH_3)_6]^{2+}$	1.29×10^{5}	5.11	$[Cu(Ac)_4]^{2-}$	1.54×10^{3}	3.20
$[Co(NH_3)_6]^{3+}$	1.59×10^{35}	35.2	$[Pb(Ac)_4]^{2-}$	3.16×10^{8}	8.50
$[Cu(NH_3)_4]^{2+}$	2.0×10^{13}	13.32	$[Al(C_2O_4)_3]^{3-}$	2.00×10^{16}	16.30
$[Ni(NH_3)_6]^{2+}$	5.50×10^{8}	8.74	$[Fe(C_2O_4)_3]^{3-}$	1.58×10^{20}	20.20
$[Zn(NH_3)_4]^{2+}$	2.88×10^{9}	9.46	$[Fe(C_2O_4)_3]^{4-}$	1.66×10^{5}	5.22
$[Zn(OH)_4]^{2+}$	4.57×10^{17}	17.66	$[Zn(C_2O_4)_3]^{4-}$	1.41×10^{8}	8.15
$[CdI_4]^{2-}$	2.57×10^{5}	5.41	$[Cd(en)_3]^{2+}$	1.23×10^{12}	12.09
$[HgI_4]^{2-}$	6.76×10^{29}	29.83	$[Co(en)_3]^{2+}$	8.71×10^{13}	13.94
$[Ag(SCN)_2]^-$	3.72×10^{7}	7.57	$[Co(en)_3]^{3+}$	4.90×10^{48}	48.69
$[Co(SCN)_2]^{2-}$	1.00×10^{3}	3.00	$[Fe(en)_3]^{2+}$	5.01×10^{9}	9.70
$[Hg(SCN)_4]^{2-}$	1.70×10^{21}	21.23	$[Ni(en)_3]^{2+}$	2.14×10^{18}	18.33
$[Zn(SCN)_4]^{2-}$	41.7	1.62	$[Zn(en)_3]^{2+}$	1.29×10^{14}	14.11
$[AlF_6]^{3-}$	6.92×10^{19}	19.84	$[Aledta]^-$	1.29×10^{16}	16.11
$[AgCl_2]^-$	1.10×10^{5}	5.04	$[Baedta]^{2-}$	6.03×10^{7}	7.78
$[CdCl_4]^{2-}$	6.31×10^{2}	2.80	$[Caedta]^{2-}$	1.00×10^{11}	11.00
$[HgCl_4]^{2-}$	1.17×10^{15}	15.07	$[Cdedta]^{2-}$	251×10^{16}	16.40
$[PbCl_3]^-$	1.70×10^{3}	3.23	$[Coedta]^-$	1.00×10^{36}	36
$[AgBr_2]^-$	2.14×10^{7}	7.33	$[Cuedta]^{2-}$	5.01×10^{18}	18.70
$[Ag(CN)_2]^-$	1.26×10^{21}	21.10	$[Feedta]^{2-}$	2.14×10^{14}	14.33
$[Au(CN)_2]^-$	2.00×10^{38}	38.30	$[Feedta]^-$	1.70×10^{24}	24.23
$[Cd(CN)_4]^{2-}$	6.03×10^{18}	18.78	$[Hgedta]^{2-}$	6.31×10^{21}	21.80
$[Cu(CN)_4]^{2-}$	2.00×10^{30}	30.30	$[Mgedta]^{2-}$	3.63×10^{18}	8.64
$[Fe(CN)_6]^{4-}$	1.00×10^{35}	35	$[Mnedta]^{2-}$	2.00×10^{18}	13.80
$[Fe(CN)_6]^{3-}$	1.00×10^{42}	42	$[Niedta]^{2-}$	2.51×10^{16}	18.56
$[Hg(CN)_4]^{2-}$	2.51×10^{41}	41.4	$[Pbedta]^{2-}$	2.51×10^{16}	18.30
$[Ni(CN)_4]^{2-}$	2.00×10^{31}	31.3	$[Znedta]^{2-}$	2.51×10^{16}	16.40

注：en——乙二胺；edta——EDTA 的阴离子配体。

参 考 文 献

[1] 四川大学化工学院,浙江大学化学系. 分析化学实验 [M]. 3 版. 北京:高等教育出版社,2003.

[2] 武汉大学. 分析化学实验 [M]. 5 版. 北京:高等教育出版社,2011.

[3] 武汉大学化学与分子科学学院实验中心. 分析化学实验 [M]. 武汉:武汉大学出版社,2003.

[4]北京大学化学系分析化学教学组. 基础分析化学实验 [M]. 2 版. 北京:北京大学出版社,1998.

[5] 崔学桂,张晓丽,胡清萍. 基础化学实验(Ⅰ)[M]. 2 版. 北京:化学工业出版社,2007.

[6] 杨梅,梁信源,黄富嵘. 分析化学实验 [M]. 上海:华东理工大学出版社,2005.

[7] 王亦军. 大学普通化学实验 [M]. 北京:化学工业出版社,2009.

[8] 蔡明招. 分析化学实验 [M]. 北京:化学工业出版社,2004.

[9] 田志茗. 无机及分析化学实验 [M]. 哈尔滨:哈尔滨工程大学出版社,2002.

[10] 金谷,姚奇志,江万权,等. 分析化学实验 [M]. 合肥:中国科学技术大学出版社,2010.

[11] 国家质量监督检验检疫总局. 中华人民共和国国家计量检定规程(常用玻璃量器)JJG196—2006[M]. 北京:中国计量出版社,2007.

[12] 华中师范大学,东北师范大学,陕西师范大学. 分析化学实验 [M]. 3 版. 北京:高等教育出版社,2001.

[13] 马全红,邱凤仙. 分析化学实验 [M]. 南京:南京大学出版社,2009.

[14] 池玉梅. 分析化学实验 [M]. 武汉:华中科技大学出版社,2010.

[15] 蔡明招,刘建宇. 分析化学实验 [M]. 2 版. 北京:化学工业出版社,2010.

[16] 吕苏琴,张明晓. 分析化学实验 [M]. 北京:高等教育出版社,2008.

[17] 胡广林,张雪梅,徐宝荣. 分析化学实验 [M]. 北京:化学工业出版社,2010.

[18] 张小玲,张慧敏,邵清龙. 化学分析实验 [M]. 北京:北京理工大学出版社,2007.

[19] 曾元儿,张凌. 分析化学实验 [M]. 北京:科学出版社,2008.

[20] 邓湘舟,李晓. 现代分析化学实验 [M]. 北京:化学工业出版社,2012.

[21] 李季,邱海鸥,赵中一. 分析化学实验 [M]. 武汉:华中科技大学出版社,2008.

[22] 孙毓庆,严拯宇,范国荣. 分析化学实验 [M]. 北京:科学出版社,2004.

[23] 宋毛平,何占航,等. 基础化学实验与技术 [M]. 北京:化学工业出版社,2008.

[24] 庄京,林金明. 基础分析化学实验 [M]. 北京:高等教育出版社,2007.

[25] 陈焕光,李焕然,张大经,等. 分析化学实验 [M]. 2 版. 广州:中山大学出版社,2006.